国家出版基金资助项目
"十四五"时期国家重点出版物出版专项规划项目
组织修复生物材料研究著作

微纳米纤维组织修复与再生材料

MICRO/NANO ELECTROSPUN FIBROUS MATERIALS FOR TISSUE REPAIRATION AND REGENERATION

唐冬雁　林秀玲　于在乾　唐海燕　郭盛磊　编著

哈尔滨工业大学出版社
HARBIN INSTITUTE OF TECHNOLOGY PRESS

内容简介

微纳米纤维是生物医用材料的重要类型之一,近年来对其研究方兴未艾。微纳米纤维具有形态的独特性,其中的智能响应微纳米纤维还能够呈现出对使用环境变化的响应效应,使其在生物医学领域具有广阔的发展前景和巨大的研究价值。

本书作者及其团队紧密联系健康中国国家战略,介绍了生物医用材料中微纳米纤维在负载药物及组织工程修复和再生领域中的重要作用。全书共分为10章,包括绪论、静电纺丝制备微纳米纤维、微纳米纤维及其类型、微纳米纤维形貌及性能调控、微纳米纤维与智能响应效应、微纳米纤维载体与药物递送、微纳米纤维与组织工程、微纳米纤维与皮肤组织修复及再生简介、微纳米纤维与骨组织修复及再生简介、微纳米纤维与其他组织工程修复及再生简介等。

本书内容既服务于新兴学科教学与科研,也涵盖传统材料类和医学工程材料类学科的教学与科研,可为相关领域研究人员提供科研参考,也可为高校教学及管理人员提供教学参考。

图书在版编目(CIP)数据

微纳米纤维组织修复与再生材料/唐冬雁等编著.

哈尔滨:哈尔滨工业大学出版社,2024.12. —(组织

修复生物材料研究著作). —ISBN 978 - 7 - 5767 - 1726 - 6

Ⅰ.TB383;R318.08

中国国家版本馆 CIP 数据核字第 202492PW41 号

微纳米纤维组织修复与再生材料

WEINAMI XIANWEI ZUZHI XIUFU YU ZAISHENG CAILIAO

策划编辑	许雅莹　杨　桦
责任编辑	李青晏　张永芹　佟　馨
封面设计	卞秉利　刘　乐
出版发行	哈尔滨工业大学出版社
社　　址	哈尔滨市南岗区复华四道街 10 号　邮编 150006
传　　真	0451－86414749
网　　址	http://hitpress.hit.edu.cn
印　　刷	辽宁新华印务有限公司
开　　本	720 mm×1 000 mm　1/16　印张 20.5　字数 401 千字
版　　次	2024 年 12 月第 1 版　2024 年 12 月第 1 次印刷
书　　号	ISBN 978 - 7 - 5767 - 1726 - 6
定　　价	118.00 元

前言

生物医用材料是服务国家战略性新兴产业重要的材料类型之一,也是智能型生物制造的重要组成部分。目前,健康中国理念已提到了国家战略高度。在生命健康领域,伴随着人口老龄化和人们对高品质生活的追求,疾病(如恶性肿瘤等重大疾病类型,以及骨坏死、齿缺失、神经损伤、皮肤烧伤等组织结构损伤与老化等),运动或交通等意外事故,地震和火灾或建筑物倒塌等突发性公共事件的发生,使得生物医用材料的研究和使用,以及此类材料在医学治疗过程中对组织功能的修复与生物功能的发挥等相关研究,受到普遍关注和高度重视。相应地,生物医用材料的研发及其安全和合理使用等也成为解决健康问题的关键。近年来,生物医用材料领域的原创性成果呈现快速增长态势,其必定成为促进创新经济发展的驱动力之一。健康中国国家战略明确指出,要突出解决重大疾病以及人口老龄化所带来的治疗问题。而生物医用材料的研发是解决健康问题的有效手段之一。

相较于生物医用材料领域快速增加的科研报道和成果产出状况,以及伴随国内对医工交叉领域后备人才的迫切需求,支持该技术和领域快速发展的基础知识和专门内容的介绍,以及后备人才培养所需的教学和科研参考资料等,都略显出储备不够和后劲不足。近年来,国内高校尤其研究型高校等采取设置医学研究中心/院系等方式,加快了该领域的人才储备和学科基础性研究的有效积累,也取得了非常显著的效果。基于上述,总结与归纳学科领域研究中的创新成果,将其与材料制备与组装中的基础知识和基本理论相结合,通过引入应用案例与之呼应,进而形成教学资料以及科研参考资料,并编写和出版的必要性及作用与价值凸显。

作者及其团队结合自身在该领域的研究工作基础以及国内外的优秀研究同行们的创新性研究成果与实际应用等，紧密结合健康中国国家战略，撰写此书。作者们以理论联系实际为框架，以原理结合案例为特色，以纤维组装方法、特点与性能及其生物医学应用为编写脉络，力求将基本理论和基础知识与科学前沿相结合，着力于围绕微纳米纤维材料及其在组织修复与再生领域的应用情况进行归纳和总结。本书从组织工程修复与再生材料、微纳米纤维载体及其控制释放、智能响应效应等方面，介绍了微纳米纤维材料的类型、制备方法、形貌与结构及其性能调控方法等；结合国内外前沿科研成果与研究进展，列举微纳米纤维作为药物载体、创面敷料、细胞培养载体以及作为皮肤组织、骨组织，以及其他组织工程修复与再生材料领域中的部分应用实例。书中部分彩图以二维码的形式随文编排，如有需要可扫码阅读。

本书由哈尔滨工业大学唐冬雁、安徽理工大学林秀玲、长春工业大学于在乾、哈尔滨师范大学附属中学唐海燕、黑龙江中医药大学郭盛磊等共同撰写。全书共分10章，具体撰写分工如下：第1～3章由唐冬雁、林秀玲、郭盛磊共同撰写；第4、5章由唐冬雁、于在乾、唐海燕共同撰写；第6～10章由唐冬雁、林秀玲、于在乾、唐海燕、郭盛磊共同撰写。参加撰写工作的还有哈尔滨理工大学崔巍巍，海南师范大学吕海涛，新乡学院郭玉娣，江西兄弟医药有限公司任永辉，哈尔滨工业大学冯茜、周宇泽，辽宁工业大学杨旭等。全书由唐冬雁、林秀玲、于在乾统稿。本书撰写得到了国家重点实验室开放基金（重点）项目（哈尔滨工业大学，No. HCK202114、AWJ22Z01）等的支持。

本书在撰写过程中，参考了相关教材、专著和科研论文，在此谨向参考文献的多位作者表示衷心的感谢。由于作者水平有限，书中难免有疏漏之处，恳请读者提出批评意见，以便进一步完善。

作　者

2024 年 7 月

目 录

第 1 章

绪 论

1.1　再生医学与组织修复及再生

由外部损伤、机体病变或者个别存在的先天性缺陷等引起的人体或动物体的组织功能障碍,会严重威胁人或动物生命的健康或影响生存的质量。全球每年因事故或疾病等导致诸如皮肤创伤、恶性肿瘤、骨损伤等,进而引起组织器官的缺损、病变的临床患者屡见不鲜。因此,如何有效满足组织器官的修复和再生,符合治疗需求进而达成治疗目标,一直是临床医学和临床治疗中的重点和难点。再生医学的不断发展和生物医用材料的不断开发,为组织器官的缺损修复和再生补偿提供了可行的思路并获得了明显的成效。

再生医学是应用工程学和生命科学原理有效促进组织器官再生的交叉学科。通过组织或器官的再生可明显减少对供体的依赖,这也使得原有多依赖于自体或异体移植为主的临床治疗方式得到有效拓展,并在一定程度上避免该种治疗常常因供体短缺、免疫排斥、附加损伤,以及易引起并发炎症等而带来的诸多问题。

再生医学从 20 世纪 80 年代后期逐步兴起并发展起来,其最早指体内组织再生的理论、技术和外科操作。后来,随着科技的进步和医学领域的不断发展,再生医学的内涵也在不断扩大。目前,再生医学是指研究促进创伤与组织器官缺损生理性修复,以及进行组织器官再生与功能重建的科学;是利用生命体的自然治愈能力,使受到巨大创伤的机体组织或器官获得再生能力的科学。

组织工程学的出现使得再生医学进入了一个新时代。按照美国国立卫生研究院(NIF)的定义,再生医学的内容包括组织工程和自修复。组织工程是指运用工程科学和生命科学的原理及方法,从而认识正常和病理的哺乳动物组织与结构功能的关系,并研究生物学的替代物,以恢复和改进组织的生物替代物。组织工程一般涉及三个组成部分:适合移植和支撑的支架;可以形成功能基质的修复细胞;生物活性分子。而自修复是指使用身体本来的系统,再造细胞系并重建组织和器官,部分会借助于一些体外生物材料。

人类和动物的缺损组织的修复与再生,往往涉及复杂的过程。可以说,多数无脊椎动物以及少数脊椎动物有着优异的再生能力,如,切成碎块的海星可以再生出失去的部分而发育为完整的海星;海参会在遇到危险时抛出内脏,会在2~3个月的时间内再生出新的内脏;美西钝口螈甚至能再生如大脑、脊髓等非常复杂的身体部分。人体也有一定的自修复能力,如,破损的伤口可以长出新皮肤;折裂的骨骼在复位并获得良好照料的情况下可以愈合;人体中再生能力最强的器官是肝脏,可以在切除70%后恢复为原来的质量。

机体对组织损伤或缺损体现出的修补和恢复能力,既表现在组织结构的不同恢复程度,也包括其功能的不同恢复程度。也就是说,缺损组织的修补与恢复可以是原来组织细胞的“完全复原”,即由原有的实质成分增殖完成,这一般称为再生;也可以是由纤维结缔组织填补原有的缺损细胞,成为纤维增生灶或结疤,即“不完全复原”,一般称为修复。总体而言,人类的再生能力相对较弱。大面积的缺损,通常都需要采用自体或异体移植进行修复。当然,自体移植存在“以创伤修复创伤”的问题;而异体移植存在供体来源不足、排异反应等缺陷。

1.2　生物医用材料与组织修复及再生

随着生命科学的发展、新材料的开发和应用,以及多学科间的深度交叉和渗透,生物医用材料应运而生,并成为研究者们普遍关注的热点之一。生物医用材料是指以医疗为目的,用于修复或替代人体组织器官或增进其功能的材料,其可在修复和再生过程中作为主体或辅助成分和体系,实现对缺损、病变的组织器官的有效诊断、修复、再生及治疗。在某一特定的时间内,其作为诊疗系统的整体或组成部分,能够发挥治疗、辅助愈合的作用,用于替代组织与器官,或仅替代其部分功能。

生物医用材料的制备涉及再生医学、材料化学与物理、化学工艺和材料加工工程。在筛选、设计或制备生物医用材料时,首先需要分析其应具有的功能、发挥作用的解剖学位置;其次评估其对人体的影响、选择适当的材料和制造技术、检查其物理化学及机械性能、测定其生物相容性以及进行成本效益分析等；最后，要保证其临床上的特性与其将要替代的组织或器官的特性相似。

对生物医用材料的共性要求包括：首先，材料应当具有生物相容性。人体免疫系统具有出色地识别异物并产生排异反应的能力。通常所说的生物相容性是指生物材料被活体组织接受而不引起免疫反应，这取决于多种生物、化学、物理和机械因素。满足生物相容性的生物材料必须具有良好的耐腐蚀性，因为体内的 pH 随位置不同而变化，例如在肠胃中，pH 从酸性变化到碱性。同时材料的导热系数必须低，以免发生热冲击。生物相容性除了取决于生物材料的固有特性外，还受到其他因素的影响，例如患者的健康状况、年龄、组织渗透性和免疫系统失调等。其次，材料应当具有可降解性。用于支架的生物材料需要有适当的机械和降解特性，并有足够的细胞活性，例如，对于组织工程支架，从其使用目的来看，并不适宜长期使用和永久留在体内，因此它的制备材料应该是可降解的，并且降解的时间不应超过新组织形成的时间。降解产物应该无毒，易于吸收或排泄，不对其他组织和器官产生任何干扰。最后，材料应当易于进行化学改性、易于临床使用并兼顾一定的成本效益。

20 世纪 60 年代，第一代生物医用材料主要为具有生物相容性的材料，或惰性生物材料等，可保证一定的体外和体内使用的安全性。惰性是指对人体组织化学惰性，惰性生物材料应当在应用过程中不产生炎症或凝血现象，无急性毒性或刺激反应，不激起基体的应激免疫反应。这样，惰性生物材料一方面可有效避免生物体与之的免疫排斥反应；另一方面也可保持成分稳定以减少使用中的成分改变和二次毒性干扰等。例如，临床中使用金属类的钛合金或不锈钢、高分子材料类的聚四氟乙烯、非金属材料中的氧化铝及陶瓷材料，以及部分的复合材料等。从商业化情况和普及应用水平角度看，惰性生物材料已大量应用于人工器官及医疗器械，且在相当长的一段时间内仍可能占据主要地位。

20 世纪 80 年代到 90 年代，研究开发的诸多有效的生物可降解/可吸收生物材料，或可与生物组织产生生理反应的生物活性物质，以及二者兼而有之的材料等，成为生物医用材料研究报道中的热点。因此可以说，第二代生物医用材料的显著特点是具备生物活性（也有学者称之为"可生物化"）。生物活性材料一方面来源于新材料的研发；另一方面来源于惰性材料的表面改性。生物活性物质可在人体细胞的生长中发挥引导及促进作用，例如，在生理环境下发生可控反应，或通过刺激细胞产生特殊应答反应，可作为细胞外基质（extracellular matrix，ECM）刺激细胞增殖、分化等，实现组织修复和再生。此类材料可选用生物可降解或生物可吸收的生物相容性材料作为载体或基质，如聚乳酸（PLA）、聚乙醇酸（PGA）、聚乙烯醇（PVA）等。一些较晚出现的第二代生物医用材料还具有与组织再生相匹配的生物降解速率，比较典型的是于 20 世纪 80 年代应用于骨科和齿科的钙磷系玻璃陶瓷,如羟基磷灰石、β-磷酸三钙、珊瑚等,这类材料具有与人体骨组织相类似的化学组成,材料的抗压强度、抗折强度与人体骨接近,且与骨组织亲和性良好,有降解和诱导成骨细胞生长的作用;材料植入人体内骨化一段时间后可以转化为正常骨骼,即材料在使用过程中可逐渐生物化。

第三代生物医用材料是伴随着组织工程的兴起,大约出现在 20 世纪 90 年代后期;该类材料不仅融合了生物活性材料和生物可吸收材料的特性,而且可以在分子水平上激活基因、刺激特定的细胞反应。例如,用生物活性材料修饰生物可降解材料,引发与细胞整合素的特异性相互作用,从而指导细胞增殖、分化以及细胞外基质的产生和组织化。第三代生物医用材料除应具有良好的生物相容性和组织相容性外,还应在组织形成过程中具有生物可降解和可吸收的特性;此外,还应具有可加工性,尤其是可形成三维结构并具有较高的孔隙率。

至 21 世纪初,伴随纳米材料的出现和纳米技术的发展,纳米生物材料、智能生物材料以及智能纳米生物材料等的开发方兴未艾,新型材料层出不穷。纳米技术与智能效应相结合的生物材料的相关研究,致力于实现对生命体的基因、蛋白、细胞的精准调控,从分子和亚细胞水平实现对疾病的诊断和治疗,以达到组织器官的针对性修复和智能化修复。

满足应用的生物材料可以是天然材料,也可以是合成材料。天然材料是自然界形成的或来源于自然界的材料及其改性产物,如明胶、胶原、海藻酸盐和壳聚糖等。天然材料具有良好的生物相容性,能够促进细胞的黏附和生长等,降解产物易于被吸收而不产生炎症反应;但其普遍存在力学性能差、力学强度与降解性能间有反对应关系的不足,且通常其降解速率较慢,较难满足组织构建的速率要求等;对于构建具有多孔结构的三维支架来讲,也较为困难。人工合成材料是通过化学合成得到的有机或无机材料等,如 PLA、PGA、聚己内酯(PCL)、聚乙二醇(PEG)以及部分生物活性陶瓷等。人工合成材料具有成分明确、性能易调节的优势。这类材料的降解速率和材料强度等可调,容易塑形和构建高孔隙率的三维支架材料,因此在组织工程的初级阶段得到了较快的发展。此类材料的不足在于其降解产物容易产生炎症反应,存在降解单体集中释放的情况,可能会使培养环境酸度过高;另外,此类材料对细胞的亲和力偏弱,往往需要引入物理方法或加入某些组分因子才能够实现对细胞的有效黏附。

生物医学材料除可用于修复与再生医学领域外,其已在药物可控递送系统构建、恶性肿瘤及重大疾病等的靶向诊疗等领域发挥着越来越重要的作用。

1.3　高压静电纺丝微纳米纤维

　　静电纺丝(简称电纺)纤维可以在形态学和机械性能方面模仿细胞外基质的纤维状结构,其在再生医学中的研究越来越普及。静电纺丝是一种特殊的高分子材料加工技术,其基本原理是使用高压静电场吸引聚合物溶液或熔体,聚合物溶液或溶体在电场驱动下形成微米级及纳米级纤维。静电纺丝的优点包括容易加工,能够进行大规模生产;容易功能化改造;能够提供先进的静电纺丝模式,如同轴静电纺丝等;还可以改变静电纺丝装置使材料的性能与不同的形态结构相结合。

　　可以通过静电纺丝制成微纳米纤维的原料种类众多,包括多种聚合物以及聚合物前体等,也可以是生物活性物质,如负载和调控组织构建的细胞因子和生长因子(grouth factors,GF)等。静电纺丝制备的松散交织的三维多孔网络结构,具有高孔隙率和大比表面积,可以在尺寸和化学结构上接近细胞外基质,能仿生组织细胞外基质中纤维组分的纳米级超细纤维。尽管在传统电纺丝方法中,射流的不稳定鞭动对制备取向性超细纤维并用于构建人体组织中纤维呈规整排列的结构特异性组织(如血管、骨、肌腱等)仍存在诸多难题和挑战,但在近年来,组织工程领域使用静电纺丝技术的文献报道仍呈现快速增加态势,其占比已远远超过其他制备技术。

　　组织工程的基本原理和方法是将体外培养扩增的正常组织细胞吸附于一种具有优良细胞相容性,并可被机体降解吸收的生物材料上,形成复合物;然后将细胞－生物材料复合物植入人体组织、器官的病损部位;作为细胞生长支架的生物材料逐渐被机体降解吸收,同时细胞不断增殖、分化,形成形态、功能与相应组织、器官一致的组织,达到修复创伤和重建功能的目的。

　　组织工程的核心是建立细胞与生物材料的三维空间复合体,用以对病损组织进行形态结构和功能的重建。此三维空间结构为细胞提供获取营养、气体交换、排泄废物和生长代谢的场所,也是形成新的具有形态和功能的组织器官的物质基础。因此,组织工程支架、种子细胞、生长因子是构成组织工程的三要素。组织工程支架是指能与组织活体细胞结合,并能植入生物体的三维结构体。在组织再生过程中,其在结构上可加强缺损部位的强度,阻碍周围组织侵入;作为接种的细胞在体内扩增和增殖的支架,支撑细胞成长为一个完整的组织;利用与细胞整合素以及受体的相互作用,成为一种可溶的细胞功能调节因子;作为细胞、生长因子和基因的生物载体。

　　组织工程支架需具备较高的孔隙率和内部连通的三维网状结构,可以为细胞的黏附提供支撑点,并便于营养物质和代谢废物的运输;需要具有良好的生物相容性、可控的降解性和可吸收性,可加工为三维结构;需要具有适当的表面化学性质,以利于细胞的黏附、增殖、分化;可根据不同组织的要求,调控合适的力学性能。

静电纺丝在组织工程中的应用主要可以分为两类:①构建类似于天然细胞外基质的物理尺寸的多种类生物材料的纳米纤维无纺布结构;②可以通过改变静电纺丝参数提高生物性能。大多数原生组织的细胞外基质是由纳米或微米结构的蛋白质、蛋白聚糖纤维及 50～500 nm 胶原纤维组成的复杂结构,故纳米尺度的环境可能会非常有利于促进细胞的均匀分布,使分子内相互作用成为可能,转而影响细胞的形态和功能。静电纺丝微纳米纤维可提供组织工程支架等所需的较高孔隙率和内部连通的三维网状结构,可以为细胞的黏附提供支撑点,且便于营养物质和代谢废物的运输,从而展示了其他微纳米材料制备技术所不具备的特质。加之,静电纺丝技术效率高、方法灵活、装置简单、成本低廉,是备受研究者关注的组织工程支架制备方法。因此,静电纺丝膜是组织工程中极好的替补材料。

1.4　智能响应微纳米纤维材料

刺激响应型聚合物属于智能高分子材料范畴,这类材料通常是宏观的分子,它们会随着环境条件的微小变化而发生变化。近年来,具有刺激响应特性的合成聚合物引起了科学界的广泛关注。这些材料在污染物处理、免疫分析、酶回收和药物传递等纳米医学领域具有广阔的应用前景。

智能材料因种类不同,可对多种刺激信号产生响应,其中以最简单的设计将外部能量转换为对细胞有意义信号的智能材料具有最广阔的应用前景。根据智能高分子材料的刺激响应信号源的不同,刺激信号可以分为物理刺激和化学刺激。外部信号包括光信号、热信号、电信号、超声信号和磁场信号等。在所有刺激响应型聚合物中,温度响应型聚合物(亦称温敏聚合物)是其中突出的一类。在温敏聚合物的多个应用领域,如药物控制释放、组织工程支架制备等,都有采用静电纺丝进行加工的研究报道。目前,人们研究最多的温敏聚合物是聚 N－异丙基丙烯酰胺(PNIPAM),因为其可以在临界相容温度上下实现亲疏水的转化,并且其临界相容温度为 32 ℃,接近于人体温度,在生物医药、人体组织工程领域都有广阔的应用前景。

再生医学中的刺激响应效应包括:温度响应、光响应、磁响应、pH 值响应、葡萄糖响应、蛋白质响应等。这些信号中的每一个都可以直接作用于生物材料支架以诱导变化或响应,进而将刺激转化为对细胞有意义的触发信号。这种方案的优点是可以在时间和空间上控制刺激,从而能够根据需要精确控制细胞层面的行为。此外,生物材料响应的程度(例如,分子释放量、应变)可以通过施加的外部信号的强度进行调整,从而实现比二元变量更好的控制。

　　干细胞的分化与体内的微环境和内源性因素密切相关。原生组织可以通过生物化学、物理信号之间复杂的、相互依存的级联变化协调自身的功能。这些变化在"细胞过程"中常是因空间、时间而变化的。刺激响应支架可以成为模仿原生组织重要特征的平台,通过具备刺激响应能力的工程生物材料,对细胞相容性刺激做出响应而改变化学和物理特性,在体外重现细胞生长所需动态环境,因时因地为干细胞分化提供指令。诱发响应的外源刺激包括光、电刺激、超声波和磁场。

　　组织工程支架在具备良好的结构、机械和生化特性时可以引导细胞生长、揭示细胞—基质的相互作用。然而,较为普遍的情况是静态支架无法模仿原生细胞外基质的动态变化。将刺激响应材料与组织工程支架整合,可以研究体外和体内干细胞的反应,并为细胞层面的干预提供多种途径,如:生化信号、支架特性、药物释放、机械应力和电信号。组织工程三要素之一的生长因子(GF)在引导干细胞行为和在不同细胞群之间传递信息以实现组织再生方面发挥着至关重要的作用。生长因子在生理微环境中的半衰期短,脱靶效应或不当剂量会引起显著的副作用,限制了其作为治疗剂的实用性。刺激响应材料可以在疗程内维持疗效剂量,还可以在外界刺激下实现按需释放,从而吸引了研究者的广泛关注。

1.5　微纳米纤维的生物应用

1.5.1　吸附载体

　　在生物分子吸附类材料的研究中,智能响应型聚合物中的温敏聚合物主要用于制备亲和吸附沉淀中配体的载体、分子印迹聚合物的骨架以及蛋白质亲和吸附的配体。均聚温敏聚合物在用于蛋白质吸附时,主要依靠自身亲疏水能力的变化和生物分子疏水作用力的差异实现选择性吸附。然而均聚温敏聚合物与生物分子间的疏水作用力通常相对较弱,而且选择性相对较差。

　　蛋白质是靶向药物、蛋白质疗法、疾病诊断领域重要的原料。利用刺激响应型聚合物,尤其是温敏聚合物制备对特定蛋白质有吸附能力的材料,是近年来出现的研究方向。通过调整聚合物的化学组成、拓扑学结构,可以实现对蛋白质、多肽或致病抗原的选择性吸附。具有亲和吸附能力的温敏材料可以在蛋白质纯化、鉴定诊断、生物毒素解毒剂、蛋白质变性保护等领域替代天然材料。已有研究表明,向温敏聚合物中引入能与蛋白质中氨基酸残基形成互补结构的官能团可提高其对蛋白的吸附能力和选择性。此类研究中,聚合物常常被制备为具有较大比表面积的微米及纳米形态以提高材料的吸附容量,典型的如微纳米纤维或微凝胶等,以使其结构相对稳定且便于组装。

亲和吸附沉淀是蛋白质分离领域高效、快速的分离方法之一,而温敏聚合物是最常用于亲和吸附沉淀的载体材料。在以往的研究中,亲和吸附沉淀载体多选用 PNIPAM 材料。只有当盐浓度较高时,PNIPAM 材料才可以从体系中较为彻底地分离出来。盐的引入带来后续处理的困难和成本、环境等方面的问题。近年来出现了以聚异丙基丙烯酰胺(PVCL)为载体制备亲和沉淀试剂的报道,但PVCL 载体发生溶解-析出转变的温度为 $32\sim36$ ℃,与蛋白质变性的温度极为接近,易导致蛋白质变性。制备回收率高、溶解-析出转变温度低的温敏微米及纳米材料具有一定的研究和应用价值。

1.5.2　生物传感器

生物传感器一般包括生物功能膜和转换器,已被广泛应用于环境、食品和临床。传感器的性能受其参数的影响,这些参数包括灵敏度、选择性、响应时间、重复性和老化过程,所有这些参数都由敏感膜的性能决定。生物传感器在低浓度下极其灵敏地探测气体和生命物质方面起到至关重要的作用。目前,具有微米结构的先进生物医学传感器能够在简单的操作过程下使信号变得越来越精确,而且价格合理。现在主要的目标是大型设备的微型化和便携式传感器的发展,为了使信号更加精确和可靠,正在发展各种特殊的分子来满足不同的分析对象,这也是生物传感器发展的另一个目标,科研工作者正在努力实现这些目标。

自从静电纺丝技术兴起之后,电纺纳米纤维膜应用在传感器上受到了极大的关注,因为它们具有大的表面积,大的比表面积能够吸附较多的气体分析物,从而改变传感器的电导率,这是提高电导传感器灵敏度最期望具备的性能。使用蚕丝蛋白膜的传感器被广泛用来分析多种物质,例如,葡萄糖、氢过氧化物和尿酸。除此之外,相关文献还报道了聚苯胺、聚吡咯、尼龙 6 和聚乙烯醇这些电纺聚合物纤维膜也可以作为传感界面。具有大的比表面积的纳米纤维也是电化学传感器的理想材料,人们也在努力制备适用于电化学传感器的纳米纤维膜。光学传感器是相对新的方向,在这个领域尚没有开展太多的工作。最近生物医学领域的进展主要集中在具有新的用途的新颖传感器的发展。

1.5.3　组织工程支架

利用静电纺丝技术制备的纤维可以通过调整聚合物的组成和电纺工艺参数

来控制纤维毡的力学特性和生物学特性,所以电纺纤维在组织工程支架上的应用备受关注。静电纺丝技术制备的纤维毡由纳米级别的纤维搭接而成,其形态结构与细胞外基质有更高的相似性;电纺纤维大的比表面积和高孔隙率为细胞的黏附和增殖提供了更多的空间;可电纺的聚合物种类较多,其中包括具有生物相容性的天然高分子材料,如明胶和壳聚糖,这些材料为细胞的增殖和再生提供了有利条件。目前,电纺纤维毡已经在骨、软骨、心脏以及血管等组织中得到应用,研究热点集中在各种细胞与电纺纤维之间的相互作用以及纤维特性对于细胞生长行为的影响。

纳米纤维是细胞黏附、增殖和分化的理想场所。细胞可以在三维支架的两面同时再生,而且电纺纤维毡可以根据需要制备成薄薄的一层膜,敷在病人伤口的表面可以帮助皮肤的再生。细胞在电纺纤维支架上的生长行为可以通过纤维的参数来控制,如电纺纤维的尺寸、结构以及力学性能等。

与无序电纺纤维相比,有序电纺纤维应用在组织工程支架上的优势更加明显,因为有序电纺纤维可以引导神经元按照固有的模式生长,提高了组织生长的方向性。

1.5.4　药物控释载体

电纺纤维还可用作药物载体材料,将药物分散在纤维基体中或用纤维膜包裹药物,可以有效地避免药物中的活性成分变性失效,药物伴随着纤维载体材料的降解而逐步释放出来并保持药效不变,这种释放方式可以控制药物释放量和速率,减小"突释"现象对人体造成的伤害。在药物释放体系中,药物粒子的溶解度随着药物和相应载体面积的增加而增大,所以用纳米纤维做药物载体可以增大药物的负载面积,增加药物的溶解度。重要的是,纳米纤维大的比表面积可以促进溶剂迅速地挥发,不会造成溶剂残留。依靠聚合物载体材料的性质,药物的释放可以设计成迅速释放、立即释放和延迟释放。

药物在纤维中最常见的存在形式是药物与载体材料混合电纺,另外,可以利用乳液电纺和同轴电纺制备具有核壳结构的载药纤维。

多数研究者通过将药物和聚合物溶液混合电纺成功地将药物负载到电纺纤维载体上,药物均匀地分散在纤维基体中。各种低分子量药物与聚合物溶液的混合物已经被成功地电纺,包括亲脂性药物和亲水性药物。研究结果表明,电纺纤维膜中的药物释放效果优于在流延膜中的效果,而电纺材料的多样性将使电纺纤维在控制释放领域中具有广泛的应用价值。大多数情况下,亲水性药物和水溶性聚合物混合电纺制备的纳米纤维会使药物在初始阶段的释放量相对较高,即药物的"突释"现象较明显,药物会随着聚合物载体在血液或者组织液中的溶解迅速地释放,这样就无法实现药物的控制释放。研究发现,水溶性药物在疏水性的可降解聚合物纳米纤维载体中的释放符合零级释放动力学。因此，人们提出用乳液电纺的方法来封装药物。对稳定的、均一的油包水（W/O）乳液进行静电纺丝，将亲水性药物成功地封装到脂溶性聚合物纳米纤维内部，形成具有核壳结构的包裹型，或者是层层包裹型，又或者是均匀分散型，这些药物封装形式都可以避免药物的瞬间释放。控制药物释放速率的另一个有效的方法是在载药纳米纤维的表面再覆盖一层聚合物，随着外层聚合物的降解，内层药物逐步释放出来，从而实现药物的可控释放。外层聚合物的包覆可以用化学气相沉积（CVD）法和电化学沉积法。药物或者载药纤维外层包裹聚合物的另外一种使用较广泛的方法是同轴电纺技术。

　　医学领域广泛使用多种尺寸的生物材料。纳米级别的颗粒通常有被抗体识别并产生排斥的可能，而体积较大的材料则往往易在周围引起炎症反应。微纳米电纺纤维是兼备纳米尺度和宏观孔隙所构成的非均质体系，可提供大的比表面积和三维多孔网络结构。具有纳米尺度的孔隙有利于细胞的黏附和增殖；具有宏观状态的孔隙则有助于细胞渗透与迁移；而高孔隙率、大比表面积和相互连通的孔隙，还可以在细胞黏附、增殖基础上，提供营养物质和代谢废物的交换，进而促进再生区域的组织形成。

第 2 章

静电纺丝制备微纳米纤维

2.1 引　言

　　静电纺丝技术操作简单、适用性强,被广泛应用于制备微纳米尺寸的纤维材料,是目前获得纳米级连续长纤维的最简单的方法。微纳米纤维在一个维度具有较大的尺寸,另外两个维度则处于微米及纳米尺寸的范围内,即其长径比通常都是非常大的,主要呈线状,也有的呈带状。狭义上,纳米纤维直径应介于 1～100 nm 之间,而长度不低于微米级别;广义上,直径低于 1 000 nm 的纤维都可以被称为纳米纤维,即微纳米纤维。

　　随着聚合物纤维材料研究的不断深入和先进制造技术的快速发展,纤维细化和超细化逐步成为纤维材料制备重要的发展趋势之一。当纤维的直径由微米数量级降低至纳米数量级时,其直径细化带来的尺寸效应和表面效应可使材料具有许多独特的性质,如比表面积、孔隙率、孔道连通性的大幅增加,可显著提升纤维材料的应用性能,使得纤维材料的应用领域从传统的服装家纺逐步拓展到环境、能源、医疗卫生等高新技术领域。近年来,包括海岛法、拉伸法、闪蒸法、相分离法等在内的众多微纳米纤维制备方法不断涌现出来。在众多的微纳米纤维制备方法中,静电纺丝法因具有可纺原料种类丰富、纤维结构可调节性好、多元技术结合性强等优势而成为当前制备微纳米纤维的重要方法之一。

微纳米纤维组织修复与再生材料

2.2　静电纺丝简介

　　"静电纺丝"简称"电纺",由英文单词"electrospinning"翻译而来,其起源于英文词汇"electrostaticspinning"。当溶液分子表面的静电荷聚集到一定密度时,会产生自我排斥,从而导致流体在电场力的作用下被拉伸成纤维;流体被拉伸时不会断裂,伴随着溶剂的挥发而得到单根连续长纤维,这就是静电纺丝过程,或简称电纺过程。静电纺丝技术与静电喷雾技术的原理相似,前者是以黏度较高的高分子溶液或熔融体为原料,纺丝溶液在喷头末端挤出,在电场力作用下产生拉伸,固化成型为聚合物纤维的方法;而后者是指以小分子或低黏度的高分子液体为原料,在电场力作用下产生拉伸,得到微纳米尺寸和分散良好的气溶胶或聚合物颗粒的方法。

　　静电纺丝是一种相对古老的技术。1897年,Rayleigh首先发现静电纺丝技术。1914年,Zeleny详细研究了静电喷雾技术。1934年,Formhals则申请了静电纺丝的第一件专利,发明了用静电力制备聚合物纤维的实验装置。1952年,Vonneguth和Neubaue用他们发明的简单装置对液滴进行电雾化,从而得到直径(0.1 mm左右)均匀的粒子。1966年,Simons发明了一种装置,采用静电纺丝技术制备出一种超薄、超轻的无纺布,这种无纺布具有不同的图案。1969年,泰勒(Taylor)设计的电驱动喷嘴,进一步通过数学建模研究了液滴在电场作用下形成的"泰勒锥"形状,为静电纺丝的理论研究奠定了基础。1971年,Baumgarten制造了一套设备,电纺出直径在$0.05\sim1.1~\mu m$之间的丙烯酸纤维织物。从1980年开始,随着纳米科学与技术的蓬勃发展,静电纺丝技术因其可以制备多种聚合物的微纳米纤维而日益受到关注。可以说,从William Gilbert首次观察到液体的静电引力现象,到Taylor建立的关于静电纺丝技术的理论基础,再到Reneker教授等对静电纺丝工艺和相关应用的深入探索,有着百余年发展历史的静电纺丝技术已经在全球200多所大学和科研部门被广泛研究,有关静电纺丝工艺和电纺纤维应用的专利在逐年增加,同时关于静电纺丝技术的理论研究也逐渐展开,一些公司已经将静电纺丝技术产业化,用来生产空气净化产品等。

　　可纺丝的聚合物大约有200种,可以是天然高分子,也可以是合成高分子,纤维直径从2 nm到数微米。当聚合物纤维直径从微米级($1\sim100~\mu m$)降至纳米级($1\sim100~nm$)时,其就会表现出一些特殊的性质,如:大比表面积和高孔隙率、易于表面功能化以及优越的力学性能(如拉伸强度)等。这些特殊的性质使得电纺纤维已成功应用到纳米催化、组织工程支架、过滤膜、生物医药、光学电子器件和环境工程等多个领域。

2.2.1　静电纺丝装置

典型的静电纺丝装置主要由高压电源、液体供给装置(微量注射泵、注射(储液)器和喷射器(喷丝头))、纤维接收装置 3 个部分组成。高压电源是静电纺丝装置中最重要的组成部分,用以提供纺丝液射流的电场力,电源的两极分别连接喷丝头和接收装置。根据电源性质不同,高压电源分为直流高压电源和交流高压电源两种,均可以用于静电纺丝。安装在注射泵上的注射器中装有纺丝液,喷丝头的作用是产生小液滴,提供射流激发位点。根据产生小液滴的方式不同,喷丝头分为无针头和有针头两种,其中针头进一步分为单头、同轴、并列、多头等不同类型。接收装置用于收集电纺纤维,常规接收装置主要包括平板、滚筒、间隔收集装置、转盘、金属丝鼓、凝固浴等。为了进一步调控纤维形貌,还引入一些辅助接收装置,如辅助电场、磁场等。如果将高压电源关闭,无论是靠推力前进的流体,还是靠重力作用下降的流体,只会在喷嘴处聚集,而不能形成喷射的细流,也就不会被拉伸成纤维,所以静电纺丝装置的最主要部件是高压电源,而静电纺丝过程能够进行的关键是由高压电源产生的高压电场力作用。

静电纺丝装置中,高压电源输出的高压电通常在几十千伏;储液器一般使用的是注射器或聚四氟乙烯材质的储液管;与注射器相连接的喷射装置(喷嘴)使用的是内径为 0.1～2.0 mm 的金属平头针头,或者是聚四氟乙烯毛细管。如果使用水平式静电纺丝设备,需要将注射器固定在推进泵上,利用数控推进泵的推力推动注射器中的流体前进,最终从针头喷出;而如果使用垂直式静电纺丝设备则不需要推进泵,注射器或储液管里的流体可依靠自身的重力作用流动。根据使用要求,接收装置可以使用铝箔平板金属网和滚筒等装置,收集到的纤维在接收装置上以薄膜的形式存在,使用时将其取下裁剪成不同尺寸、不同形状的样品。静电纺丝装置示意图如图 2.1 所示。

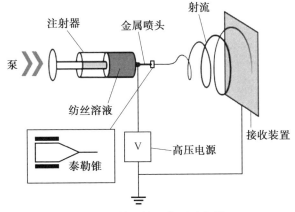

图 2.1　静电纺丝装置示意图

2.2.2　静电纺丝基本过程

静电纺丝技术和静电喷雾技术的原理很相似,均由带电溶液通过电场力驱动,并收集在接收装置,通常高浓度溶液的分子链段缠结度高,容易形成纤维,即静电纺丝;低浓度溶液的分子链段缠结度较低,容易形成微球,即静电喷雾。

将具有足够黏度的均质聚合物溶液填充到带有金属针头的注射器中,将含有溶液的注射器正确安装在注射泵上,调整针头尖端和收集器之间的距离,当没有外加电压时,注射器中的溶液在推进器的作用下流动,在溶液与注射器管壁间的黏附力和溶液本身所具有的黏度及表面张力的综合作用下,形成悬挂在注射器针头尖端的液滴;而电场开启时,由高压供电系统提供在尖端和接地电极之间所需的电压,在电场力的作用下,利用注射泵将聚合物溶液推向针尖并形成液滴。

溶液中不同的离子或分子中具有极性的部分将向不同的方向聚集,即阴离子或分子中的富电子部分将向阳极的方向聚集,而阳离子或分子中的缺电子部分将向阴极的方向聚集。由于阳极连接聚合物溶液,溶液的表面应该是布满受到阳极排斥作用的阳离子或分子中的缺电子部分,所以溶液表面的分子受到了方向指向阴极的电场力;而溶液的表面张力与溶液表面分子受到的电场力的方向相反。

高压作用下液滴表面产生电荷相互排斥,从而降低其表面张力;当外加的电压所产生电场力较小时,电场力不足以使溶液中带电荷部分从溶液中喷出,这时针头尖端原为球形的液滴被拉伸变长。随着电场强度的进一步增加,半球形液滴的曲率半径继续发生变化,半球形液滴变得细长。在外界其他条件一定的情况下,电场力达到某一临界值时,半球形液滴被拉伸为锥形(其角度为 49.3°),称为"泰勒锥"。电场强度进一步提高,则液滴表面由于所带电荷形成的静电力超过其本身的表面张力,液滴从锥体的顶端喷出并形成稳定的细流,带有电荷的液体细流在喷嘴与接收装置之间流动,进一步受到拉伸作用;由于其具有较大的表面积,溶剂在针尖和接收装置之间飞行时会迅速蒸发,伴随着溶剂的挥发(或熔体的冷却),聚合物固化从而形成连续的固体超细纤维沉积在接收装置上,最终形成类似非织造布的纤维毡(网或膜)。

静电纺丝所使用的材料大多为聚合物的溶液或者熔融体,它们都是非牛顿流体,即剪应力与应变率具有非线性的关系。高聚物的溶液或熔融体在毛细管中高速运动时,常常伴随非稳定性现象出现。纤维在运动过程中的受力主要有电场力、表面张力、重力、纤维内部黏弹力等。实际上喷丝过程还有空气阻力、电荷互斥力等较弱的影响因素。随着喷丝的进行,溶剂挥发或熔融体固化,其中部分因素不断发生变化,喷丝表现出非稳定性,它们会弯曲然后变成一系列环形,并且越接近接收装置,环形的直径越大,喷丝越细。尤其,带电聚合物在静电纺丝过程中溶液喷射的弯曲非稳定性占有重要的位置。

2.2.3 静电纺丝原理分析

静电纺丝射流按照在电场中的形态可以分为三个阶段和两个过渡区:泰勒锥、稳定段、不稳定段,泰勒锥到稳定段的过渡、稳定段到不稳定段的过渡,如图2.2 所示。泰勒锥是纺丝溶液受电场牵伸作用在纺丝针头末端形成的锥形液滴;射流从泰勒锥尖端抽出后受力平衡且速度较低,此时射流接近直线状,波动较小,被称为稳定段;射流稳定段达到一定长度后,随着射流速度增大、电场力减弱、溶剂挥发,射流运动不稳定,被称为不稳定段,射流形态由直线变为螺旋状。

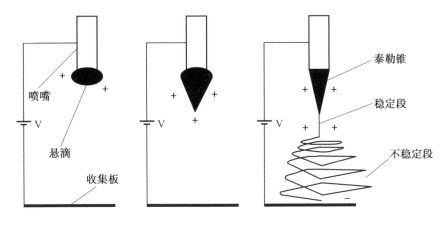

图 2.2　泰勒锥形成示意图

静电纺丝作为一种借助静电场作用纺丝的方法,其纺丝溶液在电场力作用下被抽拔形成射流。因此,静电纺丝过程需要着重探究的问题主要包括电驱动流体的运动、带电射流的形状以及射流的稳定性等。虽然静电纺丝的提出始于20 世纪 30 年代,但人们对液体在电场中的形态和运动理论方面的研究却可以追溯到更早。1882 年,瑞利(Rayleigh)从理论上分析了独立的液滴在静电场中的稳定性问题,发现当液滴表面的电场力超过表面张力时,液滴就会分裂成一系列带电小液滴。1899 年,Rayleigh 对液态射流在施加和未施加电场力状态下的稳定性进行了研究,提出了带电液滴稳定性的线性理论,得出了均匀带电液滴在电场作用下发生变形时其表面电荷数的临界值。后来,这种带电液滴的不稳定现象被称为瑞利不稳定性(Rayleigh instability)。1902 年,Cooley 发明了利用电场来喷射液体的装置,并申请了第一个关于电喷设备的专利。1917 年,Zeleny 尝试将 Rayleigh 的理论应用于电喷过程中毛细管末端液滴分裂现象,指出液滴的分裂是由液滴的不稳定性引起的,并推导出了形成液滴不稳定性的临界电压。之后,Taylor 在此基础上进行了修正,从理论和实验方面研究了电场力作用下带电液滴的形态变化,发现毛细管末端液滴曲率随着外加电压的增加而不断变化;当施加电压达到破坏液滴初始面平衡的临界电压时,圆锥液面的半顶锥角为 49.3°。2001 年,Yarin 等发现只有特定的自相似溶液才会形成与泰勒锥相似的锥形,认为非自相似溶液在电场中的液滴形态为双曲面形,并从理论上推导出半顶锥角为 33.5°。

纺丝溶液在电场力的作用下离开泰勒锥顶端形成射流。虽然在实际静电纺丝过程中存在一定的径向扰动,但射流依然能够保持直线形态,即存在稳定段。Spivak 等综合考虑流体在电场中的受力情况,建立质量守恒、动量守恒、电荷守恒控制方程组,然后将方程组简化为一维问题,建立了稳定段射流的数学模型:

质量守恒:

$$\nabla v = 0$$

动量守恒:

$$\rho(v \cdot \nabla)v = \nabla T^{\mathrm{m}} + \nabla T^{\mathrm{e}}$$

电荷守恒:

$$\nabla j = 0$$

式中,v 为流体速度;ρ 为流体密度;T^{m} 为流体黏性力;T^{e} 为流体电应力;j 为电流。

然而,该模型简化较多,不能取得较好的预测结果。Hohman 等利用漏电介质模型,阐述了周围电场对射流表面电荷的影响,建立了涉及电场力、电荷运动和射流拉伸的细长体理论。但该理论是基于牛顿流体的本构方程建立的,未考虑溶液黏弹性对射流的影响。Feng 等对该模型进行改进,建立了一维非牛顿流体的射流拉伸模型,研究了射流拉伸、细化、扭曲等现象。之后,Carroll 等根据流体的动量方程和高斯定律,建立了射流拉伸的动量方程:

$$\rho v v' = \rho g + \frac{F_{\mathrm{T}}'}{\pi R^2} + \frac{\gamma R'}{R^2} + \frac{\sigma\sigma'}{\varepsilon_0} + (\varepsilon - \varepsilon_0) + \frac{2\sigma E}{R}$$

式中,F_{T} 为拉伸力;γ 为表面张力;E 为电场强度;σ 为电荷密度;R 为初始射流半径;ε 为环境中介电常数;ε_0 为真空中介电常数;g 为重力加速度;各符号上标"$'$"为其导数。

He 等根据稳定段射流的受力情况,结合质量守恒、电荷守恒、动量守恒和柯西不等式,得出了稳定段的临界长度 L 和临界半径 R_{c}:

$$L = \frac{4kQ^3}{\pi\rho^2 I^2}(R_0^{-2} - r_0^{-2})$$

$$R_{\mathrm{c}} = \frac{r_0}{\sqrt{\beta r_0 + 1}}$$

式中，R_0 为喷头半径，$R_0 = \left(\dfrac{2\sigma Q}{\pi k \rho E}\right)^{1/3}$；$k$ 为溶液的电导率；Q 为溶液流量；ρ 为流体密度；I 为电流；r_0 为初始射流半径；β 为通过喷射射流表面的介电平连续性参数。

Qin 等在溶液中添加无机盐改变纺丝溶液的导电性，利用异速拉伸比例定律建立了射流拉伸模型，得出射流的直径 r 与射流轴向距离 z 之间的关系：

$$r \sim z^{-\alpha/(1+\alpha)}$$

式中，α 为射流表面电荷参数。当 $\alpha = 1$ 时，射流表面电荷饱和；当 $\alpha = 0$ 时，射流表面无电荷。

2.2.4　静电纺丝参数

静电纺丝过程的顺利进行以及电纺纤维的微观形貌会受到诸多因素影响。影响因素主要包括三个方面：①体系（溶液）参数，包括溶剂、溶液的浓度与黏度、电导率和表面张力等；②过程（工艺）参数，包括纺丝电压、接收距离、纺丝速度等；③环境参数，包括环境温度、环境湿度及空气流速等。合适的参数可以使静电纺丝过程顺利进行，进而获得期望的纤维形貌和直径等。

1. 溶液参数

（1）溶剂。

合适的溶剂是溶液纺丝法制备微纳米纤维的关键因素之一。在溶剂的选择方面，聚合物要能够充分溶解于溶剂中才能够进行纺丝，而且溶剂的沸点也对纺丝过程有较大的影响，溶剂挥发得太快会容易堵塞喷丝口，即使能够进行纺丝，得到的纤维直径也较大；而溶剂挥发得太慢则会使纤维在收集板上发生粘连，从而形成簇状而非纤维状。此外，溶剂的选择对于确定临界最小溶液浓度也至关重要，也会显著影响溶液的可纺性和电纺纤维的形态。有关聚合物的溶剂选择已有很多研究报道，但针对不同的聚合物体系以及与其他工艺参数和环境参数等的组合，尚无严格和固定的溶剂选择原则，主要是根据聚合物的不同，通过实验来找到适合的溶剂，并对聚合物的可纺性及所得微纳米纤维的形态进行分析来确定。

Luo 以聚甲基倍半硅氧烷（PMSQ）为纺丝聚合物，研究不同溶剂对溶液可纺性的影响，实验结果如图 2.3 所示。由图 2.3 的光学照片以及扫描电子显微镜（SEM，简称扫描电镜）的观测结果可见，乙二醇乙醚和环己酮是 PMSQ 的良好溶剂。当 PMSQ 溶液的质量分数为 60% 时，产生了具有"锥形尾"的珠子，这是从电喷状态到电纺状态的过渡态。而四氢呋喃、丙酮、乙酸甲酯、二氯甲烷、甲醇和乙醇则表现出对聚合物的部分溶解，质量分数为 60% 的 PMSQ 溶液产生平滑无液珠的电纺纤维。这表明，对聚合物有高溶解度的溶剂不一定能产生适合静电纺丝的溶液;而在对聚合物有部分溶解度的溶剂中,浓度相同的 PMSQ 溶液相比于在高溶解度的溶剂中显示出了更好的可纺性。在甲醇－丙醇二元溶剂中,PMSQ 溶液电纺纤维表面有不规则的粗糙圆形孔(图 2.4)。

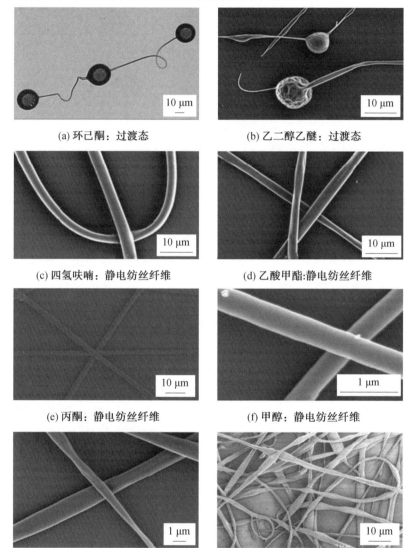

(a) 环己酮:过渡态

(b) 乙二醇乙醚:过渡态

(c) 四氢呋喃:静电纺丝纤维

(d) 乙酸甲酯:静电纺丝纤维

(e) 丙酮:静电纺丝纤维

(f) 甲醇:静电纺丝纤维

(g) 乙醇:静电纺丝纤维

(h) 二氯甲烷:静电纺丝纤维

图 2.3　质量分数为 60% 的 PMSQ 溶液的静电纺丝纤维照片

在静电纺丝过程中,带电溶液射流向接收装置加速并迅速伸长,此过程中的射流表面积显著增加,溶剂蒸发速率增加。溶剂损失过程中的蒸发冷却导致热力学不稳定,致使电纺溶液出现相分离,将纤维相转化为富聚合物相和富溶剂相。当纤维在接收装置上干燥时,富聚合物相保留,富溶剂相在纤维上形成孔隙。静电纺丝过程中溶剂的蒸发冷却还导致空气中的水蒸气以液滴形式冷凝到纤维表面,从而出现呼吸现象。当纤维干燥时,水滴蒸发并在纤维表面留下孔隙。如图 2.4 所示,甲醇一丙醇二元溶剂体系产生了具有高表面孔隙率的电纺纤维,表明混合溶剂之间的高挥发性和高蒸汽压差可导致电纺中的相分离。

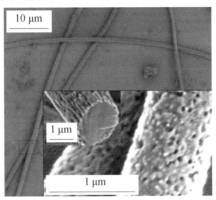

图 2.4　体积比为 2∶3 的甲醇一丙醇二元溶剂中质量分数
为 60% 的 PMSQ 溶液静电纺丝纤维的 SEM 照片

（2）溶液的浓度及黏度。

一般情况下,溶液的浓度与黏度是成正比的,也与体系中的聚合物分子量有一定的关系,可以将溶液的浓度和黏度放在一起来考虑其对纺丝过程和纺丝纤维形貌的影响。

静电纺丝过程的关键之一是聚合物溶液的带电射流在电场作用下能够被拉伸。溶液的浓度较低时,溶液的黏度也相对较小,聚合物溶液受电场力和表面张力的影响,聚合物分子链间的缠结作用不明显,射流不稳定,不能保持纺丝射流的连续性,带电射流在到达接收屏之前会分裂成无数的小液滴,因而容易得到珠串状纤维,如图 2.5 所示即为不同质量分数的聚乙烯醇（PVA）电纺纤维 SEM 照片。随着聚合物浓度的增加,其黏度也增加,聚合物分子链间的缠结作用促使微纳米纤维的形成。溶液中聚合物浓度明显影响溶液的黏度,一般来说,溶液黏度和浓度的增大,会使纤维的直径变大。然而,当聚合物的浓度达到某一临界值时,溶液浓度继续增加,溶液黏度过大,则纺丝的阻力也会越大,阻碍了聚合物溶液在注射器中的流动性,溶液在喷丝口处容易发生凝结,进而导致纺丝过程不能顺利进行。所以,在其他条件相对恒定的情况下,针对不同的溶液体系,欲通过调整黏度,控制浓度的上下界限,则必须关注其浓度与黏度的关系及其表面张力属性等因素。

当溶液的质量分数相同时,尽管聚合物分子量大的分子链数目将有所减少,

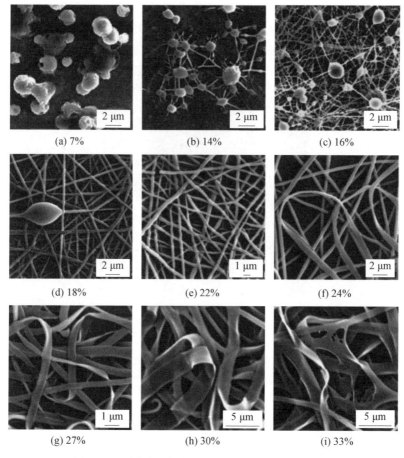

(a) 7%	(b) 14%	(c) 16%
(d) 18%	(e) 22%	(f) 24%
(g) 27%	(h) 30%	(i) 33%

图 2.5　不同质量分数的 PVA 电纺纤维 SEM 照片

黏度有所下降,但它们之间的缠结作用仍会起主导作用,其中较小分子起到的增塑作用将降低,纤维的成形比较均一。与之相反,当聚合物分子量过低时,纺丝细流不够流畅,丝条结构不够稳定,极易产生丝条的结珠现象;而当分子量过高时,又会使所得纤维直径过大,呈扁带状,且所得纤维毡的孔隙也较大,同样达不到预期的线密度要求。

（3）电导率。

相比于溶液的浓度和黏度对纺丝过程和纤维形貌的较为明显的影响作用,溶液的导电性对静电纺丝微纳米纤维形成过程的影响要相对弱一些,其主要是会干扰形成纤维的直径大小。

高导电性溶液的电荷携带能力比低导电性溶液高,其所形成的纤维射流在电场力的作用下受到的牵引力就更大,这可以显著降低微纳米纤维的直径。有研究报道,微纳米纤维射流形成的半径大小与溶液电导率的立方根成反比。近年来,也有报道显示,通过向聚合物溶液中添加一些可电离的物质,如无机盐、表面活性剂等,可以显著提高溶液的导电能力,增加溶液的可纺性。但是,并不是可电离的物质加入量越多越好,当电解质加入过量后,纤维的直径反而会变粗甚至可能导致无法电纺。

2. 工艺参数

(1)纺丝电压。

在静电纺丝过程中,施加电压首先会引起聚合物液滴的不稳定流动,然后液滴变成非常小的锥形;继续施加电压到某一临界值,会在锥尖处产生喷射细流。纺丝电压只有达到临界电压,电场力才能克服聚合物液滴的表面张力,聚合物溶液才能从泰勒锥喷出从而形成射流,在电场力的进一步作用下形成纤维。

每种聚合物都有对应的临界电压值,只有施加的电压达到这个临界值,才能形成聚合物纤维。如果施加电压小于临界值,则很容易形成珠串状纤维,反之会阻碍聚合物射流的产生。聚合物溶液种类不同,施加电压的临界值有所不同,通常是在一定范围内变化。

通常,在临界值以内的范围增加电压,纤维直径最初会减小,电压达到一定值后纤维直径又会增加。这是因为,在大多数情况下,高电压下产生的电场力会增加射流的表面电荷数,在电荷排斥力作用下的射流拉伸程度增加以及造成溶剂的挥发速度加快,都有利于纤维的细化,从而使纤维直径减小。但是,研究也发现,随着电压继续增大,聚合物溶液的流动速率增加,单位时间内流出的聚合物溶液量增多,从而导致纤维直径增加。所以,对于特定的聚合物在进行静电纺丝时,都存在一个电场强度范围,此范围内能获得均匀、表面光滑的纤维。而电压太低或太高,都会导致珠串状纤维的形成。

(2)纺丝速度。

聚合物溶液在注射器中的流动速率,即纺丝速度会对纤维的直径、孔隙率和几何形状造成影响。较小的流速有利于溶剂的挥发,但是流速过低有可能无法维持泰勒锥的形状,导致射流不稳定。增加溶液的流动速率,聚合物的体积增大,会导致纤维的直径增加,纤维与纤维之间的孔洞尺寸也会增加。如果溶液的流动速率过大,那么纤维在到达接收屏之前有可能还没来得及固化,所以容易得到珠串状纤维。

(3)接收距离。

调节接收距离也是改变纤维直径和形貌的一种手段,但是这一因素不如其他因素的影响那么明显。接收距离对静电纺丝过程的影响主要表现在两个方面:电场强度的大小和溶剂的挥发程度。覃小红等用静电纺丝法纺制聚丙烯腈(PAN)微纳米纤维毡时发现,接收距离分别为 30 cm 和 35 cm 时,所纺出的微纳

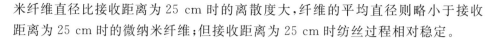

米纤维直径比接收距离为 25 cm 时的离散度大,纤维的平均直径则略小于接收距离为 25 cm 时的微纳米纤维;但接收距离为 25 cm 时纺丝过程相对稳定。

3. 环境参数

除了溶液参数和工艺参数外,环境参数也是影响静电纺丝过程和纤维形貌的重要因素。环境参数包括环境温度、环境湿度以及空气流速等。随着环境温度的升高,电纺纤维的直径通常会减小,这是因为随温度升高,聚合物溶液的黏度降低,所以纤维直径减小。随着环境湿度的增加,所得到的纤维表面会产生孔洞,湿度继续增加,则孔洞会聚集到一起从而变成更大的孔洞。环境湿度过低,挥发性溶剂挥发过快,甚至在溶液离开针头后立刻挥发,导致静电纺丝过程不能顺利进行。

以具体的制备过程为例,可说明静电纺丝参数对纤维形成过程及其形貌的影响。例如,聚乙烯己内酰胺(PVCL)和甲基丙烯酸(MMA)的共聚物 PVCL-co-MMA,在固定高压电源输出电压为 11 kV、接收屏与静电纺丝喷头距离为 22 cm 时,以 N,N-二甲基甲酰胺(DMF)为溶剂,分别配制不同浓度的 PVCL-co-MMA 溶液,将溶液装入 2 mL 注射器,并为注射器配制金属针头,将高压电源的正极与注射器针头相连,将负极及地线与铝箔接收屏相连,设置微量推进泵的推进速率为 5 μL/min 进行静电纺丝,获得静电纺丝纤维的微观形貌如图 2.6 所示。当纺丝液浓度为 0.1 g/mL 时,得到的是电喷雾对应的产物,观察不到纤维生成;当纺丝液浓度增加到 0.2 g/mL 时,获得的纤维上附着有液滴状微球;当纺丝液浓度增加到 0.4 g/mL 时,可得到表面光滑的纤维;继续增加纺丝液浓度至 0.6 g/mL 时,得到了带状的纺丝产物。

分析认为,纺丝液浓度为 0.1 g/mL 时无法形成纤维,这可能是由于 PVCL-co-MMA 分子在良溶剂 N,N 二甲基甲酰胺(DMF)中是以不连续的高分子线团形式存在的,其分子之间的作用力较小。当纺丝液自喷头喷出时,聚合物分子或少数几个分子的聚集体在电场力作用下与溶液分离,在接收屏上形成球状结构。纺丝液浓度为 0.2 g/mL 时的聚合物分子之间距离变小,相互之间产生远程作用力的概率增加,分子链间发生缠结的概率也在增加。当聚合物分子从喷头喷出时,由于分子间作用力,与其他分子保持缠结状态,在接收屏上可形成连续的纤维状结构。但由于纺丝液中的溶剂含量较高,溶剂在飞行过程中未能完全挥发掉,因此部分聚合物在抵达接收屏时仍然是溶液状态,受表面张力的影响,残留的聚合物溶液会收缩为小球状,构成了纤维表面附着微球的微观结构。进一步增加纺丝液浓度至 0.4 g/mL,纺丝液中溶剂含量变少,在喷射过程中可挥发完全;聚合物分子发生缠结,分子间作用力在增强。聚合物分子在飞行过程中相互牵拉,最终在接收屏上留下形状连续、表面光滑的静电纺丝纤维。当静电纺丝溶

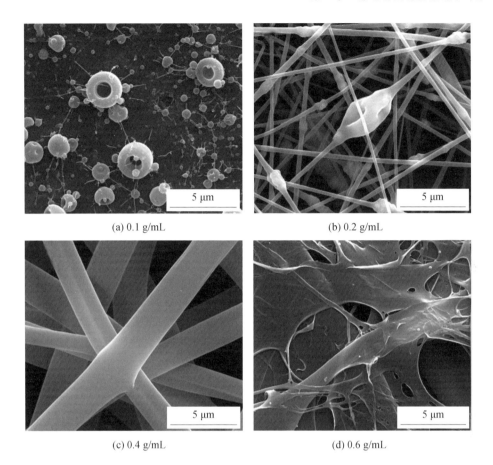

(a) 0.1 g/mL

(b) 0.2 g/mL

(c) 0.4 g/mL

(d) 0.6 g/mL

图 2.6 不同纺丝液浓度的 PVCL−co−MMA 静电纺丝纤维的 SEM 照片

液的浓度增加到 0.6 g/mL 时,聚合物分子之间缠结的现象进一步加剧,聚合物分子自喷头喷出时,静电场力与分子间作用力形成某种对峙,最终聚合物在拉伸下发生应力屈服,喷向接收屏并形成条带状形貌。

仍以聚乙烯己内酰胺共聚甲基丙烯酸为例,讨论共聚物 PVCL−co−MMA 的纺丝液体系组成及其不同的带电状态,对其纺丝过程及纤维形貌的影响。改变共聚单体 MMA 在 PVCL 中的质量分数,在 PVCL 静电纺丝纤维、MMA 质量分数为 10% 的 PVCL−co−MMA 静电纺丝纤维、MMA 质量分数为 20% 的 PVCL−co−MMA 静电纺丝纤维表面进行滴水实验,将样品干燥后喷金处理并进行 SEM 观测,考察纤维在水中的形状保持能力,结果如图 2.7 所示。

由图 2.7(a)可见,当水滴滴在 PVCL 纤维表面时,迅速发生 PVCL 纤维的溶解而失去纤维形貌。这一现象也使得 PVCL 作为温敏聚合物材料在形成以其为基体的微纳米纤维时,较难在水溶液或潮湿环境中保持形貌的稳定,相应地,

(a) 0　　　　　　　　　　(b) 10%　　　　　　　　　(c) 20%

图 2.7　不同质量分数 MMA 的 PVCL－co－MMA 静电纺丝膜表面滴水后的 SEM 照片

在这类环境的实际应用中较难稳定地发挥作用。在实验中还发现,即使滴加水滴的温度高于 PVCL 的最低临界共溶温度(LCST)时,即温敏聚合物 PVCL 由其亲水状态变为疏水状态的温度点时,纤维的形貌也会消失。这可能是由于聚合物分子在静电纺丝过程中被强制取向,聚合物分子链的熵弹性有驱动其重返无规线团的自发趋势;另外,PVCL 静电纺丝纤维比表面积比较大,分子中酰胺基官能团与水分子接触并形成氢键的机会增加,聚合物分子链发生构象翻转形成更多氢键以减小表面张力,导致其仍有较强的亲水性。由图 2.7(b)可见,当水滴在 MMA 质量分数为 10% 的 PVCL－co－MMA 静电纺丝纤维表面时,纤维发生了较大幅度的溶胀,但仍然维持了纤维形貌,说明选用 MMA 对 PVCL 进行共聚改性,可使得 PVCL 静电纺丝纤维的耐水性有所提升,纤维形貌的保持能力得到加强。由图 2.7(c)可见,继续增加 MMA 的质量分数,MMA 质量分数为 20% 的 PVCL－co－MMA 静电纺丝纤维形状保持能力进一步得到加强,滴水后的纤维仅发生了轻微的溶胀。由此可见,通过 MMA 组分对 PVCL 的共聚改性,可以获得良好纤维形貌保持能力的微纳米纤维,使得微纳米纤维在应用中既可发挥其大比表面积和多孔结构的优势,又可以发挥其在水溶液体系或潮湿应用环境中仍可维持其纤维形态和其温度敏感特性的优势。

　　除上述 3 方面影响成纤过程和纤维形貌的直接因素外,为提高纺丝效率或为获得特定形态或结构的微纳米纤维,在改进纺丝装置的过程中,部分间接因素会在上述直接因素的作用下,对纺丝纤维形貌和孔隙率以及稳定性等方面产生影响。例如,传统的单针头静电纺丝机生产效率较低,导致生产成本过高,对其产业化、规模化以及微纳米纤维材料的广泛应用造成了巨大障碍。因此,许多研究者对静电纺丝装置进行了改进,使用多针头、滚筒接收装置等方式,以期通过多射流或者连续缠绕接收等方式来提高溶液静电纺丝技术的纺丝效率。

　　Angammana 等设计了一个 3 针头静电纺丝装置,并在此基础上研究了 2~4 针头静电纺丝过程。研究发现,在其他条件相同时,随着针头数的增加,微纳米纤维的产量显著提高,但纺丝过程中产生射流所需的初始电压增大,电场干扰增强,两侧的射流偏移角增加,生产出的微纳米纤维的平均直径减小且不均匀度增加。因此,以单纯线性叠加针头数量的方式进行静电纺丝,可有效提高纺丝效率,但线性叠加针头也会出现电场干扰等现象,对纺丝效果产生较大影响。Theron 等针对 1×7、1×9 的线性多针头静电纺丝设备的纺丝过程,通过实验和模拟方式,研究了外部电场对多针头射流的影响,结果如图 2.8 所示。多针头射流间存在相互排斥的现象,在库仑力作用下,只有中间的射流能够保持垂直喷射,而与其相邻的射流都有偏移,且离中心越远,射流偏移越大。这使得不同针头形成的微纳米纤维膜形态不一致,且各个针头产生的微纳米纤维直径也有较大差异。

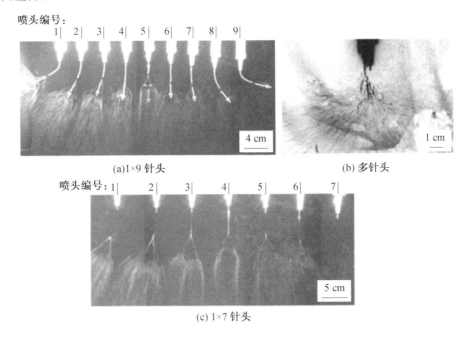

图 2.8　多针头静电纺丝过程示意图

　　研究者通过调整多针头的排列方式进行多喷头静电纺丝实验,以期解决线性多针头阵列中电场干扰强烈的问题。Theron 也提到利用 3×3 的多针头排列形式进行纺丝,但研究结果表明,这样的排列可提高纤维产量,但对电场干扰问题没有大的改善。Tomaszewski 的研究发现,直线排列时,由于外部喷头对内部喷头具有静电屏蔽作用,内部喷头不能正常工作,因此纺丝效率低、产量小;采用椭圆形排列的针头,纺丝效率会有所提高;采用圆形分布方式排列的多针头的纺丝效率明显优于线性和椭圆形排列针头的纺丝效率,其产量最大,单个针头的产量为椭圆形排列单个针头产量的 1.6～4 倍。但 Tomaszewski 的研究也指出,在这 3 种排列形式对应的静电纺丝过程中,射流间的相互干扰均不可避免。因此,改变多针头的排列方式尚不能较好改善多针头电场间存在的相互干扰问题。

2.3 静电纺丝方法

与模板法、纳米光刻法、熔融拉伸法和自组装法等超细纤维的生产方法相比,静电纺丝方法具有生产效率高、成本低、材料适应性广泛和微纳米纤维质量一致性强等优势。尤其,依托于静电纺丝的原理简单、用途广泛、适应性强的良好基础,在溶液静电纺丝法的基础上,已衍生出多种静电纺丝的变体技术,如熔融静电纺丝、气流静电纺丝、乳液静电纺丝、同轴静电纺丝、多喷嘴静电纺丝和无针静电纺丝等,可进一步提供多种微纳米结构,如核壳结构、管状结构、多孔结构、空心结构、交联结构和颗粒包裹结构等等。

2.3.1 溶液静电纺丝法

溶液静电纺丝法即溶液电纺法,是指聚合物溶解于溶剂形成均相溶液,溶液在高压电场的作用下克服液滴表面张力形成不断加速、拉伸的射流,最终在接收装置上形成无纺布状微纳米纤维的技术,其属于经典的静电纺丝法。溶液电纺法的前驱液须为可流动的液体。溶液电纺微纳米纤维具有密度低、比表面积大、孔隙率高、轴向强度大、均匀性好和形貌可控等优势,可以实现从微米到纳米尺度纤维的高效、便捷和连续制备。由于溶液静电纺丝技术具有制造设备简单、成本低和纺丝原料来源范围广等特点,已成为近年来研究和应用最多的微纳米纤维制备方法之一。

溶液电纺技术发展至今已相当完善,其从聚合物原料、电纺装置到电纺参数的优化,以及所得到微纳米纤维的形貌及其功能性方面,占据电纺类型涉及的已出文献的90%以上份额。绝大部分的合成高分子和部分的天然高分子,以及它们的改性物都可用溶剂溶解或分散的方式进行溶液电纺。合成高分子中,如聚苯乙烯(PS)、聚丙烯腈(PAN)等,因可溶于大部分的弱极性的酮类、醚类及强极性的酰胺等溶剂中,其电纺相关的文献相对较多;部分结晶性强的合成高分子,如聚酰胺(PA)、聚对苯二甲酸乙二醇酯(PET)等可使用更强极性的溶剂(如三氟乙酸等)实现溶液电纺;而可生物降解的合成高分子一般因具有中等或较强的极性,多可溶于醇、酮、酰胺直至更强极性溶剂中实现溶液电纺。天然高分子是人类生产和生活以及生命活动不可缺少的物质,也是大自然赋予人类的营养宝库。与人类日常生活和生命密切相关的天然高分子,主要有蛋白质和多糖(纤维素、淀粉、壳聚糖)。然而,大多数天然高分子不能溶解于常规的有机溶剂和水中,可用特殊溶剂进行溶解,如高极性溶剂六氟异丙醇(HFIP)可溶解蛋白、明胶、甲壳素等。通常,天然高分子可通过改性或与合成高分子共溶,改善其溶解性从而实现溶液电纺。

溶液电纺的前驱液中,溶剂用量常在 80% 以上,大量的溶剂在电纺过程中挥发到环境中,尤其在规模化电纺中,从环保的角度,溶剂的回收处理变得非常必要。但是,气体状态的溶剂回收工艺复杂、成本高,此亦是溶液电纺走向工业化应用的障碍之一。环境友好的电纺过程是未来电纺发展的必然方向,其可分为环保型溶剂电纺和无溶剂型静电纺丝。环保型溶剂有且仅有水作为溶剂,而对于大多数的合成或天然高分子而言,均较难溶解于水,只有少数高分子或其衍生物可溶于水,如聚乙二醇(PEG)、PVA、聚乙烯吡咯烷酮(PVP)和改性的纤维素等。

2.3.2　熔融静电纺丝法

熔融静电纺丝法是在高温条件下直接将聚合物熔融,流动的熔融体系再通过静电纺丝形成纤维的技术。传统的溶液静电纺丝有两个较为明显的缺点:一是可能使用的是具有危险或潜在危险的溶剂;二是溶剂的快速蒸发可能会导致纤维表面产生缺陷。熔融静电纺丝是溶液纺丝的一种更便宜、更环保和更安全的替代方法,但其主要缺点是需要一个复杂的加热系统或装置。另外,聚合物熔体往往具有较高的黏度和较低的导电性,使得熔融静电纺丝制备的纤维直径要普遍大于溶液静电纺丝制备的纤维直径,这也在一定程度上阻碍了其进一步发展。人们做出了大量努力来克服这个问题,例如使用气体辅助的方法。

与溶液静电纺丝类似,影响熔融静电纺丝过程中纤维形成的因素也有很多,包括聚合物分子量、熔体温度、纺丝电压和纺丝距离等。Zhmayev 等的研究详细介绍了气体辅助熔融静电纺丝(GAME)的概念和相关内容,GAME 的配置采用同轴设置,其中聚乳酸(PLA)熔体以 1.67×10^{-10} m^3/s 的流速从内喷嘴中喷出;热空气以 300 m/s 的速度从外喷嘴喷出。两个喷嘴的温度均为 483 K,距离收集器 0.09 m,保持 2×10^4 V 的纺丝电压。GAME 的初始衰减力基于电场,而不是空气流速或温度。实验表明,湍流空气施加了一个拖拽力,导致产量增加,熔体喷射的纤维直径减少 10%;并且,随着喷射空气温度的增加,其直径会进一步减少。

近年来,吸风速度被认为是改变熔融静电纺丝纤维直径的关键参数。Ma 等的研究报道了平均直径为 440 nm 纤维的制备过程,并对聚丙烯熔体的多股射流进行稀释和扭转。如图 2.9 所示,用无针喷嘴可以提高纤维产量,直径为 200 mm 的收集器放置在距无针喷嘴 10 cm 处,旋转盘可影响纤维的旋转角度。此外,一个由进气口、环形空气侧和排气管组成的自行设计的吸风装置,允许纤维从喷嘴中抽出后组合在一起。从实验结果来看,与获得最小纤维直径的相同施加电压下的收集器速度相比,对纤维直径影响更大的风速是在 30 m/s;该研究还给出了可通过调节接收装置与旋转器的速度比来控制纤维扭曲角度的结论。

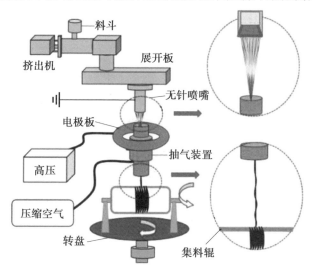

图 2.9　气体辅助熔融电纺示意图

在生物医学应用中,熔融静电纺丝也表现出其优越性。其主要原因仍然是溶液电纺中多使用了挥发性溶剂,可以说,绝大多数的有机溶剂对细胞和组织来说都是有毒性或潜在毒性的。熔融电纺可以直接将纤维结合到培养的细胞上,如图 2.10 所示,将成纤维细胞培养到培养基表面,然后去除培养基,再将电纺纤维施加到细胞上。通过更换培养基,可以观察细胞/电纺纤维的结构。

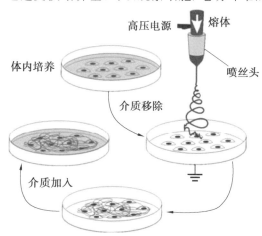

图 2.10　熔融聚合物直接纺丝于体外细胞的示意图

熔融静电纺丝与在临床上可使用的聚合物相结合,以液体(熔融体)的形式进行应用(而不是通过溶解在有机溶剂中进行应用),从这个角度看,采用熔融静电纺丝制作的组织工程支架会更易于符合医疗设备的使用规范和安全性要求。

2.3.3　同轴静电纺丝法

同轴静电纺丝(简称"同轴电纺")装置与传统单轴所对应的静电纺丝稍有差异,差别主要体现在溶液储存装置和喷射装置上。传统的单轴电纺(单纺)的溶液储存装置通常只储存一种高聚物溶液,而同轴静电纺丝通常储存两种不同的溶液,且要分开储存。二者在喷射装置上也有一些差别,同轴静电纺丝的喷射装置由两根内径不同的毛细管组成,两根毛细管之间留有一定的间隙。同轴静电纺丝装置及其纤维形貌示意图如图 2.11 所示。

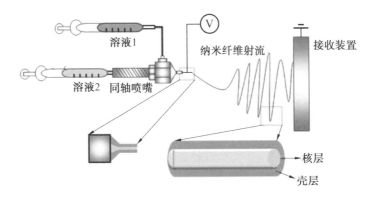

图 2.11　同轴静电纺丝装置及其纤维形貌示意图

同轴电纺的原理与单轴电纺相同,单轴电纺过程可用射流不稳定性理论描述,该理论也可以用来描述同轴静电纺丝现象,许多同轴电纺工艺参数影响的理论和实验研究也都是基于单轴静电纺丝的研究,因为同轴和单轴静电纺丝工艺使用相似的工艺参数和纤维形成机理。但同轴静电纺丝涉及的学科相较于单轴电纺更多,因而各种参数和未知量的影响也更复杂。同轴静电纺丝中,相关原理的研究除了上面介绍的泰勒锥和喷射的非稳定性,以及高聚物溶液或熔融体流动非稳定性之外,还涉及两相流体的流型以及流型间的相互转换,以及两相非牛顿流体管流分层流动。根据需要,两种流体可以是单一组分,亦可是多种聚合物溶液、聚合物与陶瓷或金属/金属氧化物的混合溶液、药物或生长因子等。随着纺丝过程中溶剂的挥发,通常得到的是具有核壳结构的一维微纳米纤维。

在大多数情况下,同轴电纺的设计是源于在微纳米纤维中加入药物等需要。包裹在内层的药物最初会受到保护而免遭环境因素的影响,例如部分药物须避免纺丝溶剂的干扰。此外,被包裹的药物可以以更有持续性的方式通过外壳层释放。这一结论在一些关于骨再生的研究中也得到了支持,也出现了专用于硬组织的核壳结构电纺纤维的装置设计。将二氧化硅基无机相与生物聚合物复合可以改善无机相的表面性质，而表面的亲水性和初始的生物响应功能不仅可改善细胞的反应，而且对材料符合力学性能的需要也很有意义，因为硬/软材料的层状结构通常可承受更大的损伤，这类同轴电纺的设计思路已见于医学工程（如牙冠的设计）中。迄今为止，同轴电纺已应用于制备核壳纤维、碳纤维材料、无机中空纤维，或者复合纤维，并用于功能材料的静电纺丝和固定化，其中鞘或核起到载体聚合物的作用，产生纤维沿轴线附着功能材料。如果通过萃取或高温煅烧的方法选择性地除去核层材料，则可得到中空纤维，如图 2.12 所示。

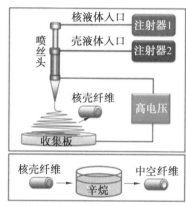

(a) 同轴静电纺丝装置

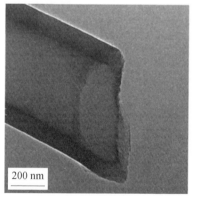

(b) SEM照片

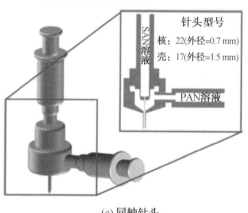

(c) 同轴针头

(d) TEM照片

图 2.12 同轴静电纺丝装置示意图和中空纤维照片

同轴静电纺丝的过程同样由多组参数控制，即工艺参数、溶液参数和环境参数。除此之外，其两种纺丝溶液的相容性在同轴静电纺丝中非常重要。两种溶液应为不混溶或半混溶溶液，以便在喷嘴尖端形成稳定的泰勒锥。如果溶液不相容，则溶液在接触时会发生沉淀、凝固和混合。

核壳界面和液—气界面的存在是同轴静电纺丝的显著特点。在这一过程中,核壳溶液的界面处产生了由黏性拖曳和接触摩擦组成的剪切力。当壳溶液黏度产生的剪切应力克服核壳溶液之间的界面表面张力时,可以获得稳定的核壳纤维。因此,在传统的同轴工艺中,壳溶液的黏度应高于核溶液的黏度。此外,壳溶液的流速需要更高才能完全夹带核溶液。

壳溶液的黏性剪切应力能使核溶液夹带在复合射流中,因此,核溶液不一定需要可纺;反过来,如果壳溶液是不可电纺的,而核溶液是可静电纺的,则核溶液也可以驱动静电纺丝的进行。驱动溶液应具有足够的电导率,以在射流拉伸期间提供足够的库仑排斥力。它还应具有足够的黏度,这源于聚合物链的缠结,以便保持射流和纤维的连续性。虽然实验和理论研究均提高了人们对同轴静电纺丝过程和参数的理解,但其中的复合射流形成和传播的具体机制仍然未能全部被获知。

2.3.4　乳液静电纺丝法

乳液是两种或两种以上不互溶的液体的混合物,其中一种液体通常以液滴形式分散在另一种连续相的液体中(图 2.13)。乳液通过单喷头可获得微纳米纤维(即乳液静电纺丝纤维),乳液静电纺丝也是制备核壳纤维的方法之一,可成功地将药物、蛋白质和微球结合在一起。这种核壳结构纤维通常以疏水性聚合物为壳层,亲水性聚合物为核层。因此,对于水包油(O/W)乳液和油包水(W/O)乳液这两种类型,静电纺丝的文献中更多报道的是油包水乳液。

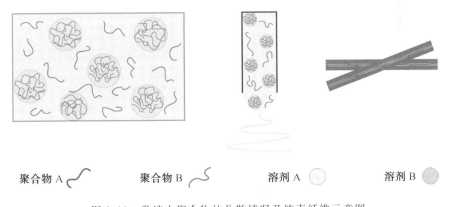

聚合物 A　　　　　聚合物 B　　　　　溶剂 A　　　　　溶剂 B

图 2.13　乳液中聚合物的分散情况及核壳纤维示意图

油包水乳液以含有溶解的亲水性药物或蛋白质的聚合物水溶液为分散相,以溶解在有机溶剂(如氯仿)中的聚合物溶液作为连续相。通常添加表面活性剂以提高乳液的稳定性。在静电纺丝过程中,由于外部油相的界面剪切力,液滴在纤维方向上拉伸成椭圆形。太大的液滴因无法抵抗电场力会分解成更小的液滴。油相黏度的增加速度比内部水滴更快,这将引导液滴进入纤维内部而不是表面。如果液滴合并,则形成核心,因此乳液静电纺丝可形成核壳纳米纤维。也有报道称,除了核壳形态外,独立的液滴嵌入到纤维中可形成不连续的核层。

水包油乳液中的分散相是一种油(例如矿物油或植物油),该类乳液的静电纺丝可用于将疏水性药物并入亲水性纳米纤维中。在乳液静电纺丝中,水包油乳液往往由水性聚合物的溶液组成,避免了有机溶剂的危害,因此这类乳液静电纺丝也被称为"绿色静电纺丝"。

类似于聚合物溶液静电纺丝,乳液中的聚合物浓度对微纳米纤维的形成起着关键作用。由于低黏弹性、低聚合物浓度的乳液静电纺丝会形成珠串状纤维形态,因此乳液静电纺丝中往往需要足够的聚合物浓度和聚合物质量来形成光滑的微纳米纤维。乳液中的连续相溶液可纺而分散相溶液不可纺,仍可形成核壳微纳米纤维。乳液中分散相聚合物溶液的浓度较高,在静电纺丝后会形成核层更厚、直径更大的纤维。

乳液中分散相与连续相的体积比也会影响纤维的内部结构和直径。油包水乳液中分散相的高含水量会导致微纳米纤维不均匀,并且在静电纺丝到形成核层的过程中,乳液滴不完全移动,因此,会导致核层材料靠近微纳米纤维的表面。此外,油包水乳液中的水含量越高,乳液的电导率会越高,微纳米纤维的直径越小;相反,对于水包油乳液,将植物油添加到水性 PVA 溶液中,会增加乳液的黏度从而导致纤维变粗变厚。

2.3.5 无针静电纺丝法

无针静电纺丝是利用高压电场在自由液体表面直接形成喷射流的纺丝方法,是为了获得更大的纤维制备量而开发的一种静电纺丝技术。虽然其与传统针式静电纺丝存在明显区别,但仍属于静电纺丝范畴。在无针静电纺丝中,喷丝头对于泰勒锥形成、纺丝过程、纤维形貌以及生产效率有着重要的影响。

无针静电纺丝喷丝头可分为旋转式和静止式两大类。旋转式喷丝头是通过引入旋转动作来实现纺丝液的连续和均匀供给,并通过引入机械振动以促进射流的形成,如图 2.14 所示,主要有球形、锥形、螺旋叶片、辊筒、圆柱体、圆盘、珠链等。静态无针喷丝头一般借助重力、磁力或气体压力等实现纺丝,是利用磁场激发喷射流以实现无针静电纺丝。这种无针喷丝头属于双层结构,下层为磁流体,上层为纺丝溶液。在磁场中,磁流体会形成突起,与此同时,上层纺丝溶液会随磁流体形成波浪状。施加电场后,突起位置便会形成喷射流,射流直接飞向收集器,在收集器上沉积形成微纳米纤维。

相比针式静电纺丝,无针静电纺丝的生产效率更高。然而,其所得纤维通常会比较粗糙,且直径的差异性较大。由于喷丝头的结构相对复杂,该类无针静电纺丝的技术尚未能得到有效的推广。

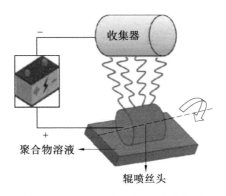

图 2.14　无针静电纺丝装置示意图

　　气泡静电纺丝属于无针静电纺丝法的一种,其是在纺丝溶液中注入压缩气体,使溶液表面产生气泡。由于气泡表面的电场分布更加集中,喷射流会最先在气泡表面形成,气泡静电纺丝装置示意图如图 2.15 所示。研究发现,通过调节气压和溶液浓度可以有效控制纺丝过程;而气泡个数越多则纺丝效率越高。另外,温度是决定气泡表面张力大小的关键参数,对纺丝效率和纤维品质均具有重要影响。通过增加环境湿度可以减小气泡的表面张力,因此不仅可以节约能耗,还可以得到质量更好的纤维。

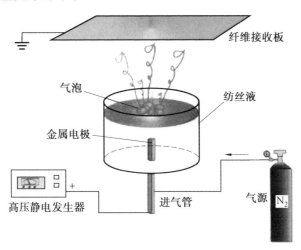

图 2.15　气泡静电纺丝装置示意图

　　与带有注射器的静电纺丝相比,无针纺丝的主要优点有:一是可以避免纺丝过程中聚合物流体在针头处的堵塞;二是可以大批量和成规模地制备微纳米纤维。单针静电纺丝制备的微纳米纤维产量低,通常只适用于实验室的小规模研究,极大地限制了微纳米纤维的产业化和商业化应用;而无针静电纺丝的生产效率则可以比传统单针静电纺丝(0.2 g/h)高出几十倍甚至上百倍。理论上,无针静电纺丝的生产效率是上述各类纺丝中最高的,因为其聚合物溶液的几何形状允许一次性产生数十到数百个喷气丝状物;但其也会需要更高的电压来促进纺丝纤维的形成。在对聚合物进行无针电纺的研究中发现,喷丝头的几何形状对纤维形貌有较显著的影响:具有较窄表面的圆盘或者线圈状的"喷头"相比圆柱状的"喷头",会表现出电场分布得更均匀;与其他形状相比,由于具有更大的表面积或者更长的圆周,线圈状的"喷头"则会具有更高的纤维生产效率。

2.4　静电纺丝与 3D 打印结合

　　静电纺丝作为一种稳定而简单的方法,其在高压作用下产生具有大比表面积的微米级和纳米级纤维。微纳米纤维可以模拟天然细胞外基质(ECM)的物理功能,为细胞黏附和生长提供许多附着点,从而影响其形态和活性。微纳米图案化已经成为制备具有可控细胞形态支架的主要技术。此外,电纺微纳米纤维可以作为药物、肽或生物活性因子的有效载体,实现药物的输送和控制释放。然而,电纺纤维的机械性能较差是限制其在该领域应用的因素之一。此外,为扩大静电纺丝在生物医学中的应用范围,尚需制备各种形状的新型产品。而使用常规静电纺丝工艺构建 3D 结构是其中的一个挑战。早期的 3D 打印主要出现在工业界,以"逐层叠加,分段制造"的原理为基础,先是对靶器官逐层扫描,提取物理特性等资料传输至计算机辅助设计模块进行设计,再选择相应的材料进行制造,将材料逐层打印从而构建所需的三维实体。随着 3D 打印技术的不断成熟及发展、打印材料的不断创新及拓展,其在医学领域的应用越来越广泛。

　　3D 打印和静电纺丝技术的结合,可以赋予材料可控的形状、高的多孔互连结构、足够的支撑强度和纳米化的图案等,并为细胞提供类似 ECM 的壁龛和生物活性的信息。目前为止,通过 3D 打印和静电纺丝技术在生物医学领域的结合,已经制造出多种生物相容性材料,如图 2.16 所示。值得注意的是,3D 打印与静电纺丝技术结合制备的纤维,其大多数的应用都与组织工程和再生医学有关。除此之外,静电纺丝纤维/网和 3D 打印支架的组合,也已被用作柔性和可穿戴电子设备的传感器。

2.4.1　静电纺丝与 3D 打印支架

　　3D 打印是一种灵活的组织工程支架制备技术,可以为细胞培养定制结构。在 3D 支架上制备微纳米纤维的一种简单方法,是将电纺纤维直接沉积在 3D 打印支架的表面,一些研究小组已经使用了这种简单的技术。首先,使用 3D 打印制作支架,3D 打印支架的形状可以根据各种应用进行调整,最常见的形式是带

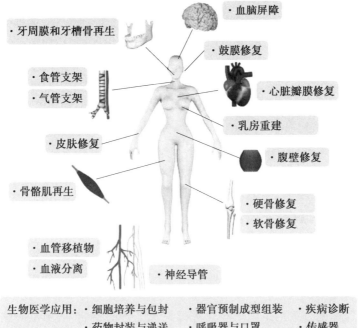

图 2.16　3D 打印与静电纺丝技术相结合的生物医学应用示意图

有网格的平面形状。通过静电纺丝技术将可能实现某些功能的药物或细胞添加到 3D 打印支架中,然后在支架表面沉积微纳米纤维。电纺纤维沉积在 3D 打印支架上的示意图如图 2.17 所示。

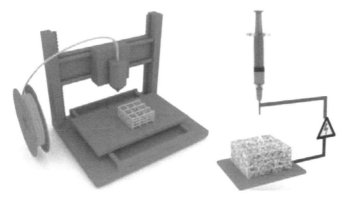

图 2.17　电纺纤维沉积在 3D 打印支架上的示意图

　　杨勇等以 PCL 为原材料,以 3D 打印技术精确构建了三维框架,同时将 PVA+Ⅰ型胶原(Col Ⅰ)携带人脐静脉内皮细胞(HUVECs)和小鼠胚胎成骨细胞前体细胞(MC3T3-E1)作为壳层,PVP 作为核层材料进行同轴电纺,将同轴静电纺丝所得的细胞－支架复合物置于 3D 打印所构建的框架材料内,同时注入含 MC3T3－E1 细胞的海藻酸水凝胶填充入整个三维框架内,在透射电子显微镜 (TEM,简称透射电镜)下可见 3D 打印框架内的静电纺丝呈核壳结构,染色实验和扫描电镜证明 HUVECs 和 MC3T3－E1 在静电纺丝纤维中的分布更加均匀。CD31 免疫荧光检测表明,载细胞同轴电纺的支架比传统的在已构建支架上直接滴加细胞所得到的支架的成血管情况更好,体外培养的茜素红和碱性磷酸酶 (ALP)染色展现了 MC3T3－E1 细胞良好的增殖及成骨分化。复合支架植入大鼠颅骨缺损处 4 周、8 周后,新生骨量明显增加。其研究结果表明,静电纺丝联合 3D 打印技术所构建的组织工程骨可有效解决骨缺损修复的问题,同时,相比于传统的支架构建技术可增加新生骨组织血管化的可能。

2.4.2　3D 打印至电纺纤维表面

3D 打印技术的灵活性使其能够应用于各种形状的表面。但由于电纺产品形态的限制,3D 打印技术仅用于扁平或管状电纺纤维类型。利用静电纺丝技术制备出管状支架,然后利用快速成型系统和旋转管的芯轴,可实现在电纺管状支架表面打印图案。采用组织工程化进行人工气管的重建,应满足一些方面的要求。例如,应与天然气管相当的生物相容性结构、有纤毛呼吸道黏膜的覆盖,以及有足够的软骨重塑以支持圆柱形结构等。Kim 等设计了一种机械性能与天然支气管相似的人工气管,通过双层管状支架和诱导多能干细胞(iPSC)衍生细胞的最佳组合,可以增强气管黏膜和软骨的再生。用电纺 PCL 微纳米纤维(内部)和 3D 打印的 PCL 纤维(外部)制造人工气管的框架的示意图如图 2.18 所示。其内部微纳米纤维结构可以作为黏膜层的模板,为细胞迁移提供场所;3D 打印的微细纤维(外部)可以提供机械强度和柔性以作为气管的框架。此外,使用人支气管上皮细胞(hBEC)、iPSC 衍生的间充质干细胞(iPSC－MSCs)和 iPSC 衍生软骨细胞(iPSC－CHs)来最大化地实现体内气管黏膜和软骨的再生。使用生物反应器系统培养 2 d 后,将组织工程化的人工气管移植到气管缺损(1.5 cm 长)的兔模型中,经内窥镜检查未发现肉芽长入气管腔;阿尔新蓝染色可清楚地显示 iPSC－MSC 组中纤毛柱状上皮的形成。

2.4.3　静电纺丝与 3D 打印的交替使用

交替使用 3D 打印和静电纺丝进行逐层生物制造是一种创建具有可控内部结构的 3D 结构的新策略。该混合过程主要由两步组成:通过 3D 打印技术构建第一层支架,然后将聚合物微纳米纤维层铺在 3D 打印层上;随后 3D 打印层和电纺层重复压到先前的组合层上,由此可以制造 3D 混合结构。密度可控的有序微纳米纤维层可以进一步发展出更好的对准性,以实现有序的光纤配置。静电纺

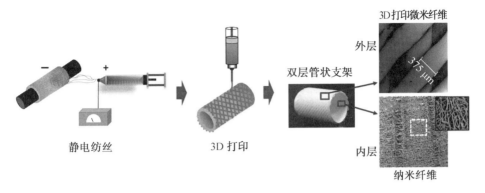

图 2.18 用电纺 PCL 微纳米纤维(内部)和 3D 打印的 PCL 纤维(外部)制造人工气管的
框架的示意图

丝与 3D 打印交替使用的示意图如图 2.19 所示;也可以先制造静电纺丝微纳米
纤维片,然后将其插入 3D 打印结构的每一层之间。

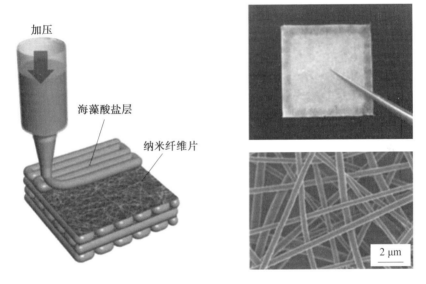

图 2.19 静电纺丝和 3D 打印交替使用的示意图

由微米和纳米级结构组成的复杂功能化支架是组织工程的关键目标之一。
3D 打印技术与静电纺丝的结合能够制造这些具有多尺度的结构。Vyas 等提出
了一种具有多个网格层和纤维密度的聚己内酯 3D 打印电纺支架,并成功地制造
出了双尺度支架,其中 3D 打印微纳米纤维支架作为电极,电纺纤维垂直于打印
纤维的方向高度对齐,并在支架的孔内形成对齐的网格。其机械性能的测试结
果表明,网格层的数量间无显著差异,而支架的疏水性随着纤维密度的增加而增
加。生物学的测试结果表明,增加网格层的数量可以改善细胞增殖、迁移和黏

附;微尺度孔内排列的纳米纤维有助于细胞的黏附与排列,这在 3D 打印的纯支架中并未观察到。这些结果证明了将静电纺丝法与 3D 打印技术交替使用是一种可将低密度和排列纤维结合于 3D 打印支架内的有效方法,这也是多尺度分级支架中一个有前途的方法,其中的细胞的排列也是较为理想的。综上,通过交替使用 3D 打印和静电纺丝,使用可控细胞负载多尺度片材,可制造具有用户特定图案结构的复杂支架。

2.4.4 电纺纤维作为 3D 打印油墨

将微纳米纤维添加到 3D 打印的油墨中是获得具有增强的机械性能和精确控制 3D 形状、孔径大小和微观结构支架的一种有前途的技术。因此,电纺微纳米纤维已被添加到 3D 打印的油墨中,以改善产品的机械、介电和热性能。第一步是将电纺纤维膜转化为具有适合 3D 打印的短纤维结构的油墨,然后有效地结合短纤维,并在 3D 打印过程中均匀地挤出基于纤维的油墨。由电纺纤维基油墨制造的 3D 打印支架具有精确控制的形状和孔隙,此外,电纺微纳米纤维还可以与脱细胞基质混合作为 3D 打印机的油墨。尽管通过添加纤维对磷酸钙(CaP)支架进行增韧已得到公认,但在设计和制造 CaP 支架植入物时忽略了机械性、特定结构和功能性。新兴的 3D 打印技术为构建具有精确尺寸和精细微观结构的 CaP 支架提供了一种很有前途的技术。然而,基于挤出和频繁使用的 3D 打印技术的最大挑战是平滑地挤出含有纤维的 CaP 浆料,而使用冷冻切片技术和化学分散剂可以在油墨中获得良好分散的微纳米纤维。Zhao 等将冷冻切片和化学分散剂(Pluronic F127、F127)联合用于制备非聚集聚乳酸—羟基乙酸(PLGA)纤

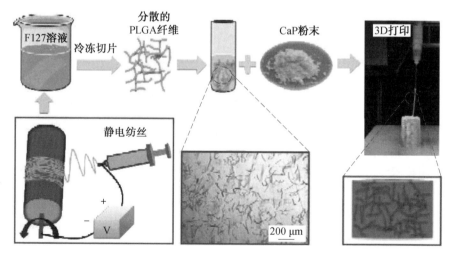

图 2.20　3D 打印制备含有 PLGA 短纤维和 CaP 的骨支架流程示意图

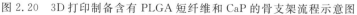

维。将 PLGA 短纤维与 CaP 浆料混合,利用 3D 打印技术制备骨支架,其制备流程如图 2.20 所示。当 PLGA 纤维的质量分数不超过 3% 时,含有良好分散 PLGA 纤维的 CaP 浆料的可注射性大于 90%。同时,含有良好分散 PLGA 纤维的 CaP 浆料的流变性能表现出剪切变薄,这两个条件都有利于 3D 打印。此外,由于 PLGA 纤维的拔出和桥接作用,这些 CaP 支架表现出延性断裂行为。细胞增殖和碱性磷酸酶活性测试表明,含有 PLGA 纤维的 3D 打印 CaP 支架具有良好的生物相容性和促进成骨细胞分化的能力。

2.5　静电纺丝与冷冻干燥结合

利用静电纺丝技术制备无机纤维、有机纤维以及碳纤维,再经过冷冻干燥技术得到纳米纤维气凝胶,也成为静电纺丝技术的一种有效拓展。

2.5.1　有机纤维气凝胶的制备方法

借助于单体的多样性和分子的可设计性,有机纤维气凝胶家族包含的种类丰富,其主要类型包括纤维素气凝胶和以聚酰亚胺(PI)、PAN 和 PCL 为代表的聚合物纤维气凝胶。由于可通过嫁接特定的修饰官能团获得预期的功能特性,有机纤维气凝胶在诸多应用领域都极具发展前景。

随着气凝胶制备技术和应用领域的快速拓展,传统有机气凝胶已经形成丰富而又庞大的体系,然而新兴的有机纤维气凝胶的制备常常受制于纤维的成型技术,难以将许多具有优异特性的聚合物制备成有机纤维气凝胶。新型聚(双(苯并咪唑基)苯并菲咯啉二酮)(BBB)作为一种梯形刚性棒状聚合物,其骨架上有许多芳族和杂环,具有良好的耐热性和耐化学腐蚀性。这些特性使 BBB 成为制备高温稳定、固有阻燃纤维气凝胶的强大候选者。然而,由于 BBB 的不溶不熔特性,对 BBB 纤维研究和应用的进展较为缓慢。Zhu 等报道了一种新的 BBB 纤维制备方法,即用模板聚合物电纺相应的 BBB 单体,然后在高温下进行固态聚合,同时将模板聚合物热解除去。凭借这一纤维制备技术,研究人员进一步将制备的 BBB 纤维分散在 PVA 溶液中,通过冷冻干燥和热解得到具有低密度($2.9 \sim 16.4 \ \text{mg/cm}^3$)、低热导率($0.028 \sim 0.038 \ \text{W/(m·K)}$)、良好热稳定性(在 N_2 中可耐 600 ℃)和固有阻燃性的弹性 BBB 纤维气凝胶。该气凝胶强大的机械弹性源于水溶性模板的聚合物 PVA,该聚合物可将 BBB 纤维自组装成高度稳定的 3D 多孔结构,经 500 ℃ 退火热解后,即可得到不含模板的弹性 BBB 纤维气凝胶。

2.5.2 无机纤维气凝胶的制备方法

相比于有机纤维气凝胶,无机纤维气凝胶具有良好的化学稳定性和热稳定性,其拓展了纤维气凝胶在高温领域的应用。无机纤维气凝胶主要包括二氧化硅(SiO_2)、碳化硅(SiC)、氧化锆(ZrO_2)、三氧化二铝(Al_2O_3)等。

传统 SiO_2 气凝胶是目前研究较为成熟的气凝胶材料,但 SiO_2 气凝胶的进一步低密度化仍是一个难题,故有望兼具超低密度和良好力学性能的 SiO_2 纤维气凝胶引起了人们的广泛研究。Si 等利用电纺 PAN 纤维和 SiO_2 纤维为原料,以环并恶嗪为交联剂,经冷冻干燥和热交联后制备出具有多级孔结构的超轻纳米纤维气凝胶($0.12\ mg/cm^3$)(其制备流程如图 2.21 所示)。该气凝胶具有超弹性、优异的吸油性能(其吸油量可达自身质量的 15 000 倍)以及优异的隔热性能(常温热导率为 $0.026\ W/(m \cdot K)$)。为提高纤维气凝胶的耐温性,该团队进一步采用无机纤维为原料,将硅铝硼酸盐(AlBSi)用作高温黏合剂,经定向冷冻干燥和高温煅烧后,得到密度为 $0.15\ mg/cm^3$ 的超轻柔性 SiO_2 纳米纤维气凝胶。体系中多级蜂窝结构和纤维间牢固的结合赋予了气凝胶超弹性,其可在 80% 应变下迅速恢复原状,并在 1 100 ℃ 高温下仍可保持良好的弹性。该纤维气凝胶的高孔隙率和超低密度有效抑制了固体热传导,使其具有较低的常温热导率(仅为 $0.025\ W/(m \cdot K)$)。

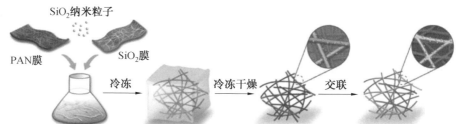

SiO₂纳米粒子

PAN膜　　　SiO₂膜

冷冻　　　冷冻干燥　　　交联

1.均质化的纳米纤维分散液　2.冷冻分散体　　3.游离的气凝胶　　4.键合的纤维气凝胶

图 2.21　超轻 SiO_2/PAN 纳米纤维气凝胶制备流程示意图

Wang 等又通过将水解硅烷溶胶引入分散体系,在冷冻干燥过程中原位构建弹性 Si—O—Si 交联网络,制备出密度低至 $0.25\ mg/cm^3$ 的超轻 SiO_2 纳米纤维气凝胶。与先前的研究不同的是,该方法无须进一步煅烧,从而避免了高温下脆性微晶结构的形成,有效提高了气凝胶的力学性能。凭借强健的仿生骨架和弹性黏合位点,气凝胶表现出了在宽温度范围内($-196 \sim 1\ 100$ ℃)的超弹性和优异的抗疲劳性,经 100 万次压缩循环后仍不会发生破坏。此外,该气凝胶还展现出低热导率($0.024\ W/(m \cdot K)$)、耐高温和高孔隙率等特性,这为吸声、隔热、催化等一系列应用开辟出更多的可能性。但是,由于 SiO_2 自身不具有红外遮蔽性能且气凝胶中存在较大量的微米级通孔,其在理论上会导致较高的高温热导率的可能,尚未见其有效应用于高温隔热领域。

本章参考文献

[1] 王策,卢晓峰. 有机纳米功能材料:高压静电纺丝技术与纳米纤维[M]. 北京:科学出版社,2011.

[2] 丁彬. 功能微纳米聚合物纤维材料[J]. 高分子学报,2019,50(8):764-774.

[3] 李岩,黄争鸣. 聚合物的静电纺丝[J]. 高分子通报,2006(5):12-19,51.

[4] 马玥珑,李佳,王虹. 静电纺丝制备载药纳米纤维的研究进展[J]. 哈尔滨理工大学学报,2021,26(5):130-140.

[5] 鲍桂磊,张军平,赵雯,等. 静电纺丝制备纳米纤维的研究进展[J]. 当代化工,2014,43(12):2632-2635.

[6] 邓建辉,杨晓青,方称辉,等. 静电纺丝/静电喷雾技术在电池领域的应用进展[J]. 化工进展,2021,40(10):5600-5614.

[7] ANTON F. Process and apparatus for preparing artificial threads:US1975504[P]. 1934-10-02.

[8] BINNIG G,ROHRER H. Scanning tunnelling microscopy[J]. Helvetica Physica Acta,1982,55(6):726-735.

[9] 刘雍. 气泡静电纺丝技术及其机理研究[D]. 上海:东华大学,2008.

[10] RENEKER D H,YARIN A L. Electrospinning jets and polymer nanofibers[J]. Polymer,2008,49(10):2387-2425.

[11] 贾琳. 基于表面张力下取向微纳米纤维的优化制备及应用[D]. 上海:东华大学,2013.

[12] COOLEY J F. Apparatus for electrically dispersing fluids:US0692631[P]. 1902-02-04.

[13] ZELENY J. Instability of electrified liquid surfaces[J]. Physical Review,1917,10(1):1-6.

[14] TAYLOR G. Disintegration of water drops in an electric field[J]. Royal Society of London Proceedings,1964,280(1382):383-397.

[15] YARIN A L,KOOMBHONGSE S,RENEKER D H. Bending instability in electrospinning of nanofibers[J]. Journal of Applied Physics,2001,89(5):3018-3026.

[16] SPIVAK A F,DZENIS Y A,RENEKER D H. A model of steady state jet in the electrospinning process[J]. Mechanics Research Communications,

2000，27(1)：37-42.

[17] HOHMAN M M，SHIN M，RUTLEDGE G，et al. Electrospinning and electrically forced jets. Ⅰ. Stability theory[J]. Physics of Fluids，2001，13(8)：2201-2220.

[18] HOHMAN M M，SHIN M，RUTLEDGE G，et al. Electrospinning and electrically forced jets. Ⅱ. Applications[J]. Physics of Fluids，2001，13(8)：2221-2236.

[19] FENG J J. Stretching of a straight electrically charged viscoelastic jet[J]. Journal of Non-Newtonian Fluid Mechanics，2003，116(1)：55-70.

[20] CARROLL C P，JOO Y L. Axisymmetric instabilities of electrically driven viscoelastic jets[J]. Journal of Non-Newtonian Fluid Mechanics，2008，153(2/3)：130-148.

[21] CARROLL C P，JOO Y L. Axisymmetric instabilities in electrospinning of highly conducting，viscoelastic polymer solutions [J]. Physics of Fluids，2009，21(10)：103101.

[22] HE J H，WU Y，ZUO W W. Critical length of straight jet in electrospinning[J]. Polymer，2005，46(26)：12637-12640.

[23] QIN X H，WANG S Y，SANDRA T，et al. Effect of LiCl on the stability length of electrospinning jet by PAN polymer solution[J]. Materials Letters，2005，59(24/25)：3102-3105.

[24] ANGAMMANA C J，JAYARAM S H. The effects of electric field on the multijet electrospinning process and fiber morphology [J]. IEEE Transactions on Industry Applications，2011，47(2)：1028-1035.

[25] THERON S A，YARIN A L，ZUSSMAN E，et al. Multiple jets in electrospinning：experiment and modeling[J]. Polymer，2005，46(9)：2889-2899.

[26] TOMASZEWSKI W，SZADKOWSKI M. Investigation of electrospinning with the use of a multi-jet electrospinning head[J]. Fibres & Textiles in Eastern Europe，2005，13(4)：22-26.

[27] 杨卫民，李好义，阎华，等. 纳米纤维静电纺丝[M]. 北京：化学工业出版社，2018.

[28] 张艳萍，张莉彦，马小路，等. 无针静电纺丝技术工业化进展[J]. 塑料，2017，46(2)：1-4,12.

[29] 王飞龙，邵珠帅. 高效无针静电纺丝研究进展[J]. 纺织导报，2014(1)：64-67.

[30] DALTON P D, KLINKHAMMER K, SALBER J, et al. Direct in vitro electrospinning with polymer melts[J]. Biomacromolecules, 2006, 7(3): 686-690.

[31] YOON J, YANG H S, LEE B S, et al. Recent progress in coaxial electrospinning: new parameters, various structures, and wide applications[J]. Advanced Materials, 2018, 30(42): 1704765.

[32] LEE B S, PARK K M, YU W R, et al. An effective method for manufacturing hollow carbon nanofibers and microstructural analysis[J]. Macromolecular Research, 2012, 20(6): 605-613.

[33] KHALF A, SINGARAPU K, MADIHALLY S V. Cellulose acetate core-shell structured electrospun fiber: fabrication and characterization[J]. Cellulose, 2015, 22(2): 1389-1400.

[34] ZUPAN ČI Č Š. Core-shell nanofibers as drug delivery systems[J]. Acta Pharmaceutica, 2019, 69(2): 131-153.

[35] YANG D L, FARAZ F, WANG J X, et al. Combination of 3D printing and electrospinning techniques for biofabrication[J]. Advanced Materials Technologies, 2022, 7(7): 2101309.

[36] EFIMOV A E, AGAPOVA O I, SAFONOVA L A, et al. 3D scanning probe nanotomography of tissue spheroid fibroblasts interacting with electrospun polyurethane scaffold[J]. Express Polymer Letters, 2019, 13(7): 632-641.

[37] KIM I G, PARK S A, LEE S H, et al. Transplantation of a 3D-printed tracheal graft combined with iPS cell-derived MSCs and chondrocytes[J]. Scientific Reports, 2020, 10(1): 4326.

[38] YOON Y, KIM C H, LEE J E, et al. 3D bioprinted complex constructs reinforced by hybrid multilayers of electrospun nanofiber sheets[J]. Biofabrication, 2019, 11(2): 025015.

[39] VYAS C, ATES G, ASLAN E, et al. Three-dimensional printing and electrospinning dual-scale polycaprolactone scaffolds with low-density and oriented fibers to promote cell alignment[J]. 3D Printing and Additive Manufacturing, 2020, 7(3): 105-113.

[40] LUO C J, NANGREJO M, EDIRISINGHE M. A novel method of selecting solvents for polymer electrospinning[J]. Polymer, 2010, 51(7): 1654-1662.

[41] TAO J, SHIVKUMAR S. Molecular weight dependent structural regimes

during the electrospinning of PVA[J]. Materials Letters，2007，61(11/12)：2325-2328.

[42] IBRAHIM Y S，HUSSEIN E A，ZAGHO M M，et al. Melt electrospinning designs for nanofiber fabrication for different applications [J]. International Journal of Molecular Sciences，2019，20(10)：2455.

[43] ZHMAYEV E，CHO D，JOO Y L. Nanofibers from gas-assisted polymer melt electrospinning[J]. Polymer，2010，51(18)：4140-4144.

[44] MA X L，ZHANG L Y，TAN J，et al. Continuous manufacturing of nanofiber yarn with the assistance of suction wind and rotating collection via needleless melt electrospinning [J]. Journal of Applied Polymer Science，2017，134(20)：44820.

[45] 何宏伟. 新型无溶剂静电纺丝技术制备功能超细纤维及其应用[D]. 青岛：青岛大学，2016.

[46] 杨勇. 静电纺丝联合 3D 打印技术构建组织工程骨[D]. 贵阳：贵州医科大学，2022.

[47] ZHAO G R，CUI R W，CHEN Y，et al. 3D printing of well dispersed electrospun PLGA fiber toughened calcium phosphate scaffolds for osteoanagenesis[J]. Journal of Bionic Engineering，2020，17(4)：652-668.

[48] 柳凤琦，姜勇刚，彭飞，等. 超轻纳米纤维气凝胶的制备及其应用[J]. 化学进展，2022，34(6)：1384-1401.

[49] XU T，MISZUK J M，ZHAO Y，et al. Electrospun polycaprolactone 3D nanofibrous scaffold with interconnected and hierarchically structured pores for bone tissue engineering[J]. Advanced Healthcare Materials，2015，4(15)：2238-2246.

[50] DUAN G G，BAGHERI A R，JIANG S H，et al. Exploration of macroporous polymeric sponges as drug carriers[J]. Biomacromolecules，2017，18(10)：3215-3221.

[51] SI Y，YU J Y，TANG X M，et al. Ultralight nanofibre-assembled cellular aerogels with superelasticity and multifunctionality[J]. Nature Communications，2014，5：5802.

❀ **第 3 章**

微纳米纤维及其类型

3.1 引 言

随着静电纺丝技术的发展,其所适用的加工材料相应在逐渐增多。静电纺丝可加工的材料从最初的单一高分子聚合物发展到现在种类繁多的各种非聚合物材料,并进一步拓展到了聚合物与无机材料的复合体系。随着先纺丝后处理以除去聚合物方法的普及,各种无机非金属、金属氧化物甚至金属单质以及各种多元复合材料都能够通过静电纺丝的方法制成微纳米纤维状,从而可以应用于更多的领域。

3.2 有机纤维

近年来,几百种不同的聚合物已经用于静电纺丝技术,其经过高压静电场纺丝,都可以得到相互间杂乱缠绕且直径分布范围较宽(通常为几微米到几十纳米范围)的聚合物纤维。有机纤维既包括采用传统纺丝技术生产的多种类型的合成纤维,如:聚酯、尼龙、聚乙烯醇等柔性高分子的静电纺丝,又包括聚氨酯(PU)、丁二烯苯乙烯嵌段共聚物(SBS)等弹性体的静电纺丝,以及液晶态的刚性高分子聚对苯二甲酰对苯二胺的静电纺丝等。此外,包括蚕丝、蜘蛛丝在内的蛋白质和核酸等生物大分子也可以进行静电纺丝。

3.2.1　天然高分子

天然高分子可以从植物或者动物体内提取而得,属于可再生的资源。有些天然高分子的化学组成或结构与人体或动物体的成分或结构非常类似,如果将这些天然聚合物作为组织工程支架材料,会易于降解而转化成为对人体有益的生物小分子,从而被人体或动物体所吸收。部分天然高分子材料有利于细胞或蛋白质的黏附、增殖与生长。天然高分子通常具有良好的生物相容性和可降解性,也往往具有良好的亲水性以及具有对环境友好等特点。天然高分子中,可作为静电纺丝纤维材料的主要包括明胶(基)、海藻酸(基)、壳聚糖(基)及丝素蛋白(基)等成分。

1. 海藻酸及海藻酸钠

海藻酸是一种从海藻中提取的天然多糖,通常与金属离子结合形成海藻酸盐,且多为海藻酸钠(sodium alginate,SA),海藻酸钠的结构式如图 3.1 所示。海藻酸钠为无臭、无味、白色或淡黄色粉末。海藻酸钠不溶于乙醇、乙醚等有机溶剂,也不溶于酸性环境(pH 在 3 以下);其能缓慢溶于水形成黏稠液体,黏度因原料规格的不同而有差异,可因温度、浓度、pH 以及金属离子的存在等而不同。通常,在质量分数低至 2%~3%时,海藻酸钠仍具有较高黏性。此外,海藻酸钠与蛋白质、明胶、淀粉的相容性好,与二价以上金属离子可形成凝胶状(不可溶解),因此其可以用来吸收血液或组织液中的高价金属离子,以达到止血的作用。

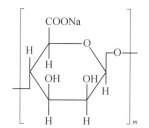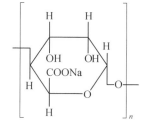

图 3.1　海藻酸钠的结构式(m、n 为其聚合度)

由于海藻酸钠是一种阴离子型聚电解质,在其溶液浓度很低时即可达到较大的电导率,但此时溶液的黏度过小,不易在电纺中形成射流;而当浓度小幅度增大后,虽然黏度会增大,但电导率增加得更加显著,导致电纺过程中喷射出的液流不稳定,形成的纤维粗细不均匀甚至无法形成连续的纤维。人工合成高分子化合物与天然高分子化合物的结合使用可以很好地克服这一难题。诸如聚乙烯醇(PVA)、聚氧乙烯(PEO)等人工合成高分子化合物,可以与海藻酸钠通过氢键等分子间作用力形成高分子之间链的缠结,从而改善海藻酸钠的电导率与黏度之间的不协调现象,使混合溶液的黏度、电导率等性质达到电纺的要求。例如,在对海藻酸钠与聚氧乙烯共混物(海藻酸钠/聚氧乙烯)体系施加电压后,仍无法形成稳定的泰勒锥和纤维射流,为进一步提升体系的可纺性,可添加二甲基亚砜(DMSO)和聚乙二醇辛基苯基醚(Triton X−100)以有效分散海藻酸钠分子并降低表面张力。然而,所得微纳米纤维的高溶解度,往往会限制它们在水环境中的稳定性,因此,对于特定的生物医学应用,则通常需要用戊二醛(GA)、二价离子和三氟乙酸等进行交联改性。图 3.2 所示为交联前后以及采用不同交联剂的海藻酸钠/聚氧乙烯(质量比为 50/50)共混物微纳米纤维的 SEM 照片。

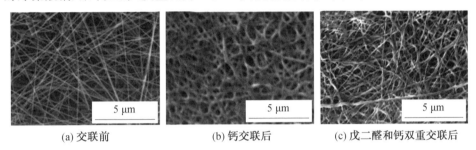

图 3.2 交联前后以及采用不同交联剂的海藻酸钠/聚氧乙烯(质量比为 50/50)共混物
　　　　微纳米纤维的 SEM 照片

　　以海藻酸钠为基材可以制备抗菌性薄膜。其传统的成膜方式是铺膜法,尽管可以在此法所得的薄膜中加入其他物质作为抗菌剂,但薄膜的厚度、抗菌剂的分布不均及团聚现象等,都会很大程度地影响薄膜的性能,尤其是当需要加入纳米级别的抗菌剂以制备抗菌性复合薄膜时,抗菌剂分布不均或者发生团聚会使抗菌效果参差不齐,甚至会导致由于抗菌剂的局部浓度过高而危害生物机体的不良后果。静电纺丝技术和纳米材料的兴起为解决这一问题提供了新的思路,也带来了很大的便利。在制备海藻酸钠抗菌复合薄膜的过程中,静电纺丝的优势在于可以将所需加入的抗菌剂均匀地复合到每一根微纳米尺度的纤维中,然后在接收屏上收集由载有抗菌剂的微纳米纤维交织成的薄膜,从而克服抗菌剂分布不均及团聚的难题;由于薄膜的厚度较小,抗菌剂在海藻酸钠的控制下可以得到有效释放,显著提高薄膜的抗菌效率。

　　海藻酸钠抗菌复合材料中的常用抗菌剂有高分子抗菌剂、天然抗菌剂、有机抗菌剂及无机抗菌剂等。相对于前三者,无机抗菌剂通常具有更高的抗菌效率,在较少用量时即可达到较好的抗菌效果,因此备受青睐。Shalumon 等以无机物纳米氧化锌(ZnO)作为抗菌剂,以有机物 PVA 作为改性剂,利用静电纺丝技术制备海藻酸钠基抗菌复合薄膜。将质量分数为 16% 的 PVA 和 2% 的 SA 混合,通过静电纺丝获得光滑的纤维,电纺纤维 SEM 检测结果如图 3.3 所示。随着 SA/PVA 共混物中 PVA 的量在 1:3、1:1 和 3:1 范围内减少,溶液的电导率增加。在质量比 1:1 的混合比中,溶液的电导率和黏度显示出比 1:3 和 3:1

组合更适中的效果。当 SA/PVA 的共混质量比为 1：1 时,与质量分数为 0.5％、1％、2％ 和 5％ 的 ZnO 纳米颗粒混合,溶液的电导率略有增加,这有利于静电纺丝;而随着 ZnO 纳米颗粒浓度的增加,溶液的黏度也会增加。

(a) 0   (b) 0.5％   (c) 1％

(d) 2％   (e) 5％

图 3.3　不同 ZnO 质量分数的 SA/PVA 电纺纤维的 SEM 照片

研究结果表明,采用该复合方法可以获得形态、性质等较为理想的微纳米纤维。此外,该研究以金黄色葡萄球菌和大肠杆菌为代表菌种进行的抗菌性测试结果表明,由于添加纳米 ZnO 的作用,SA/PVA/ZnO 微纳米纤维毡对这两种细菌均有显著的抑制作用,说明了 SA/PVA/ZnO 微纳米纤维毡在创伤敷料等生物医药领域的潜在应用价值。

2. 甲壳素和壳聚糖

甲壳素是一种天然碱性多糖物质,其结构类似于细胞外基质(天然的细胞外基质由功能蛋白、糖蛋白和蛋白聚糖组成,是组织特有的三维结构复合物)的氨基多糖。壳聚糖(chitosan,CS)是甲壳素脱乙酰基的产物,主要来源于甲壳类生物虾、蟹的外壳。甲壳素、壳聚糖的结构式及脱乙酰化过程如图 3.4 所示。脱乙酰度是壳聚糖的重要性质之一,壳聚糖的脱乙酰度由 60％ 到 100％ 不等,它表明在壳聚糖分子中自由氨基的数量。甲壳素、壳聚糖的化学结构与海藻酸较为相似,区别在于 C2 位置上的官能团不同,海藻酸的 C2 位上为羧基,而壳聚糖的则为氨基,从而导致壳聚糖的分子间和分子内的氢键作用较强,使其在纯水中无法溶解,需要在酸性条件下质子化后溶解,然后进行纺丝。

甲壳素和壳聚糖具有良好的生物相容性和生物可降解性,兼有高等动物组织中胶原质和高等植物组织中纤维素的生物功能,对动、植物都具有良好的适应性,与生物体的亲和性体现在细胞水平上,产生抗原的可能性很小。因此,壳聚

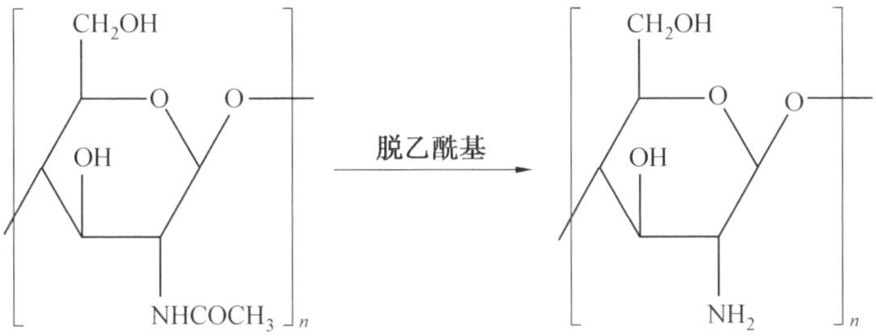

图 3.4 甲壳素、壳聚糖的结构式及脱乙酰化过程

糖能被广泛存在于动物组织中的溶菌酶降解,生成无毒的天然代谢产物,且能被生物体完全吸收。作为唯一带正电荷的天然碱性多糖物质,壳聚糖还具有固有的抗菌性和增强免疫的功能。这些特性使壳聚糖成为组织工程中非常适合的材料之一,可促进正常组织再生。例如,壳聚糖适合作为创面敷料,其微纳米纤维敷料可体现如下的生物功能性:①抗菌作用。由于分子结构中的氨基质子化作用而带正电荷,能够破坏细菌表面的负电荷细胞膜,导致细菌机能紊乱,故具有天然的抗菌能力。②止血作用。壳聚糖的止血机理与其他止血剂有一定差异。其止血作用是因为壳聚糖能使红细胞表面与其发生交联而使红细胞产生黏附,或者是壳聚糖在血液中发生某种再聚合反应,形成立体网状结构,捕获红细胞而使其聚集达到止血作用。③促愈作用。壳聚糖的止血、止痛、抑制微生物生长等作用,对于创口的愈合都有积极意义。其主要机制是加速了多种炎症细胞(如多形核粒细胞(PMN)和巨噬细胞)浸润到伤口部位,以清除局部的外来成分;加速了渗出以形成纤维蛋白并激活成纤维细胞移动到伤口区,刺激巨噬细胞移动,刺激成纤维细胞增生和Ⅲ型胶原纤维产生,从而起到促进伤口愈合的作用。④预防瘢痕形成作用。瘢痕的形成是伤口愈合过程中胶原的持续合成和降解。大量动物实验及临床应用已表明,壳聚糖是一种无痛并能避免术后瘢痕形成的生物材料。伤口部位应用壳聚糖时,在伤口愈合的早期,胶原合成增加,过多的胶原能被壳聚糖诱导的炎症细胞(如粒细胞、巨噬细胞及表皮细胞、成纤维细胞等)分泌的胶原酶降解,从而预防皮肤形成瘢痕。再如,以壳聚糖制备的神经导管用于治疗大鼠坐骨神经缺损,神经再生效果良好,且导管的降解速率也与神经的再生速率匹配;壳聚糖材料还能够支持神经细胞的生长,且能明显抑制成纤维细胞的生长,避免瘢痕组织的形成并能够促进神经细胞轴突的延伸。Shapira 等利用 CS中空管来修复并重建受伤的动物坐骨神经,发现其不仅与自体神经移植的修复效果相当,且作为支撑神经再生的支架还具有治疗大神经间隙的潜力。屈巍和罗卓荆报道了高仿真 CS 神经支架不仅具有与正常神经高度仿真的内部结构,且在体内的修复效果好,有望成为自体神经移植的替代产品。Yamaguchi 等重建大鼠坐骨神经长度为 10 mm 的缺损的实验研究表明,CS 管诱导神经再生并在体

内逐渐降解和吸收。由 Matsumoto 等进行的 CS 管在比格犬的再生横切胸交感神经和膈神经中作用的研究表明,CS 管可以促进损伤的交感神经和膈神经的再生并恢复原有的功能。而 Tanaka 等也把 CS 纳米纤维管植入比格犬膈肌神经缺损部位,发现比格犬膈肌神经在功能上得到了有效的恢复。但单纯壳聚糖制备的支架材料的机械性能普遍较差,其生物响应性也较低。因此,近年来,人们开始了不同类型壳聚糖基复合材料的研发,包含其与无机相、有机相以及多相复合的支架材料等,并对其生物学性能进行了研究。

壳聚糖的 pKa 约为 6.5,在中性去离子水中的溶解度非常有限。此外,壳聚糖是一种阳离子聚电解质,由于其 N—乙酰氨基葡萄糖和 D—氨基葡萄糖组成重复单元,具有刚性主链结构,加之高结晶度和易成氢键的性质,因此其在常见的有机溶剂中的溶解性也很差,可溶解的溶剂大多是酸性溶剂,溶剂的质子化作用将壳聚糖转变为酸性的聚电解质溶液。因此,在制备壳聚糖纺丝溶液时,要使用浓醋酸或某些酸性有机溶剂,所配制的壳聚糖纺丝溶液通常表现出高黏度、高导电性和高表面张力,这些特性都显著降低了壳聚糖的可纺性。因此,单独的壳聚糖很难直接电纺成纤维。为改善壳聚糖在水中的低溶解度,可通过羧甲基化、季铵化、聚乙二醇化、磺化等,对壳聚糖主链进行化学修饰,从而获得系列的壳聚糖衍生物。

静电纺丝过程中,高电场的作用也会导致壳聚糖的主链内离子基团之间的排斥,使纺丝过程中持续性产生液滴,无法产生连续纤维。采用碱性化合物中和或加入交联剂可以得到固态的壳聚糖,但在中和过程中会导致部分或完全失去所需的形貌特征。另外,将壳聚糖溶液调至适合电纺的浓度也是较为困难的。可以使用浓度非常低的稀乙酸,外加纤维成形剂(如 PEO,其与 CS 质量比为 5∶95)进行纺丝。

随着化学修饰后的壳聚糖水溶性的增加,这些壳聚糖衍生物可以实现溶剂体系下的静电纺丝。然而,受限于其固有的较差可纺性,壳聚糖聚合物常常需要与其他柔性和生物相容性聚合物混合,通过混纺获得有效的微纳米纤维。例如,PVA、PEO 和胶原蛋白,可形成各种壳聚糖基混合微纳米纤维,用于生物医学应用。图 3.5 所示为壳聚糖与 PVA 共混制备的复合静电纺丝微纳米纤维,当壳聚糖含量增加时,所得电纺纤维不连续,可观察到大量的珠串状结构;当壳聚糖的质量分数达到 50% 时,则很难形成纤维状结构。此外,采用同轴共纺方式也可有效克服壳聚糖不易纺丝问题,例如,将壳聚糖与其他可纺性强的聚合物复合,壳聚糖作为壳层以增加纤维的生物相容性,聚氨酯作为纤维的核层以增加纤维的可纺性和力学强度,所制备的聚合物/聚合物复合纤维支架可用于细胞培养。

3. 透明质酸

透明质酸(HA)又名玻尿酸,是由(1,4)—D—葡萄糖醛酸—β—1,3—D—

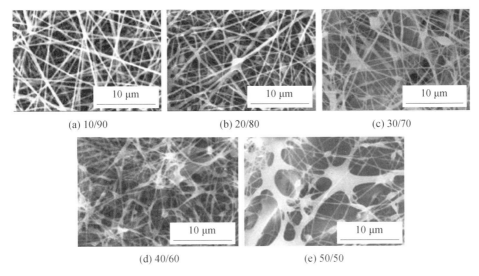

(a) 10/90　　　　　　(b) 20/80　　　　　　(c) 30/70

(d) 40/60　　　　　　(e) 50/50

图 3.5　不同质量比的 CS/PVA 电纺纤维的 SEM 照片

N—乙酰葡萄糖胺的双糖重复单位连接构成的一种线形酸性黏多糖。作为一种黏弹性生物多聚糖,HA 的分子链长度及分子量是不均一的,双糖单位数为 $300\sim11\,000$ 对,平均分子量为 $5.0\times10^{5}\sim1.5\times10^{6}$,医用级要求其分子量为 $10\times10^{5}\sim25\times10^{5}$。透明质酸的结构式如图 3.6 所示。

图 3.6　透明质酸的结构式

HA 为白色、无臭、无味、无定形的粉末,具有吸湿性,不溶于有机溶剂,可溶于水,具有较高的黏性。高黏度的透明质酸对静电纺丝过程会造成一定的限制,因此,通常是将 HA 与其他聚合物共混,或溶解在适当的混合溶剂中,以改变其黏度,促进静电纺丝纤维的形成。由于 HA 无毒和无抗原性以及高度的生物相容性和体内可降解性等,因此其成为创面敷料等生物医用领域的理想材料之一。尤其,HA 具有激活细胞和调节炎性反应作用,以及促进角质形成细胞的迁移和增殖、减少瘢痕形成等作用,其纺制而成的纤维可有效参与伤口愈合的不同阶段。

透明质酸水溶液中,由于分子内/分子间的氢键作用及静电排斥力,因此 HA 分子链构象与分子链缠结不同于一般的柔性高分子。通常,可选用 DMF/水的混合溶剂,当 DMF/水的体积比为 1.5 时,可得到光滑且平均直径为 220 nm 的 HA 微纳米纤维。

HA 与其他聚合物,如明胶、壳聚糖、聚乙烯醇或聚氧化乙烯等混合,还可以通过调节各种电纺丝工艺参数,以制备不同直径的微纳米纤维。图 3.7 所示为 HA 与 PEO 不同质量比混合物微纳米纤维的 SEM 照片。

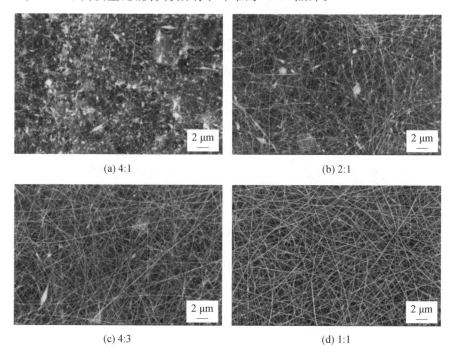

(a) 4:1 (b) 2:1

(c) 4:3 (d) 1:1

图 3.7　HA 与 PEO 不同质量比混合物微纳米纤维的 SEM 照片

4. 胶原和明胶

胶原又称胶原蛋白(collagen),是由 3 条肽链拧成螺旋形的纤维状蛋白质,胶原的三螺旋结构如图 3.8 所示。胶原是人类和动物体内含量最丰富的蛋白质,具有非常好的生物相容性和低抗原性。胶原也是参与创伤愈合的主要结构蛋白,具有促成纤维细胞及角质形成细胞的增殖作用,因此,胶原蛋白已被广泛用作伤口敷料和皮肤替代材料。

胶原蛋白具有很强的延伸力,不溶于冷水、稀酸和稀碱溶液,但具有良好的保水性和乳化性;胶原蛋白溶于六氟异丙醇(HFIP)和三氟乙醇(TFE)等不同的氟醇基溶剂或乙醇水溶液后可实现静电纺丝。在实际应用中,常常通过一定方法将胶原蛋白改性,通过与合成或天然高分子混合电纺,以提高胶原的拉伸强度

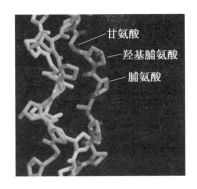

甘氨酸

羟基脯氨酸

脯氨酸

图 3.8　胶原的三螺旋结构

及抗降解能力,降低膨胀率,改善胶原的力学性能与抗水性。

在软组织再生和皮肤更换领域,使用纯胶原蛋白材料是最好的选择。然而,静电纺丝制备的纯胶原蛋白纤维,不管使用什么样的溶剂,所得纤维的耐水性均不足,机械性能较差。这是由于再造的胶原蛋白缺乏天然的分子间以及分子内交联。由于交联是降低生物降解速度和提高聚合物机械性能的一种有效方法,交联处理也已成为胶原蛋白处理最常用方法之一。目前,胶原蛋白交联方法主要包括物理和化学两种方法。不引入任何潜在化学毒性残留物的物理方法有光氧化、紫外线照射(UV)和脱水热处理(DHT)。虽然 UV 和 DHT 物理性交联不会将毒性或潜在毒性物质引入材料,但这两种物理交联方法却会导致胶原蛋白的某种变性,而且通常交联结果不足以满足生物医学使用需求,使用时易碎,还可能在植入体内后,由于周围组织的压力降解掉。当需要较高程度的交联度时,通常使用化学交联方法。

在化学交联中最常使用的交联剂是戊二醛(GA)。GA 是一种双官能团试剂,通过席夫碱反应在两个相邻的多肽链之间形成氨基实现交联。虽然 GA 是一种具有潜在细胞毒性的醛类交联剂,但其具有良好的水溶性、高交联效率和低成本等优异特性,已成为胶原化学交联的主要选择之一。京尼平(GP)是现在使用较多的一种天然交联剂。京尼平可以交联包括胶原蛋白在内的大多数蛋白质,具有较好稳定性和低毒性的优点。京尼平交联过程环保无毒,但交联的纤维表现出较低的水稳定性,在水或高湿度的环境中容易发生成片的坍塌。Meng 等使用 1－乙基－3－(3－二甲基氨基丙基)－1－碳二亚胺盐酸盐(EDC)和 N－羟基琥珀酰亚胺(NHS)在静电纺丝过程中制备水不溶性胶原纤维,免除后处理过程。单轴拉伸测试表明,所得纤维的力学行为与天然组织胶原类似。

已有研究发现,不同交联剂交联的胶原蛋白纳米纤维微观形貌不同。如图3.9所示,EDC/NHS 交联的胶原纤维毡呈现一个具有很多交联纤维的网状结构(图 3.9(b));UV 交联胶原纤维毡,粘连程度低于 EDC/NHS 交联(图 3.9(c));

GP 交联胶原纤维毡交联度最高且纤维之间发生了粘连并丝(图 3.9(d));谷氨酰胺转移酶(TG)可很好地交联胶原纤维而不引起纤维粘连并丝(图 3.9(e))。此外,Jiang 等使用乙醇/水溶剂体系、柠檬酸作为交联剂,甘油作为交联促进剂制备交联胶原蛋白纳米纤维毡,发现使用此种交联体系制备的交联纤维比使用戊二醛交联的纳米纤维毡具有更好的细胞黏附性。

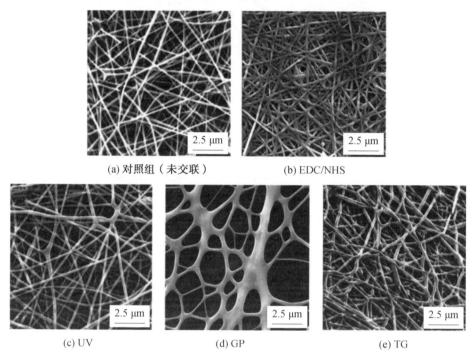

(a) 对照组（未交联）　　　　　　(b) EDC/NHS

(c) UV　　　　　　(d) GP　　　　　　(e) TG

图 3.9　不同交联剂交联的胶原蛋白静电纺丝微纳米纤维的 SEM 照片

明胶(gelatin,GT)的性质是与胶原蛋白的结构有关的。胶原蛋白的分子水解时,三股螺旋互相拆开,而且肽链有不同程度的断裂,生成能够溶于水的大小不同的碎片,明胶实际上就是这些碎片。明胶分子同时含有酸性的羧基(—COOH)和碱性的氨基(—NH$_2$),是一种既带正电荷又带负电荷的两性聚电解质。明胶的分子量为 $1.5×10^4$~$2.5×10^4$,在其分子链中,氨基酸的排列非常复杂。氨基酸的组成包括:异常高含量的有脯氨酸、羟脯氨酸和甘氨酸,很少量的有蛋氨酸。明胶成分受胶原来源的影响,其氨基酸成分与胶原中所含相似,但因在预处理上的差异,组成成分也可能不同。药用明胶按制备方法分为酸法明胶(gelatin A)和碱法明胶(gelatin B),均具有良好的亲水性和生物可降解性,抗原性低于胶原。明胶具有与三肽(RGD)序列类似的结构,能够促进细胞黏附和迁移,可形成聚合电解质。明胶在诱导细胞分散、黏附及表面响应方面比壳聚糖更有效。

市售的明胶通常呈淡黄色,外形有薄片状、粒状等,其无味,无臭,在冷水中溶胀并软化,在热水中(40 ℃)即完全溶解成溶液,也可用醋酸溶解明胶后获得纺丝纤维。根据应用的需要,静电纺丝技术所制备的明胶纳米纤维可以分为两大类,即纯明胶纳米纤维和复合明胶纳米纤维。早期利用静电纺丝制备的明胶纳米纤维大都是纯明胶纳米纤维,通过改变明胶原料的性质、电纺溶液的条件及静电纺丝的参数制备不同类型、不同形貌的纯明胶纳米纤维,探索性地开发其具体的用途。通过静电纺丝制备的纯明胶纳米纤维普遍存在易破碎、易变性、抗潮湿性差的缺点。为了实现对明胶纳米结构、组分及性能的调控,实现明胶功能化以满足应用需求,一般要对其进行交联处理,以获得使用周期更长的纤维。

采用静电纺丝制备复合明胶纤维技术的研究越来越受到人们的关注。复合明胶纳米纤维具有良好的力学、机械等许多性能上的优势。有研究报道了采用 GT 和 PCL(质量比为 50∶50)的代表性天然合成混合物,考察 GT/PCL 复合纤维电纺丝中的相分离行为。使用 TFE 作为两种聚合物的共溶剂,从 GT/PCL/TFE 混合物的动态光散射分析中观察到的可见沉淀和絮凝都表明,相分离确实在短短几个小时内发生。因此,在电纺 GT/PCL 过程中,随着时间的推移,纤维形态逐渐恶化(例如飞溅、纤维黏结和尺寸不同)。定量分析还表明,所得 GT/PCL 纤维中 GT 与 PCL 的比率随时间而改变。为了解决电纺纤维相分离等问题,引入少量(质量分数<0.3%)乙酸(HAc)以改善混溶性,这使得原本浑浊的溶液立即变得清澈,并且单相稳定超过 1 周。由此获得的纳米纤维直径更小、纤维表面光滑、分布均匀,具有增强的润湿性和机械性能,如图 3.10 所示。

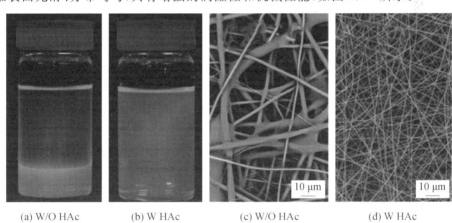

(a) W/O HAc　　　(b) W HAc　　　(c) W/O HAc　　　(d) W HAc

图 3.10　加入 HAc 对纺丝液和纤维形貌的影响

5. 丝素蛋白

丝素蛋白是一种来源于蚕丝的天然高分子蛋白质,为蚕丝经过脱胶后的产物,其化学结构与明胶一样均为多肽,其质量占蚕丝的 70%～80%。蚕丝是一种天然的结构性蛋白,它主要由丝素蛋白(SF)和丝胶蛋白(sericin)两部分组成,如图 3.11 所示。丝素蛋白包含复杂而精确的多级结构。首先,由直径为 30～35 nm 的纳米纤维通过强的疏水作用和氢键作用形成了直径 6～12 μm 的微米纤维。然后,微米纤维平行排列形成了直径为 10～25 μm 的单根蚕丝。丝素蛋白具有特殊的多孔性网状膜结构,使其具有优良的吸附及缓释功能,由于蛋白结构中存在不易溶解的折叠链结构和较多的氢键,因此其同样不能用水直接溶解,一般是通过高浓度的溴化锂进行溶解后,经透析得到丝素蛋白溶液,再经过浓缩后进行纺丝得到丝素蛋白纤维。

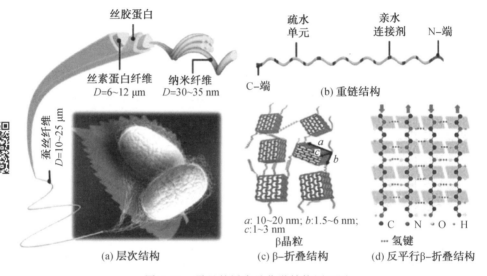

图 3.11　蚕丝的层次及化学结构原理图

最早研究的是家蚕丝及蜘蛛牵引丝等,以 HFIP 为溶剂进行静电纺丝,从而得到的人工丝纤维的直径在 200 nm 左右,纤维不均一且连续性较差。随后有研究报道了将丝素蛋白溶解于六氟丙酮(HFA)水合物或质量分数为 98% 的甲酸中配成纺丝液进行静电纺丝,分析探讨了再生丝蛋白溶液的浓度、纺丝电场以及喷丝口与收集器之间的距离对人工丝纤维直径分布和表面形貌的影响。

除利用各种溶剂溶解丝蛋白进行静电纺丝研究外,蚕丝蛋白可与其他物质共混进行静电纺丝。由于采用有机溶剂影响了微纳米纤维丝的生物相容性,用蚕丝蛋白同 PEO 共混的水溶液进行静电纺丝,得到的均匀微纳米纤维可有效保持体系的生物相容性而体现良好的生物医用价值。

天然蚕丝为半结晶性聚合物,其结晶度约为 55%。丝素蛋白的结晶形态也分为 silk Ⅰ和 silk Ⅱ两种。silk Ⅰ是指纺丝前储存在动物体内的丝腺中以液态形式存在的丝素蛋白,是一种亚稳态的结晶形态;当纺成纤维后,则形成稳定的固态,此时的结晶形态为 silk Ⅱ。silk Ⅱ由相邻链分子链之间通过氢键相连接的反平行的 β—折叠结构构成。丝素的结晶结构主要由较小的侧链氨基酸如甘氨酸(侧链—H)、丙氨酸(侧链—CH₃)等组成,由于氨基酸分子间以氢键和分子间作用力结合,这种较强的结合力也是丝素蛋白具有良好拉伸强度的基础。非结晶结构主要由脯氨酸和酪氨酸等较大的侧链氨基酸组成,其中所含的极性基团较多,分子间结合力较弱,这是丝素蛋白具有较好断裂韧性的基础。材料结构决定其性能,丝素蛋白分子的特殊结构也决定了由它制得的生物医用支架材料具有优于一般生物材料的良好力学性能,因此丝素蛋白在组织工程支架领域具有广阔的应用前景。

3.2.2　生物大分子

生物大分子的生物相容性好,通常可体现出促进细胞黏附、细胞生长的生物活性,因而成为构建组织工程支架等生物医用材料的首选,在组织器官的修复和再生领域发挥出积极的作用。尤其,电纺制备的微纳米纤维的尺寸,与机体中的细胞外支架材料(如胶原纤维等的生物大分子)的尺寸相近。因此,生物大分子电纺纤维用作骨、血管、皮肤等组织工程支架,具有独特的优势。

生物大分子常分为三类:(多)糖类、蛋白质类和核酸(DNA)类。其中海藻酸、壳聚糖和透明质酸等多糖类,胶原、明胶、丝素蛋白等蛋白类,在天然高分子部分已有所介绍。

1. 葡聚糖

葡聚糖(glucosan)为单糖,分子结构以 α—1,6—连接的 D—吡喃型葡萄糖为主。由于葡聚糖优良的生物可降解性和生物相容性,其在生物医学领域得到了许多应用,是一种多用途的生物大分子类型。

与其他水溶性的生物可降解高分子相比,葡聚糖廉价易得,且其羟基取代基可进行化学修饰。特别是葡聚糖可溶于水或有机溶剂,故可以与生物活性的水溶性高分子或生物可降解的疏水性高分子混合溶解,有效拓展了其应用范围。

2. 脱氧核糖核酸

DNA(脱氧核糖核酸)是核酸的一类,其是所有生物的遗传物质基础。DNA的分子量一般在百万以上,所以其分子极为庞大。DNA 的主要组成成分是腺嘌呤脱氧核苷酸、鸟嘌呤脱氧核苷酸、胞嘧啶脱氧核苷酸和胸腺嘧啶脱氧核苷酸。1953 年,詹姆斯沃森和弗朗西斯克里克描述了 DNA 的结构:由一对多核苷酸链相互盘绕组成双螺旋。1997 年,Fang 等首次用静电纺丝技术从 DNA 水溶液中获得了直径为 50~80 nm 的 DNA 纳米纤维,电子显微镜观测结果表明,该纤维中有许多珠状结构。之后,Luu 等用静电纺丝技术首次将 DNA 混入聚合物支架中,构造了 DNA 与合成高分子的复合支架,将之用于基因治疗研究。其研究发现,DNA 质粒在 20 d 内能持续稳定地释放,释放总量占比为原来的 68%～80%。复合支架中的合成高分子聚乳酸羟基乙酸无规共聚物(PLGA)和 PLA-PEG(聚乳酸和聚乙烯醇的嵌段共聚物)的含量对复合支架的结构形态、DNA 的释放效率等有很大的影响。Liang 等将 DNA 包裹在三嵌段共聚物(PLA-PEF-PLA)中形成了带壳的 DNA 纳米粒子(外壳的 PLA 可以保护 DNA,防止其降解)。将该纳米粒子与 PLGA 混合进行静电纺丝制备了纳米纤维组织支架,DNA 质粒能够从支架中以一定速度完整释放。

由于生物大分子的生物相容性及生物降解性好,电纺生物大分子微纳米纤维在生物医学领域有着广阔的应用前景。但生物大分子同时存在可纺性差、力学强度低等缺点。因此,还需要不断深入研究,从而开发出性能优异的生物大分子材料体系,以满足各种组织工程支架、组织修复材料、药物释放系统等的不同要求。静电纺丝技术与各种类生物大分子有效结合的相关研究,必将大大推动生物医药、组织工程支架等的发展。

3.2.3　合成高分子

生物医药领域也选择了许多合成高分子作为组织修复与再生材料、药物传递材料等。与天然高分子相比,合成高分子作为生物医用材料,尤其是作为药物载体材料,具有诸多优势:①来源于生物体的可生物降解聚合物虽然具有较好的生物相容性,但是类型有限,且个别类型还可能对人体产生免疫反应;而合成高分子种类繁多,可选择范围广,适宜的合成高分子还可以有效免疫反应等问题。②天然高分子的化学改性通常比较困难,为体系的优化和性能的拓展增加了难度;而合成高分子的制备和改性技术则相对完善,可操作余地大。③化学改性通常会带来天然高分子自身性质的变化,可能会在使用中引入不确定因素;而合成高分子可以根据需要设计成具有特定结构、满足不同类型药物制剂需要的类型,而且还可以对已有合成高分子进行改性而不改变其本身的性质。所以,合成高分子作为药物载体材料等已逐渐成为取代天然高分子的有吸引力的替代品。

常见的生物医用合成高分子,除具有生物降解和生物惰性的聚合物类型外,还可以将其按亲水性和疏水性进行划分。亲水类聚合物主要包括聚乙烯醇、聚乙二醇、聚氧乙烯、聚丙烯酸等;疏水类聚合物主要有聚乳酸、聚己内酯和聚氨酯(PU)、聚羟基乙酸(PGA)、聚乳酸羟基乙酸(PLGA)等。

1. 聚乙烯醇

聚乙烯醇(PVA)是一种多羟基聚合物,其对应的单体是乙烯醇(VA)。由于游离态的乙烯醇极不稳定,易进行分子重排而转化为乙醛,因此聚乙烯醇不像其他高分子聚合物那样可直接由其相应的单体聚合而成,而是要通过某些酸的乙烯酯经过聚合生成聚乙烯醇,再用醇解的方法获得,比如,可通过聚乙酸乙烯酯醇解而制得。

聚乙烯醇属于具有碳碳主链的可生物降解聚合物,在潮湿环境和特殊菌群条件下可发生降解反应,最终生成无毒副作用的水和二氧化碳。聚乙烯醇分子中含有大量的羟基,致使其分子之间存在比较强的氢键作用,造成其熔点较高,高于其热分解温度,可加工性能较差。为改善其性能和使其适合于加工,人们对聚乙烯醇进行改性,包括物理改性和化学改性。物理改性主要是通过共混的方式,而化学改性则主要是通过接枝的方式。

聚乙烯醇的成膜性好、易溶于水,且具有良好的热稳定性和可乳化性,被广泛应用于造纸、纤维、功能高分子材料、胶黏剂、油田、涂料等工业领域。特别是随着对聚乙烯醇等水溶性高分子研究的深入,一系列具有良好应用前景的聚乙烯醇新产品被开发出来,其用途也变得越来越广泛。聚乙烯醇机械性能较好,化学性能稳定,其在工业上主要应用在纺织业、建筑业、食品业、造纸业和高分子材料领域等。近年来,聚乙烯醇由于其组织相容性好、无毒无味、环境友好性和生物降解性能比较好,而被广泛应用于生物医学材料领域,主要应用在骨科、眼科中药物新剂型和外科手术等方面。例如,PVA 作为生物医用敷料时,有不吸附油脂渗出液的特点,从而有效防止与伤口及伤口组织粘连,减轻换药痛苦,还可显著缩短创面愈合时间,提高创面愈合质量。但通常会由于其缺少合适的弹性而较少单独使用,而是与其他聚合物共同作用来体现较好的应用价值。

随着 PVA 分子量的提高,其适合于静电纺丝的溶液浓度是在不断下降的,目的是维持溶液的黏度在一个适当的范围之内。PVA 纤维的水溶性可通过其水解度来调节,同时其所携带的羟基侧基很容易与各种交联试剂反应,从而得到不溶且不熔的 PVA 凝胶纤维。PVA 纤维的交联,可以在静电纺丝后与戊二醛在强酸催化下反应而完成,但这样通常会引起纤维的变形和溶并;交联作用也可以在静电纺丝过程中一步实现,通过将 PVA(分子量 12.7 万,水解度 88%)、戊二醛(交联剂)和盐酸(催化剂)按一定比例溶于水,然后实施静电纺丝过程。随着纺丝过程的进行,溶液黏度在逐渐增大,得到的纤维也会从珠串状过渡到均匀纤维形态,最后得到扁平纤维。这说明,在纺丝液中交联反应已经发生,引起分子量的逐渐增大,但这样就使得纺丝过程变得较难控制。采用原位交联制备 PVA 水不溶性微纳米纤维的示意图如图 3.12 所示。若将 PVA 和聚丙烯酸混合进行静电纺丝,则两者之间的酯化和交联作用可显著提高纤维对水的稳定性。

2. 聚乙二醇

聚乙二醇(PEG)的分子式为 $HO(CH_2—CH_2O)_nH$,是环氧乙烷与水或乙二

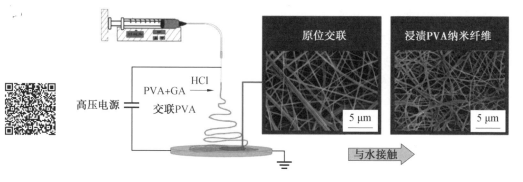

图 3.12　采用原位交联制备 PVA 水不溶性微纳米纤维的示意图

醇逐步加成聚合而得到的一种分子量较低的水溶性聚醚。PEG 因其具有良好的生物相容性和抗血栓形成的能力,是美国食品药品监督管理局(FDA)批准可用于人体内实验的原料类型。

PEG 的优良性能还有很多。其作为两亲性聚合物,分子中存在大量的乙氧基,能够与水形成氢键,体现良好的亲水性;其还可以溶解于绝大多数的有机溶剂中。PEG 无毒副作用,免疫原性低,可通过肾脏将其排出体外,不会在生物体内积累。PEG 本身有一定的化学惰性,而其端羟基活化后又易与其他聚合物进行键合,键合后的 PEG 可将自身的许多优异性能赋予与之键合的物质,并且 PEG 的分子量伸缩性大,提供给研究人员的可选择性相对较多。例如,分子量在 $200 \sim 600$ 的聚乙二醇为无色透明液体;而分子量大于 $1\,000$ 的,在室温下呈白色或米色糊状或液体,微有异臭。所有药用型号的聚乙二醇易溶于水和多数极性溶剂,在脂肪烃、苯以及矿物油等非极性溶剂中不溶。随着 PEG 分子量的升高,其在极性溶剂中的溶解度逐渐下降。而随着温度的升高,聚乙二醇在溶剂中的溶解度增加,即使高分子量的产品也能与水以任意比例混溶。聚乙二醇还能够有效降低蛋白质的吸附,因此,其常作为疏水聚合物电纺纤维膜的表面亲水性修饰材料,防止与血液接触时血小板在材料表面的沉积,从而提高药物的传递效果。

3. 聚氧乙烯

聚氧乙烯(PEO)又称为聚环氧乙烷,可通过环氧乙烷开环聚合而得。采用不同的金属催化剂体系,可得到分子量为 $2.5 \times 10^4 \sim 1.0 \times 10^6$ 的聚氧乙烯产品。聚氧乙烯的化学结构与聚乙二醇相似,也是十分常用的亲水性聚合物,可以和许多有机低分子化合物、聚合物及某些无机电解质,如氟化胺、氟化钠,溴、碘、钾、汞的卤化物,硫氰酸铵、硫氰酸钾等形成络合物。PEO 具有良好的水溶性、生物无毒性,可添加特定的药物功能材料,通过特定的技术加工成为高孔隙率、可完全吸收的功能性生物医用敷料。

PEO 的溶解性非常好,除可溶于水外,还能溶于很多有机溶剂中,特别适合用来研究静电纺丝过程中各种参数对纤维形貌和直径的影响规律。但是,PEO是不可降解的,它只能通过溶解于体液,经肾脏过滤,从体内排出。而静电纺丝所使用的 PEO 的分子量通常都是几十万的,这对于 PEO 的生物医学应用并不是有利的。

4. 聚丙烯酸

聚丙烯酸(PAA)与水互溶,呈弱酸性,也可溶于乙醇、异丙醇等有机溶剂。聚丙烯酸水溶液的 pH 为 4.75。室温下,PAA 是硬而脆的透明片状固体或白色粉末。

PAA 由丙烯酸单体通过自由基聚合而成。为改善所得聚合物的性能,在聚合过程中常加入其他的烯类单体,如丙烯酰胺、甲基丙烯酸羟乙酯、异丙基丙烯酰胺等,形成共聚物。单纺的聚丙烯酸微纳米纤维的直径,会随着聚合物溶液浓度和纺丝电压的增加而增加。与有机溶剂相比,水溶液的体系往往可以生成更均匀的微纳米纤维。PAA 也可与其他聚合物形成共混物,用以制备复合微纳米纤维,例如,PVA 与 PAA 混合可显著提高 PAA 的可纺性。PAA 单纺及 PAA与 PVA 混纺的微纳米纤维的微观形貌如图 3.13 所示。

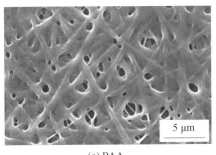

(a) PAA　　　　　　　　　　　　(b) PAA/PVA

图 3.13　PAA 单纺及 PAA 与 PVA 混纺的微纳米纤维的微观形貌

PVA、PEG、PEO、PAA 等水溶性聚合物均可用于静电纺丝,体现一些独特的性质,如,可以采用水作为溶剂、溶液 pH 可调节、可改变纺丝的环境温度、可加入表面活性剂或加入一些与水互溶的共溶剂等来调节纤维的性能。此外,此类聚合物还可通过简单的聚合方式或制备途径得到不同分子量的材料。也因此,PEO 和 PVA 成为静电纺丝研究最多的两种水溶性高分子类型,它们也常被加入部分天然高分子(如明胶、海藻酸盐、透明质酸等)的水溶液中,用来调节天然高分子水溶液的黏度以满足静电纺丝的要求。但水溶性纤维一旦接触到水,较容易被破坏,进而带来形貌难以维持和较难稳定应用等问题,通常需要对其进行交联处理后才能较好应用。

5. 聚乳酸

聚乳酸(PLA)是以乳酸为结构单元的高分子材料,可以从小麦、玉米、木薯等植物中提取的淀粉为原料,经分解得到葡萄糖,葡萄糖在乳酸菌的作用下发酵为乳酸,再经脱水缩合得到聚乳酸。由于生产原料来源广泛,加上聚乳酸本身具有优异的与人体组织的生物相容性、不会引起周围炎症、无排异反应,且具有良好的抗拉伸强度和延展度,使用后可被环境中的微生物完全降解,降解产物不会引起任何残留和生物副作用、不污染环境,因此 PLA 成为一种公认的绿色环保的生物可降解高分子材料。

PLA 的化学名称为聚 α 一羟基丙酸,有时也称为聚丙交酯,属于直链型脂肪族聚酯。其在常温下为白色固体,熔点(T_m)为 $155\sim185$ ℃,玻璃化转变温度(T_g)为 $60\sim65$ ℃,无毒性、可降解,可溶于二氯甲烷、三氯甲烷等有机溶剂。单个的乳酸分子中有一个羟基和一个羧基;当多个乳酸分子在一起时,一个乳酸分子中的—OH 与另外的乳酸分子中的—COOH 脱水缩合,同样,一个乳酸分子中的—COOH 与另一个乳酸分子中的—OH 脱水缩合,通过这种"手拉手"的方式形成聚乳酸聚合物。由于乳酸分子中有一个不对称的碳原子,分子具有旋光性,因此聚乳酸也分为右旋聚乳酸(PDLA)、左旋聚乳酸(PLLA)、外消旋聚乳酸(PDLLA)、非旋光性聚乳酸(Meso—PLA)。其中,得到广泛应用的是 PLLA,即 L—聚乳酸。

为得到分子量较高的聚乳酸,可采用丙交酯开环聚合的方法合成聚乳酸。丙交酯和聚乳酸的合成反应式如图 3.14 所示。

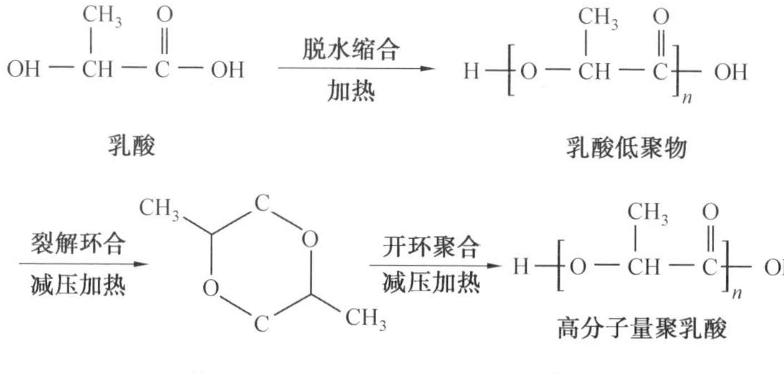

$$\mathrm{OH-CH-\underset{CH_3}{\overset{O}{C}}-OH} \xrightarrow[\text{加热}]{\text{脱水缩合}} \mathrm{H\!-\!\!\left[O-CH-\underset{CH_3}{\overset{O}{C}}\right]_n\!\!-OH}$$

乳酸   乳酸低聚物

$$\xrightarrow[\text{减压加热}]{\text{裂解环合}} \quad \xrightarrow[\text{减压加热}]{\text{开环聚合}} \mathrm{H\!-\!\!\left[O-CH-\underset{CH_3}{\overset{O}{C}}\right]_n\!\!-OH}$$

高分子量聚乳酸

图 3.14 丙交酯和聚乳酸的合成反应式

由图 3.14 可知,乳酸直接缩聚制备聚乳酸的方法实质上是乳酸单体的羟基、羧基之间直接反应和脱水酯化,没有中间体生成,可直接形成高分子聚合物的聚乳酸。这种方法的生产成本低、过程简单、产量高,但通常只能用于制备分子量较低的聚乳酸。相较直接缩聚的方式,通过丙交酯开环聚合制得的聚乳酸具有更高的分子量。第一步,将单体乳酸脱水并环化形成丙交酯;第二步,进行开链,再开环聚合形成高分子量的聚乳酸,所得聚乳酸的热稳定性能和机械性能相较直接聚合的产物更为优异。

用作生物医用材料的聚乳酸,可通过不同的工艺制备不同分子量和不同形貌的聚乳酸产品,以达到调节和控制聚乳酸的降解速度、力学性能、生物性能等作用,满足不同的临床需求。PLA 作为聚酯类聚合物,其酯键能够发生水解而使聚合物逐步降解,小分子降解物可通过肾脏丝球体细胞膜所代谢,或作为生物体内的营养物(如水或葡萄糖等)参与代谢过程。故 PLA 可在人体中经过酶的分解,水解产物乳酸可以参与到人体内的新陈代谢循环中,最终以二氧化碳和水的形式排出,不造成环境污染的同时也不需要通过二次手术取出,因此 PLA 成为重要的医用高分子材料之一,常用作骨科固定材料、药物缓释载体、细胞培养的多孔支架、人造皮肤等。例如,F. Yang 通过液-液相分离方法制备了 PLLA 纳米纤维支架,其在结构与功效上与天然细胞外基质(ECM)非常相似,支持神经干细胞分化和神经突起生长。调节纺丝工艺参数可以较为明显和较为便捷地改变纤维直径。在定向支架中,神经干细胞及其突起沿着纤维方向伸长,而纤维直径对细胞的取向则无明显影响(图 3.15)。说明 PLLA 纳米纤维高度支持神经干细胞的培养和生长,可促进神经突起的生长;排列的 PLLA 纳米纤维支架可以成为神经干细胞移植的潜在细胞载体。

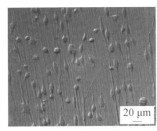

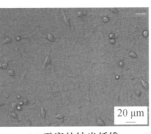

(a) 排列的纳米纤维　　　　(b) 排列的微米纤维　　　　(c) 无序的纳米纤维

图 3.15　培养 1 d 后的神经干细胞在不同纤维上的附着情况照片

6. 聚己内酯

聚己内酯(PCL)因其突出和优异的生物相容性和可生物降解性而受到广泛的关注。利用己内酯的开环聚合反应,可以得到具有良好生物可降解性质的 PCL,其合成过程如图 3.16 所示。

聚己内酯是一类半结晶的高分子材料,其熔点为 62 ℃(59~64 ℃),玻璃化温度为-60 ℃。PCL 的分子结构中重复的单体单元为 5 个亚甲基及 1 个酯基。与 PLA 相比,其分子内的羟基与羧基之间增加了 4 个亚甲基,因此 PCL 聚合物具有更好的柔韧性和成型性能,制品通常可体现出形状记忆效应。

聚酯的合成方法有缩合聚合法和开环聚合法。聚酯的缩合聚合是指通过二

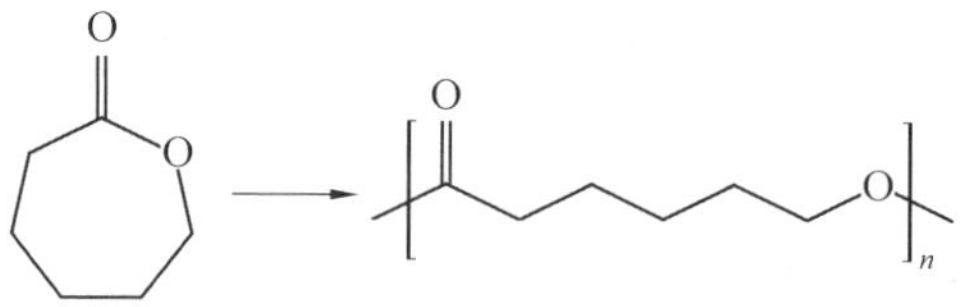

图 3.16　聚己内酯的分子结构

元醇和二元酸或羟基酸缩聚。此种聚合方法的反应温度高、反应时间长、分子量分布宽,通常得不到高分子量的聚合物,且很难通过控制二元醇和二元酸的比例来制备不同分子量的聚酯。而内酯和交酯的开环聚合与此相反,通过此种方法制备的聚酯,其分子量可以达到几十万甚至上百万。开环聚合可在本体、溶液(四氢呋喃、二氧六环、甲苯等为溶剂)中进行。少数的内酯单体在加热条件下可以自发聚合,大多数开环聚合反应是在催化剂或引发剂的存在下进行的。许多金属有机化合物,如氧化物、羧酸盐、酚盐和醇盐等都是内酯进行可控开环聚合的有效催化剂和引发剂。其聚合机理通常由其催化体系所决定。根据催化剂种类的不同,常用于交酯和内酯开环聚合的催化剂可分为阳离子催化剂、阴离子催化剂、配位型催化剂和酶催化剂 4 种。

　　PCL 在大部分有机溶剂中都表现出良好的溶解性和可加工性能。三氟乙醇、丙酮、氯仿、二氯甲烷、N,N－二甲基甲酰胺的混合溶剂都可以用来进行 PCL 的静电纺丝。为提高聚己内酯的力学性能,通常是将聚己内酯进行化学交联或辐射交联,交联后的聚己内酯再通过添加适当的硬段来共混/共聚,共混/共聚后的聚己内酯还可以表现出优良的形状记忆性能。聚己内酯因同时具有可生物降解和形状记忆这两大特性而得到了科学家和研究人员的普遍关注。目前,这两方面的性能已使其在很多领域得到广泛应用。

　　PCL 的热塑性及其优异的可加工成型性,使其能够使用挤出和吹塑成型以及注塑工艺等制备出不同形状的产品,如纤维或片材。PCL 用于生物医学领域,可作为术后缝合线以及食品工业加工的包装物等。同时,PCL 的可降解性能和药物渗透性能以及良好的生物相容性,加之其原材料方便易得,还普遍用于可生物降解的可控载体领域。此外,还可以采用静电纺丝法制备 PCL 组织工程支架材料。例如,Yoshimoto 采用静电纺丝法制备了微孔无纺布 PCL 支架,通过流体射流在高电场作用下形成了直径在纳米范围内的纤维,将源自新生大鼠骨髓间充质干细胞培养、展开并接种在 PCL 电纺支架上,并将细胞－聚合物与成骨补充剂一起培养 4 周。细胞－聚合物结构保持了支架原始的大小和形状,培养 1 周后,在细胞－聚合物结构内观察到细胞渗透及丰富的细胞外基质;培养 4 周,细胞－聚合物结构的表面被细胞多层膜覆盖,还观察到了矿化和Ⅰ型胶原。这一研究结果表明,静电纺丝 PCL 可以作为一种潜在的骨组织工程支架材料。

7. 聚氨酯

聚氨酯(PU)全称为聚氨基甲酸酯,是一类主链上含有重复氨基甲酸酯结构单元的高分子化合物。聚氨酯的分子结构设计自由度大,几乎可以用高分子材料的所有制备成型方法,通过选择特定的单体、调节软硬段的比例,进而合成出具有不同性能的聚氨酯材料。最简单的聚氨酯结构式如下式所示:

$$* \left[R-O-\overset{\overset{\textstyle O}{\|}}{C}-NH-S-NH-\overset{\overset{\textstyle O}{\|}}{C}-O \right]_n$$

通过改变结构中的 R 和 S 基团,可以制备多种多样的聚氨酯材料。合成线型聚氨酯的主要化学反应为异氰酸酯基与羟基反应,生成氨基甲酸酯基团,如下式所示:

$$\sim\sim\sim N=C=O + HO \sim\sim\sim \longrightarrow \sim\sim\sim \underset{H}{N}-\overset{\overset{\textstyle O}{\|}}{C}-O \sim\sim\sim$$

生物医用材料领域中的聚氨酯多为嵌段聚醚型聚氨酯,由分子两端带有羟基的聚醚与二异氰酸酯缩聚而得。嵌段共聚的聚氨酯属于生物惰性聚合物,生物相容性和抗凝血性较好。聚氨酯优良的弹性使其在生物敷料方面具有较多应用,可制备成薄膜、泡沫、水凝胶等形式,PU 基微纳米纤维作为医用敷料也得到了广泛研究。此外,聚氨酯还具有负载生物小分子并使其持续释放的能力,可用于受损细胞的再生。聚氨酯在生物医用材料领域的其他应用,则多取决于其各种良好的临床表现,如抗凝血性强、无致畸作用、无过敏反应、韧性和弹性好、易加工、抗划伤性好、分子设计灵活、自由度大等。聚乙烯、聚氯乙烯、天然橡胶、含氟聚合物和硅橡胶等在生物材料领域的应用都要早于聚氨酯,但是聚乙烯、聚氯乙烯容易凝血形成血栓;含氟聚合物具有良好的血液相容性,但制成的导管没有弹性且易打结;而聚氨酯的软段与硬段之间往往因不相容而产生微相分离结构,该结构与生物膜的结构相似,材料表面自由能的分布状态不同,从而抑制血小板的黏附,降低血栓的形成,所以聚氨酯拥有优良的组织和血液相容性。

对不同的原料配比下所制备的 PU 进行静电纺丝,获得的微纳米纤维形貌有所不同。以聚 ε－己内酯(PCL)和异氟尔酮二异氰酸酯(IPDI)为原料,加入1,4－丁二醇(BDO)作为扩链剂,利用逐步加成聚合的方法制备 PU,再通过静电纺丝技术对合成的 PU 进行纺丝。当聚氨酯浓度相同时,反应物的摩尔比不同对应的 PU 的黏度也不同,将聚合物溶液质量分数统一配制成 15%,不同原料配比下制备的 PU 形成纺丝溶液后所得纤维的微观形貌如图 3.17 所示。

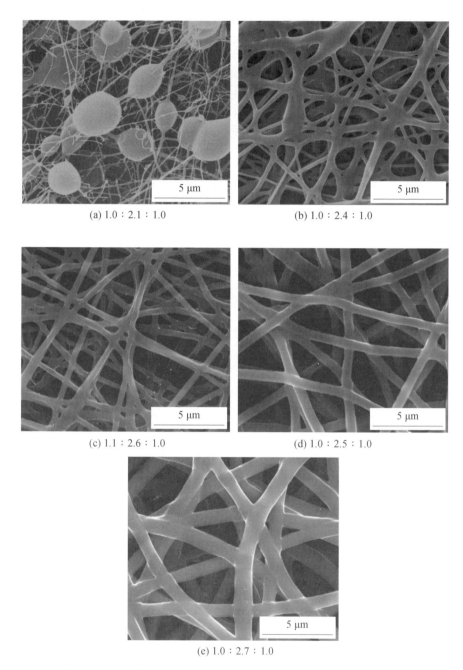

(a) 1.0 : 2.1 : 1.0

(b) 1.0 : 2.4 : 1.0

(c) 1.1 : 2.6 : 1.0

(d) 1.0 : 2.5 : 1.0

(e) 1.0 : 2.7 : 1.0

图 3.17　不同 PCL、IPDI、BDO 的摩尔比所制备的 PU 在相同纺
丝浓度下的电纺纤维 SEM 照片

从图 3.17 中可以看出,在聚合物溶液浓度相同的情况下,当 PCL、IPDI、BDO 的摩尔比为 1.0∶2.1∶1.0 时,得到的是珠串结构的纤维,纤维呈现断续状态,被拉伸的纤维直径很细;当 PCL、IPDI、BDO 的摩尔比为 1.0∶2.4∶1.0 时,则可以得到连续的纤维,由于此时聚合物的黏度还较低,所以电纺出的纤维在接收屏上会搭接成网状结构;随着 PCL、IPDI、BD 的比例中 IPDI 量的增加,纤维状形态明显且纤维直径均匀,纤维间的交联和缠结在减少,可以得到独立的单根纤维;而当 PCL、IPDI、BDO 的摩尔比为 1.0∶2.7∶1.0 时,纤维表面光滑无细丝,但由于此时聚合物溶液的黏度大,所得纤维的直径也通常较大。

8. 聚羟基乙酸

聚羟基乙酸(PGA)也称为聚乙醇酸,在 20 世纪 70 年代被成功开发,因具有良好的组织相容性,其最初的应用即体现在生物医用领域,作为生物降解手术缝合线应用于临床。1962 年,美国氰胺公司利用 PGA 合成可吸收的手术缝合线 Dexon,至 1970 年 Dexon 实现商品化;随后,PGA 与 PLA 以及聚乳酸羟基乙酸(PLGA)等广泛用于牙科、整形科和药物载体等医用领域。

聚乙醇酸的熔点约为 219 ℃,其质地坚硬、易于结晶,结晶密度高达 1.7 g/cm³。高熔点和高结晶度的特点,通常使其难以加工。虽然自 1954 年起,美国杜邦公司已经发现了利用其可制备低成本韧性纤维的可能性,但因其易水解而不稳定,成为制约该材料应用的主要因素。有研究者则利用多种共聚单体改性聚乙醇酸试图解决该问题,例如,考虑到 PLA 相较 PGA 的亲水性稍差,水解更慢,可使用 PLA 改性 PGA 以调节其降解速率,但共聚物的性能往往不如均聚体系。随后,研究者将小剂量的乙醇酸引入聚对苯二甲酸乙二醇酯(PET)体系,以前者的易水解特性改善 PET 纤维表面性状。

聚乙醇酸可以采用直接熔融聚合法制得。将乙醇酸在加热、真空条件下直接脱水缩聚,这是制备聚乙醇酸最简单的方法,该方法工艺流程短,合成成本低,操作简单,但此方法得到的聚合物分子量较低且性能不佳。经改进后能够得到高分子量的聚乙醇酸,但是该方法高温聚合易导致所得产品颜色深,且分子量不易控制,实现工业化连续生产有一定难度。用于生产高分子量聚合物的较好方法是乙交酯在锑、锌、铅等的化合物作为催化剂的条件下,开环聚合,所得产品的性能也较好。对 PGA 进行共聚改性研究较早也较多的单体是丙交酯。除丙交酯外,也有利用 ε-己内酯与乙交酯开环共聚制备改性材料的报道。由于聚乙醇酸的特性之一是可降解,因此文献报道中对聚乙醇酸改性主要使用可降解的丙交酯/L-乳酸、聚己内酯等。

利用静电纺丝方法可以制备 PGA 微纳米纤维,但 PGA 高熔点(约 225 ℃)且热可降解,不宜采用熔体静电纺丝;PGA 的强极性又使其不溶于常规的有机溶剂,溶液纺丝时可选用的溶剂类型少。目前已经商品化的 PGA 纤维多采用熔融挤出的方法获得,纤维直径在 $10~\mu m$ 左右,可作为组织工程支架。此外,PGA 的酸性降解产物会造成局部 pH 的剧烈下降,由此易产生较强的细胞毒性。因此,相对于其他生物可降解性聚酯来说,进行 PGA 静电纺丝的研究报道尚且有限。

与其他可降解材料相比,聚乙醇酸的成本相对较低,在包装材料、农用膜、缓释材料等领域具有一定的价格优势及性能优势。

9. 聚乳酸羟基乙酸

聚乳酸羟基乙酸(PLGA)包括无规共聚物和嵌段共聚物,其合成单体都是交酯。交酯的制备较为复杂、成本较高、产率较低;在共聚物的合成时,反应条件也比较苛刻,须保持无水无氧条件,这都严重限制了聚乳酸羟基乙酸的广泛应用。

开环聚合是制备聚乳酸羟基乙酸最常用的方法,其聚合路线图如图 3.18 所示。首先,通过乳酸、羟基乙酸二聚体环化脱水制备丙交酯和乙交酯,然后将丙交酯和乙交酯按不同制备要求开环聚合,这种通过二者不同投料比制备的聚乳酸羟基乙酸为无规共聚物(也称为 Ran－PLGA)。该制备方法相对简单,比较常用。但在实际应用中,由于乙交酯和丙交酯的竞聚率不同,聚乳酸羟基乙酸无规共聚物组成的重现和无规程度难以较为严格地控制,特别是共聚过程中的乙交酯含量较高时,由于已交酯的竞聚率高于丙交酯,较易生成少量直链聚合物 PGA,其溶解性较差,难以得到组成均一的 Ran－PLGA。为了得到组成均一的聚乳酸羟基乙酸,首先通过羟基乙酸、乳酸脱水环化制备乙丙交酯,然后再通过乙丙交酯开环聚合,制备的聚乳酸羟基乙酸被称为交替共聚物,即 Alt－PLGA,也就是乳酸羟基乙酸比例为 50/50,但它与比例为 50/50 的无规共聚物聚乳酸羟基乙酸是有区别的,Alt－PLGA 的组成固定、结构规整,降解性能好,作为药物缓释载体应用性能比 Ran－PLGA 好。但交替共聚物 Alt－PLGA 的合成成本相对较高,路线比 Ran－PLGA 更复杂,这是因为乙丙交酯制备成本比单独制备乙交酯、丙交酯的高,产率也较低。

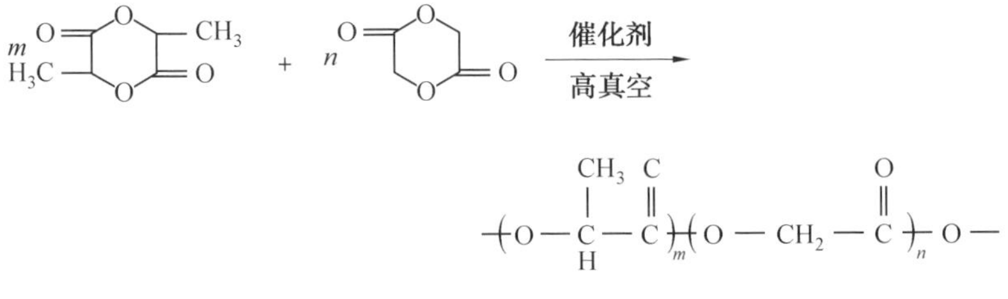

图 3.18　聚乳酸羟基乙酸开环聚合路线图

直接聚合也可以用于制备聚乳酸羟基乙酸,这是采用单体乳酸与羟基乙酸直接聚合反应制备 PLGA,其制备流程如图 3.19 所示。常见的直接聚合方法主要有:熔融聚合、溶液聚合和固相聚合,而熔融聚合是其中最常用的方法。熔融聚合操作简单、反应条件温和,其原料来源丰富、制备成本较低、易于工业化,为聚乳酸羟基乙酸的广泛应用带来了可行性。

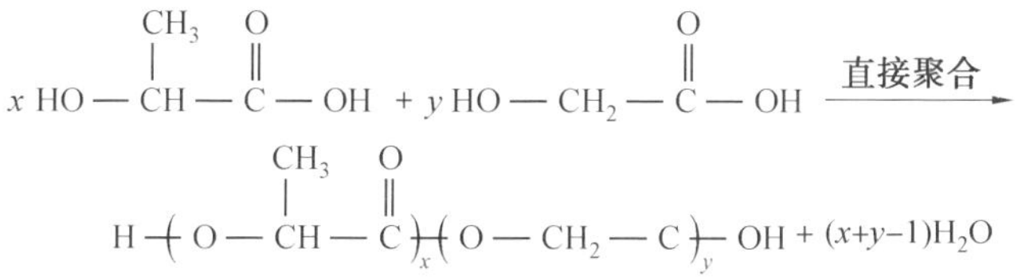

$$x\ HO-\underset{\underset{\displaystyle CH_3}{|}}{CH}-\overset{\overset{\displaystyle O}{\|}}{C}-OH\ +\ y\ HO-CH_2-\overset{\overset{\displaystyle O}{\|}}{C}-OH\ \xrightarrow{\text{直接聚合}}$$

$$H\!-\!\!\left(\!O-\underset{\underset{\displaystyle CH_3}{|}}{CH}-\overset{\overset{\displaystyle O}{\|}}{C}\!\right)_{\!x}\!\!\left(\!O-CH_2-\overset{\overset{\displaystyle O}{\|}}{C}\!\right)_{\!y}\!\!-OH + (x+y-1)H_2O$$

图 3.19　聚乳酸羟基乙酸直接聚合路线图

聚乳酸羟基乙酸共聚物中,随着乳酸和乙醇酸比例的变化,其降解速率可对应调整,更能与各种组织再生的速率相匹配;也能通过亲/疏水性和降解性能的变化,调控所负载药物的释放行为。近年来,静电纺丝 PLGA 纤维在组织工程和药物释放领域的研究和应用备受关注。但静电纺丝 PLGA 纤维的降解速率还相对较快,导致其在水介质中的纤维收缩和黏合现象较为严重,易导致孔结构被破坏,这在一定程度上限制了应用的广泛性。

3.3　无机纤维

无机材料的熔点相对较高,通常无法直接熔融进行静电纺丝;而采用溶剂法等进行纺丝,则需与传统的纺丝法一样,依赖于所制备的可纺性前驱体溶胶进行无机纳米纤维的静电纺丝。目前,利用静电纺丝技术已经成功制备出数十种无机微纳米纤维。

静电纺丝法制备无机微纳米纤维主要包括 3 个步骤:①直接以金属盐或金属醇盐为原料,通过水解聚合制备可纺性溶胶或者向含有金属化合物的溶液或悬浮液中加入高分子聚合物以制备前驱体溶胶;②在一定的温度和气氛下,对前驱体溶胶进行静电纺丝,得到复合微纳米纤维;③煅烧复合微纳米纤维,除去有机成分,并在合适的温度和气氛下反应,得到相应的无机微纳米纤维。在无机纤维的制备过程中,每一个步骤都会对最终纤维的形貌和微结构有着重要的影响,特别是溶胶的流变学性质及电纺工艺参数,会直接影响纤维的直径、均匀性、致密性、组成纤维的颗粒粒径及其排列方式等,并最终影响纤维的物理性质和化学性能。

用于无机化合物静电纺丝纤维制备的前驱体溶胶,与用于有机高分子聚合物静电纺丝纤维的前驱体溶胶的流变学性质无太大区别。然而,要使无机化合物静电纺丝过程能够连续而又稳定地进行,要尤其注意的是其前驱体溶液的水解、聚合和凝胶化等因素的影响。而纺丝喷头的堵塞以及所得到的纤维的不均匀性是无机化合物静电纺丝过程中经常遇到的问题,最主要的原因是其前驱体溶液的水解和凝胶化在纺丝过程中没有得到很好的控制;若在喷丝头的位置处凝胶化太快,则喷丝孔就会逐渐变小,纤维变细,直至把喷丝头完全堵塞而无法进行纺丝。有两种方法可以解决这一问题:一是在前驱体溶液中加入表面活性剂(或催化剂)来调节溶胶的水解和凝胶化速率;二是控制纺丝喷丝头周围的环境气氛,喷丝头附近较低的空气湿度或者充满溶剂的饱和气体都可降低水解和凝胶化速率,使静电纺得以连续进行下去。

利用静电纺丝法制备的无机纤维主要包括氧化物纤维、金属纤维和纳米碳纤维等。

3.3.1　氧化物纤维

金属氧化物是一种典型的无机材料,将其制成微纳米纤维可部分提高其应用性能和应用领域。而氧化物陶瓷材料具有丰富的价态及介电子层,体现电学、磁学、光学、热学等方面的特性;同时,氧化物陶瓷材料还有非常稳定的物理和化学特性,体现高的力学强度以及低导热的热学性能。

在采用静电纺丝方式制备一系列高分子聚合物微纳米纤维之后,人们尝试开展静电纺丝制备简单氧化物微纳米纤维的研究工作,如制备二氧化钛(TiO_2)、氧化锌(ZnO)微纳米纤维等。近年来,通过静电纺丝技术并结合后处理工艺已制备出氧化镍(NiO)、氧化锰(MnO_2)、氧化镁(MgO)、氧化铜(CuO)等多种二元金属氧化物微纳米纤维,以及镍－二氧化铈@三氧化二铝($Ni－CeO_2@Al_2O_3$)、锆掺杂氧化铈($Zr_{1-x}Ce_xO_2$)、氧化锌/二氧化铈(ZnO/CeO_2)、二氧化钛/二氧化硅(TiO_2/SiO_2)、铅/铜/二氧化铈($Pb/Cu/CeO_2$)等多种的多元或复合型金属氧化物微纳米纤维。

结合了金属氧化物或氧化物陶瓷材料的各项优势,以及微纳米纤维结构在低维度下的小尺寸效应、表界面效应、量子尺寸效应等,氧化物微纳米纤维已成为学术界最感兴趣的材料类型之一,也成为现代工业最具吸引力的材料类型之一,并在很大程度上开辟了氧化物材料的应用新领域。例如,TiO_2微纳米纤维可用于光催化降解水污染的可回收催化剂中,以及太阳能电池结构中;MnO_2和ZnO微纳米纤维可以用于超级电容器及光电子元件体系;微纳米纤维通过不同的掺杂改性,可以获得用于各类有毒有害气体的检测传感器;氧化锆(CrO_2)和SiO_2微纳米纤维可用于高温隔热材料体系;Al_2O_3微纳米纤维可用作催化剂载体等。

已有研究报道,通过静电纺丝技术可制备醋酸锌/聚乙烯吡咯烷酮(Zn

(Ac)$_2$/PVP)复合纤维,如图 3.20 所示。Zn(Ac)$_2$/PVP 复合纳米纤维直径分布均匀,表面非常光滑,且没有小液滴,纤维超长连续,说明通过确定较佳的纺丝工艺参数,可获得微观形貌良好的复合 Zn(Ac)$_2$/PVP 纳米纤维。为了更好地对比复合纤维煅烧前后的微观形貌变化,通过软件 Image J 计算出上述已成功制备的 Zn(Ac)$_2$/PVP 复合纤维的平均直径为 0.476 μm。

(a) 低倍数　　　　　　　　　(b) 低倍数

(c) 高倍数　　　　　　　　　(d) 高倍数

图 3.20　Zn(Ac)$_2$/PVP 复合纤维的 SEM 照片

将 Zn(Ac)$_2$/PVP 复合纤维真空干燥一段时间后,放到马弗炉里在 600 ℃下高温煅烧 2.5 h,待冷却到室温,将煅烧后的样品采用 SEM 进行微观形貌观测,结果如图 3.21 所示。Zn(Ac)$_2$/PVP 复合纤维经高温煅烧后,仍然保持着纳米纤维的形状,但是和复合纤维相比,煅烧后纤维表面变得粗糙不平,而且经过 Image J 软件计算可知,复合纤维煅烧后的纤维直径变细,其平均直径为 0.335 μm。这主要是由于高温煅烧使 Zn(Ac)$_2$ 和聚合物 PVP 发生分解。

进一步优化纺丝工艺参数,以 DMSO 代替 DMF 作为纺丝溶剂。所得纤维与 DMF 为溶剂时获得的纳米纤维相比,表面较为光滑,纤维之间的直径差异较小,分布均匀,纤维的平均直径为 260 nm,各纤维之间的直径差异较小,尺寸分布集中。考察煅烧温度对 ZnO 纳米纤维纯度的影响结果表明,当煅烧温度达到 690 ℃时,产物为纯白色,为 ZnO 的颜色,表明该条件下获得的产物较为纯净。由图 3.22 可以直观地看出,煅烧后所得的 ZnO 纤维具有良好、连续的纤维形貌,

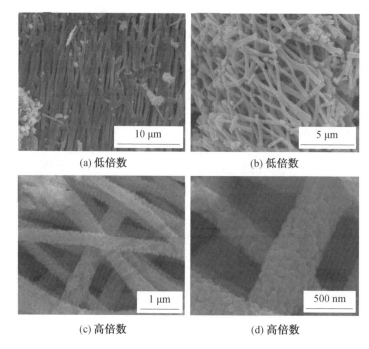

(a) 低倍数   (b) 低倍数

(c) 高倍数   (d) 高倍数

图 3.21 $Zn(Ac)_2/PVP$ 复合纤维煅烧后的 SEM 照片

纤维之间相互交错,形成一种近似网状的空间网络结构。使用 Image J 软件对该条件下所得纤维的直径进行了统计,纤维的尺寸在 200～300 nm 之间,平均直径为 250 nm。

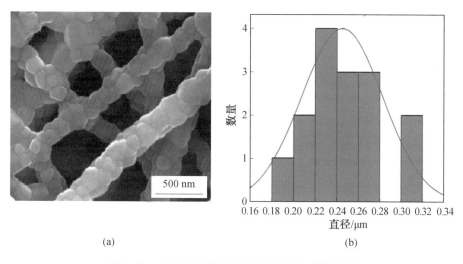

(a)   (b)

图 3.22   ZnO 纳米纤维 SEM 照片及直径分布图

研究还表明,一维 ZnO 微纳米纤维材料可以保持有 ZnO 纳米材料本身的 pH 敏感特性,可用作 pH 敏感的靶向药物载体。采用一些特定的制备方法(如静电纺丝法)制备获得的 ZnO 微/纳米纤维,具有高的孔隙率和粗糙的表面,这些特性都有利于提高载体对药物的载药率,有利于其在生物医药领域的应用。因此,有研究报道以硝苯地平(NIF)作为模型药物,以 ZnO 纳米纤维为药物载体进行载药实验,其作为载体负载药物的累计释放量数据如图 3.23 所示。在不同 pH 条件下,得到该 ZnO 在 pH 为 7.4 时的累积释药百分比为 36.30%,pH 为 6.0 时的累积释药百分比为 64.21%,pH 为 5.0 时的累积释药百分比为 91.73%,结果表明该 ZnO 纳米纤维具有良好的 pH 敏感特性。

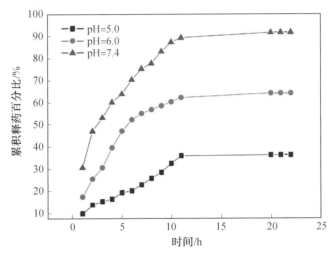

图 3.23　不同 pH 条件下载药 ZnO 纳米纤维的释药动力学曲线

3.3.2　金属纤维

金属纳米材料拥有良好的光、电特性,可应用于生物成像以及载药等医疗领域。常见的金属纳米材料包括金(Au)、银(Ag)、铁(Fe)、铜(Cu)、锌(Zn)等一系列金属,其通过化学的或者物理的方法制得纳米级粒子,这些制得的纳米粒子具有广泛的生物学功能。而采用静电纺丝技术制备上述金属纳米材料,其应用前景开阔,特别是用于实现物质的掺杂。已有大量的研究结果表明,通过静电纺丝能够实现金属的添加,并通过定向调控纤维的成分、形态及尺寸等,发挥金属纳米材料的功能。孙馨等凭借静电纺丝技术制备铁原子掺杂的碳纳米纤维(CNF),制备工艺流程如图 3.24 所示。其研究结果证明了可以通过调节掺杂铁原子的浓度来优化其性能;研究还表明,所制备的材料具有良好的生物相容性,也有利于微生物黏附在电极表面从而形成生物膜。

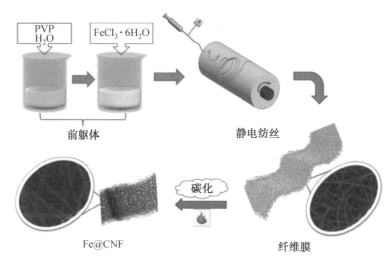

图 3.24　基于静电纺丝的 Fe@CNF 制备工艺流程示意图

在此基础上,该研究团队采用静电纺丝方式进一步制备了双金属掺杂的纳米纤维,纤维的透射电镜检测结果如图 3.25 所示。由纤维的 TEM 照片可以看出,10:10-NiFe@CNF 的纤维表面凹凸不平且存在鳞片状的褶皱;10:10-CuFe@CNF 纤维的表面出现了颗粒球状的凸起;而对于 10:10-CuNi@CNF 纤维来说,其表面也是相对粗糙的。铁镍和铁铜复合纤维的表面产生的特殊形貌,有利于生物相容性的改善,可促进生物膜的生长及细菌的附着。

近年来,由于抗生素耐药性的出现,许多研究者将目光投向了金属纳米材料与药物的复合研究。相比于微米结构的材料,金属纳米材料具有更小的粒径、更大的比表面积等优点,使其应用更为广泛。其中,Zn、Cu、Ag 等金属材料经常被用来作为该领域的研究对象。

Massoumi 的研究介绍了一种由明胶-丝素蛋白纳米纤维制成的新型抗菌伤口敷料,在纳米纤维中含有负载铜离子和锌离子的埃洛石纳米管(HNT)。静电纺丝制备锌负载复合纳米纤维示意图及其生物活性检测结果如图 3.26 所示。该研究结果表明,含有 Cu^{2+} 的纤维具有更快的杀菌活性;然而,这些样品中的成纤维细胞活力有所降低。相反,负载 Zn^{2+} 的纳米纤维对成纤维细胞的附着、活力保持和胶原分泌则比较有利。因此,负载锌的明胶-丝素蛋白纳米纤维的增殖效应以及机械性能和抗菌性证明了锌负载纳米复合纤维可以用作抗菌伤口敷料。

使用静电纺丝方法制备铜和锌复合纳米纤维(CZ-NF),使用 PVP 作为聚合物来控制前驱体溶液(CuZn/PVP)的黏度。进一步,将获得的纳米纤维分为两组,一组在空气环境中于 353 K 下进行煅烧,另一组在氩气环境中于 873 K 下煅

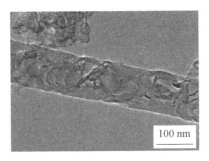

(a) 10∶10–NiFe@CNF

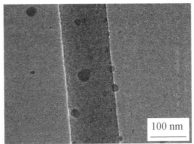

(b) 10∶10–CuFe@CNF

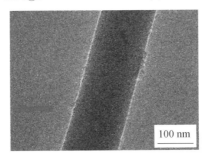

(c) 10∶10–CuNi@CNF

图 3.25　双金属掺杂的纳米纤维 TEM 照片

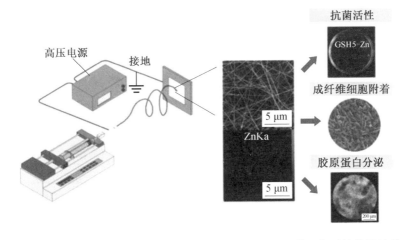

图 3.26　静电纺丝制备锌负载复合纳米纤维示意图及其生物活性检测结果

烧。随着溶剂蒸发和 PVP 的分解,纤维样品的直径逐渐减小,即使在一定温度的热处理后,纳米纤维样品仍可保持纤维结构的完整性;只是在 873 K 下煅烧后,纳米纤维的表面有颗粒状分离物。该方法获得的纤维的扫描电镜照片如图 3.27 所示。在 873 K 下煅烧,CuZn(CZ)纳米晶从非晶相转变为多晶相;就抗菌效果的角度而言,353 K 下煅烧的 CZ 纳米纤维样品显示出了比 873 K 下煅烧而得的 CZ 纳米颗粒样品更强的抗菌活性。同时,CuZn 纤维显示出比单独 Cu 或 Zn 样品更高的抗菌效果。

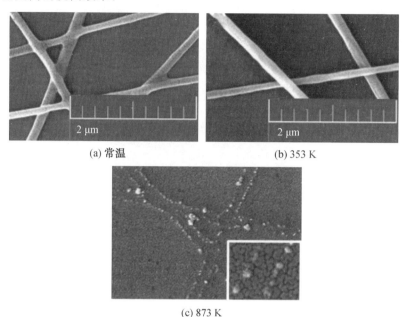

(a) 常温　　　　　　　　　　(b) 353 K

(c) 873 K

图 3.27　不同温度下 CuZn 纳米纤维的 SEM 照片

3.3.3　纳米碳纤维

纳米碳纤维是指纤维直径在几纳米到几百纳米范围内的纤维状碳材料。静电纺丝法为制备纳米碳纤维提供了一种简单而有效的方法。先通过制备不同的聚合物微纳米纤维,再经碳化从而获得连续的碳纤维长丝。为了将静电纺丝聚合物纤维转化为碳纤维,通常需经 1 000 ℃ 左右的高温碳化。该方法所制备的微纳米纤维的直径均匀性好、化学纯度较高。聚合物的含碳量高(如,聚烯烃类塑料的含碳量高达 85.7%)、来源广、毒性小、价格低廉,通过相应的碳化与活化处理后,可制备出性能优良的纳米碳纤维。

静电纺丝制备纳米碳纤维的工艺流程图如图 3.28 所示。可选择碳化后能形成碳纤维的聚合物,常用的有 PAN 均聚物、共聚物或 PAN 与其他聚合物的混合物。除此之外,PVA、PI、聚苯并咪唑(PBI)、聚偏氟乙烯(PVDF)、酚醛树脂和木质素等聚合物也被用作碳源。理论上,任何以碳为骨架的聚合物都可以作为碳材料的前驱体。

PAN 和沥青都是工业碳纤维的常用原料。PAN 作为一种常见的氮碳的前驱体高分子聚合物,可以作为静电纺丝中氮掺杂碳的前驱体。为了维持纤维的结构,通常在碳化前先在空气中进行预氧化处理,在此期间发生大量的环化、氧化、脱氢反应,使得 PAN 形成一系列的耐高温的共轭结构,提高碳化时的热稳定性。在预氧化和碳化处理的过程中,纤维的质量减少、直径缩小。

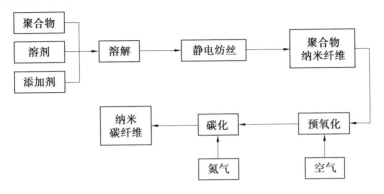

图 3.28 静电纺丝制备纳米碳纤维的工艺流程图

静电纺丝制备的 PAN 微纳米纤维,经过的预氧化与碳化的工艺过程和传统 PAN 基碳纤维相似,但静电纺丝制备的 PAN 微纳米纤维的实际强度远低于其理论强度,特别是预氧化和碳化时,不容易对纤维施加足够的张力,最终得到的纳米碳纤维的实际强度并不理想,因此,对于由静电纺丝方法制备的纳米碳纤维仍以功能性应用的研究为主。

3.4 复合纤维

静电纺丝制备微纳米纤维,一般是用聚合物配成纺丝溶液或者是非聚合物与聚合物混合配成纺丝溶液,可以单一成分纺丝,也可以多种成分混合纺丝,还可以将多个组分通过多个注射器同时进行纺丝。基于此,相应地可以获得有机/有机复合纤维、无机/有机复合纤维等类型。此外,在组分复合的基础上,可以通过同轴共纺等方式进一步获得核壳结构微纳米纤维等,实现内芯材料和外壳材料的有机化或无机化的设计目标,从而拓展复合纤维的功能及其应用领域。

3.4.1 有机/有机复合纤维

有机/有机复合纤维是指两种或两种以上高分子复合(以共混或共聚的方式复合),通过静电纺丝制备的微纳米纤维。

利用静电纺丝技术,可将具有温度敏感性的 PNIPAM 与 PCL 基 PU 共混获得有机/有机复合纤维。由于 PCL 为疏水性材料,以 PCL 作为主要成分制备的

PCL 基 PU 纤维的亲水性相对较差。利用静电纺丝技术制备的二者复合电纺纤维，既可通过 PU 改善 PNIPAM 的耐水性，又可赋予电纺纤维良好的生物相容性；其中的 PNIPAM 又会贡献体系的温度响应效应。二者的混纺体系可以体现良好的水溶液体系稳定性和相貌维持功能，以及材料良好的生物相容性与温度敏感效应，可作为疏水性药物的有效载体。例如，以疏水性药物硝苯地平（NIF）为负载的药物类型，通过静电纺丝方式分别获得了 PNIPAM 电纺纤维和 PU/PNIPAM 复合电纺纤维，通过在电纺溶液中添加 NIF 药物混纺，研究了温敏聚合物载体和温敏聚合物与疏水材料的复合载体中，NIF 的释放行为以及温度改变对 NIF 释放量的影响等。以 PU 与 PNIPAM 的质量比为 1∶4 的共纺纤维为例，在共纺纤维的表面滴水，其扫描电镜观测结果如图 3.29 所示，其中图 3.29（a）是水滴与纤维接触的过渡区域的 SEM 照片，其中既包含纤维原貌又能观察到水滴浸润过的纤维形貌。再以水滴边缘作为分界线，其左侧区域的纤维没有与水接触，则可保持完整的纤维形貌；其右侧区域即箭头所指区域在水滴中央，有部分硝苯地平粒子析出，同时还有形貌发生变化的部分纤维。

　　进一步还可通过 PU/PNIPAM 电纺纤维与水滴接触后的微观形貌变化，考察 NIF 的释放过程。即，当水滴与 PU/PNIPAM 电纺纤维接触后，由于 PU 的疏水性，PU/PNIPAM 电纺纤维不能够迅速地溶解，但纤维中的 PNIPAM 组分与水接触后可以发生部分溶解。伴随着 PNIPAM 的溶解，纤维中的 NIF 释放出来，只是受到 PU 分子的阻拦，其溶解概率变小，所以纤维的形貌发生了相应的改变。从图 3.29（b）中可以看出，有部分纤维发生溶解，另外有部分纤维只是发生溶胀，其纤维与纤维间交织在一起。检测结果中，粒子的出现主要是因为在部分纤维溶解的同时，NIF 分子从纤维基体中脱离下来，而由于 NIF 不溶于水，释放出来的 NIF 则聚集成纳米粒子吸附在未溶解的纤维膜表面。

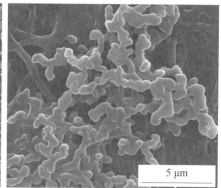

(a) 滴水后浸水与非浸水的过渡区域　　　　(b)(a)图中箭头区域的放大部分

图 3.29　PU/PNIPAM 与 NIF 共纺纤维及其与水滴接触的 SEM 照片

利用同轴静电纺丝方法,将两种溶液通过各自的喷丝针头进行静电纺丝,可以制备具有核壳结构的有机/有机复合纤维。尤其,有时为了克服某些生物材料的成分中可能存在的局限性,通过形成核壳结构的电纺纤维,可以有效保持其原有的物理和化学特性,并且还可以通过同轴共纺多种材料来调节体系的性能,都是有利于材料在生物医学领域应用的有效方式。

　　高分子材料中的 PCL 具有良好的机械性能以及良好的生物相容性,被认为是组织工程应用中最有前途的聚酯之一。但其既具有超疏水性(极为不良的亲水性),又具有较长的降解时间;而高分子材料中的 PEG 具有良好的亲水性和生物相容性,但其机械性能较差。此外,明胶作为一种广泛使用的生物材料,其与细胞外基质(ECM)的结构类似,可促进细胞黏附且显示低抗原性,还具有生物相容性和生物降解性;但其机械性能较差。通过复合上述三种生物材料,则可设计出既显示与 PCL 相似的机械强度,又可改善亲水性的复合材料。基于此,利用同轴电纺技术,以 PCL 为核,为组织工程支架等提供较佳的力学性能;而以 PEG 和明胶组成壳层,利用其与成骨生长肽(OGP)实现良好结合,以有效改善体外骨形成。选择 OGP 是因为其促进骨修复的能力和潜在的杀菌特性均较为突出。上述设计的核壳结构静电纺丝支架材料(如图 3.30 所示,为复合电纺纤维的透射电子显微镜观测照片),能够有效抑制革兰氏阳性菌和革兰氏阴性菌的产生和繁殖。

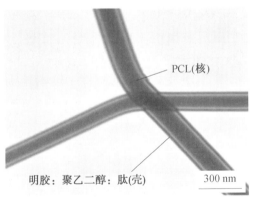

图 3.30　PCL/PU－Gelatin 有机/有机复合型核－壳电纺纤维的 TEM 照片

　　温敏聚合物是目前高分子领域较为热门的研究类型,得益于其可实现从亲水性到疏水性的相转变特性,温敏聚合物在药物释放、控制催化、医学治疗等领域得到了广泛的应用。其中,聚己内酯酰胺和聚乙二醇分别是两种较为典型的温敏聚合物。以己内酯酰胺(NVCL)作为主要的温敏成分,通过调节聚乙二醇甲基丙烯酸酯(PEGMa)在聚合物中的分布,可以探讨 PEGMa 对共聚物 PVCL－EPGMa 的最低临界共溶温度(LCST)的影响,并在此基础上进行纺丝纤维的制备工艺研究。结果表明,纺丝溶液的浓度越高,温敏聚合物纤维的成型性越好,纤维直径越大;但其形貌容易受到水溶液的破坏。为探明水溶液体系对纺丝纤维形貌的影响,在纺丝纤维成型后,滴加水滴于纤维表面,在 40 ℃的烘箱中烘干,所得纤维的扫描电镜照片如图 3.31 所示。由图可见,水滴范围内的纤维形貌完全被破坏,而水滴边界处有少量纤维发生变形,但纤维形态仍然有一定程度的保持。说明形成纳米纤维后,由于具有了较大的比表面积,其水溶性优于纺丝前的固体,因此当纺丝纤维浸渍于水溶液中,纤维会发生溶解,其形貌会被破坏。

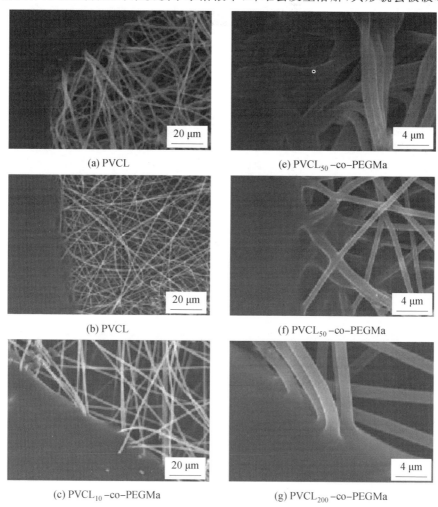

(a) PVCL

(e) $PVCL_{50}$–co–PEGMa

(b) PVCL

(f) $PVCL_{50}$–co–PEGMa

(c) $PVCL_{10}$–co–PEGMa

(g) $PVCL_{200}$–co–PEGMa

图 3.31　不同静电纺丝纤维及其滴水区域的 SEM 照片

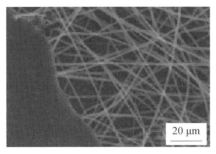

(d) PVCL$_{10}$-co-PEGMa

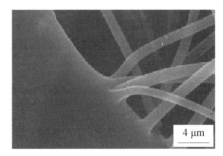

(h) PVCL$_{200}$-co-PEGMa

续图 3.31

3.4.2　无机/有机复合纤维

静电纺丝一般可选的是聚合物材料,有时会通过掺入无机碳材料或者金属材料等对纤维进行改性。将无机纳米材料(如金属或金属氧化物、碳材料等)分散在高分子纤维基体中,借助静电纺丝技术可获得具有特殊功能的无机/有机复合微纳米纤维。无机/有机复合纤维主要包括氧化物/高分子复合微纳米纤维、金属/高分子复合微纳米纤维,以及碳材料/高分子复合微纳米纤维等。这些复合微纳米纤维在组织工程及再生材料领域具有重要的应用价值。

碳纳米管(CNT)的管状结构使其可体现部分独特的优势,在骨修复研究中可发挥重要的作用,也成为未来骨修复临床应用的优良备选品之一。已有研究表明,碳纳米管良好的强度、弹性和抗疲劳性能,可使其作为骨组织工程复合支架中优秀的增强材料。与传统金属或陶瓷材料相比,碳纳米管不仅具有良好的柔韧性,而且其具有更高的强度和更低的密度。作为已知最坚固的材料之一,其强度大约是骨的 3 倍。已有研究报道,当碳纳米管与少量聚合物混合时,碳纳米管可以显著提高体系的机械强度。在纳米复合材料中,使用质量分数为 0.1% ～ 1% 的碳纳米管作为纳米填料,其不显示细胞毒性。高聚物中的聚氨酯是一种生物相容性聚合物,通过添加质量分数为 1% 的 CNT,可使 PU 的降解速率增加,如图 3.32 所示。在 PU/CNT 复合纤维上培养细胞,CNT 的存在会促进细胞间的相互作用,这可能是因为 CNT 提高了体系的电导率,进而促进了细胞的信号传导。

在无机材料中,大部分的金属及其氧化物都显示出了一定的抗菌特性,由此形成的无机/有机复合纤维会相应具有一定的抗菌能力。无机抗菌剂通常具有耐热、耐酸碱,以及不产生耐药性、对人体健康无损害等优点,因此可被广泛应用于生物医学领域中。例如,TiO$_2$ 作为无机抗菌剂已受到了广泛的关注,对其的研究表明,在光照条件下,TiO$_2$ 可以分解污染物、杀死细菌,且 TiO$_2$ 的化学性质

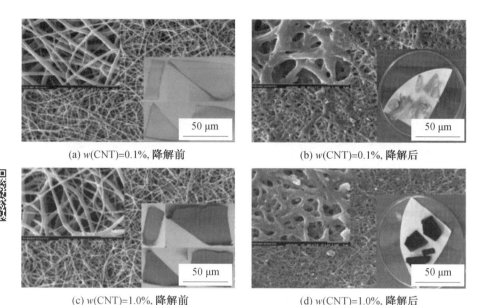

(a) w(CNT)=0.1%, 降解前   (b) w(CNT)=0.1%, 降解后

(c) w(CNT)=1.0%, 降解前   (d) w(CNT)=1.0%, 降解后

图 3.32　PU/CNT 复合纤维降解前后的 SEM 照片

稳定、安全无毒,可作为最具开发前景的绿色纳米抗菌材料之一,因而具有较大的实际应用价值。有研究报道了高负载二氧化钛纳米颗粒的聚乳酸静电纺丝及其作为杀菌剂的相关性能,材料体系的透射电镜照片如图 3.33 所示。

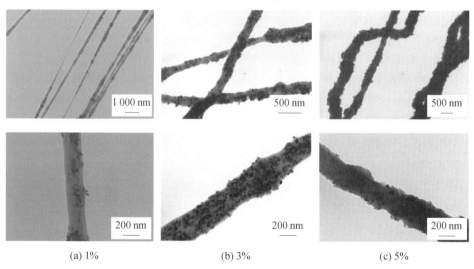

(a) 1%   (b) 3%   (c) 5%

图 3.33　不同质量分数 TiO₂ 的 PLA 复合微纳米纤维的 TEM 照片

通过 TEM 照片可以清楚地观察到,PLA 纤维上均匀分布着 TiO$_2$ 纳米颗粒。随着 TiO$_2$ 复合量的增加,纳米颗粒的密度沿纤维均匀地增加,其高的均匀

性可归因于在超声辅助下,TiO$_2$可在溶剂 DMF 中实现良好的分散。

金属抗菌剂中具有代表性的是 Ag 纳米颗粒。纳米银是一种能替代抗菌剂抑制或者杀死细菌,并显示出比多种抗生素抗菌能力更强的金属纳米材料。特别地,Ag 离子还可以增强 ZnO 的抗菌活性。因此,将 ZnO 和 Ag 结合使用,可以增强 ZnO 的抗菌活性。如在组合治疗中,可以分别减少 ZnO 和 Ag 的量,却不会降低治疗的功效。此外,ZnO/Ag 的双金属纳米材料可以集中两种成分的优点,并提供最大化的治疗功效,有效克服治疗中的耐药性和减少不良反应,达到协同治疗创伤的作用。

在实际使用中,单独的纳米颗粒直接用于伤口部位极为不方便,并且纳米颗粒对细胞的毒性较制剂更加明显,因此,需要有效的药物递送系统来包载 ZnO 和 Ag 以便用于创伤的治疗和研究。静电纺丝纳米纤维因具有较大的比表面积,能用于包载具有生物活性的药物。用于静电纺丝纳米纤维的赋形剂,通常选择生物相容性较好且非常适合于包封药物的高分子材料。其中,PVP 和 PCL 都是被广泛应用于生物医学领域的高分子材料,其对 ZnO 和 Ag 纳米粒子的亲和力也较为理想。因此,基于装载到 PVP/PCL 静电纺丝纳米纤维中的 ZnO/Ag 双金属纳米颗粒的组合,可以较好满足伤口愈合的实际标准。PVP/PCL 微纳米纤维和 ZnO/Ag/PVP/PCL 复合微纳米纤维的透射电镜照片如图 3.34 所示。由图可见,PVP/PCL 微纳米纤维呈现出较为均匀和透明的棒状结构,在棒状纤维中未见纳米粒子的出现;而 ZnO/Ag/PVP/PCL 复合微纳米纤维中有明显可见的金属纳米粒子分布于其中,这对于纳米药物的缓慢释放有一定的作用。

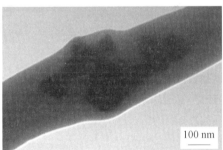

(a) PVP/PCL　　　　　　　　　　(b) ZnO/Ag/PVP/PCL

图 3.34　PVP/PCL 微纳米纤维和 ZnO/Ag/PVP/PCL 复合微纳米纤维的 TEM 照片

除上述两种复合纤维之外,根据需求调整静电纺丝纤维的组成,可以制备出其他符合要求的微纳米纤维类型。如在组织工程材料的应用中,合成高分子材料的可纺性强、机械性能好,但缺少有效促进细胞黏附、增殖、分化的活性基团;而天然高分子材料通常的生物活性较优,但其力学强度较差。目前研究者们倾向于使用合成高分子及天然高分子材料,利用共纺、同轴电纺、表面涂层修饰等方式进行不同成分的复合。将不同的生物活性物质负载在纳米纤维上,优化材料的生物性能,促进组织再生。例如,有学者将非甾体抗炎药,如阿司匹林、布洛芬和吡罗西康等,负载于静电纺丝形成复合体系。此类药物可以抑制环氧化酶的活性,减少前列腺素的生成,从而抑制炎症反应。另外植物的提取物,如姜黄素、芹黄素、绿茶多酚、毛紫檀等均具有抗炎、抗氧化等作用,也可被负载在电纤维中用于骨再生。除了抗菌、抗炎药物,辛伐他汀、地塞米松、雷尼酸锶等,因对调节分子和细胞水平的骨再生过程具有多效性,研究人员也在考察其在纺丝纤维中的负载和功能与疗效的有效发挥。

本章参考文献

[1] 赵长生. 生物医用高分子材料[M]. 北京:化学工业出版社,2009.

[2] 高峰. 药用高分子材料学[M]. 上海:华东理工大学出版社,2014.

[3] 宋唐英,姚琛,李新松. 生物高分子静电纺丝研究进展[J]. 化学通报,2007 (1):21-28.

[4] 胡永利,张淑平. 基于海藻酸钠抗菌材料制备及应用的研究进展[J]. 化工进展,2016,35(4):1126-1131.

[5] SHALUMON K T, ANULEKHA K H, NAIR S V, et al. Sodium alginate/poly (vinyl alcohol)/nano ZnO composite nanofibers for antibacterial wound dressings[J]. International Journal of Biological Macromolecules,2011,49(3):247-254.

[6] 李纪伟,贺金梅,尉枫,等. 胶原蛋白静电纺丝纳米纤维研究进展[J]. 高分子通报,2015(5):43-49.

[7] 武慧蓉,温朝辉. 壳聚糖在神经组织工程中的应用[J]. 中国生物工程杂志,2019,39(6):73-77.

[8] MENG L H, ARNOULT O, SMITH M, et al. Electrospinning of in situ crosslinked collagen nanofibers[J]. Journal of Materials Chemistry,2012, 22(37):19412-19417.

[9] TORRES-GINER S, GIMENO-ALCAÑIZ J V, OCIO M J, et al. Comparative performance of electrospun collagen nanofibers cross-linked by means of different methods[J]. ACS Applied Materials & Interfaces, 2009,1(1):218-223.

[10] JIANG Q R, REDDY N, ZHANG S M, et al. Water-stable electrospun collagen fibers from a non-toxic solvent and crosslinking system[J]. Journal of Biomedical Materials Research Part A, 2013, 101 (5): 1237-1247.

[11] FENG B，TU H B，YUAN H H，et al. Acetic-acid-mediated miscibility toward electrospinning homogeneous composite nanofibers of GT/PCL [J]. Biomacromolecules，2012，13(12)：3917-3925.

[12] 黄利. 丝素蛋白仿生组织工程支架的成型、结构与性能研究[D]. 上海：东华大学，2020.

[13] WANG C Y，XIA K L，ZHANG Y Y，et al. Silk-based advanced materials for soft electronics[J]. Accounts of Chemical Research，2019，52(10)：2916-2927.

[14] 李贝贝. PLA 基复合薄膜的几种制备工艺及其抗菌性能研究[D]. 南京：南京理工大学，2020.

[15] 徐亚莉. 静电纺丝制备左右旋聚乳酸/荧光碳量子点复合微纳纤维及性能研究[D]. 成都：西南交通大学，2019.

[16] 戴晓晖. 生物降解脂肪族聚酯与聚准轮烷及其含糖嵌段共聚物的合成与性能研究[D]. 上海：上海交通大学，2008.

[17] 路荣惠. 以 PVA 为主链 PLA、PLGA 为侧链接枝共聚物的合成及性能研究[D]. 无锡：江南大学，2013.

[18] LEUNG V，HARTWELL R，ELIZEI S S，et al. Postelectrospinning modifications for alginate nanofiber-based wound dressings[J]. Journal of Biomedical Materials Research Part B：Applied Biomaterials，2014，102 (3)：508-515.

[19] CHEN C K，HUANG S C. Preparation of reductant-responsive N-maleoyl-functional chitosan/poly（vinyl alcohol）nanofibers for drug delivery[J]. Molecular Pharmaceutics，2016，13(12)：4152-4167.

[20] JI Y，GHOSH K，SHU X Z，et al. Electrospun three-dimensional hyaluronic acid nanofibrous scaffolds[J]. Biomaterials，2006，27(20)：3782-3792.

[21] TANG C，SAQUING C D，HARDING J R，et al. In situ cross-linking of electrospun poly(vinyl alcohol)nanofibers[J]. Macromolecules，2010，43 (2)：630-637.

[22] XIAO S L，SHEN M W，MA H，et al. Fabrication of water-stable electrospun polyacrylic acid-based nanofibrous mats for removal of copper （Ⅱ）ions in aqueous solution[J]. Journal of Applied Polymer Science，2010，116(4)：2409-2417.

[23] 洪洁，赵丽，吴月霞，等. 静电纺金属氧化物纳米纤维在催化领域的应用研究进展[J]. 合成纤维工业，2021，44(1)：48-53.

[24] 王浩伦. 气流纺丝氧化物纳米纤维的制备与应用[D]. 成都：电子科技大学，2020.

[25] TONIATTO T V, RODRIGUES B V M, MARSI T C O, et al. Nano-structured poly(lactic acid) electrospun fiber with high loadings of TiO₂ nanoparticles: insights into bactericidal activity and cell viability[J]. Materials Science & Engineering C-Materials for Biological Applications, 2017, 71: 381-385.

[26] 胡敏. ZnO/Ag/PVP/PCL 双金属纳米纤维对创伤的愈合作用研究[D]. 重庆：第三军医大学，2017.

[27] 刘天西. 高分子纳米纤维及其衍生物：制备、结构与新能源应用[M]. 北京：科学出版社，2019.

[28] 谢辉. 静电纺丝构建纤维状复合碳材料及其储能研究[D]. 青岛：中国石油大学(华东)，2016.

[29] 张旺玺. 静电纺丝聚丙烯腈基杂化复合纤维制备及其应用研究现状[J]. 化工新型材料，2022，50(1)：6-11.

[30] EIVAZI ZADEH Z, SOLOUK A, SHAFIEIAN M, et al. Electrospun polyurethane/carbon nanotube composites with different amounts of carbon nanotubes and almost the same fiber diameter for biomedical applications[J]. Materials Science & Engineering C-Materials for Biological Applications, 2021, 118: 111403.

[31] DE-PAULA M M M, AFEWERKI S, VIANA B C, et al. Dual effective core-shell electrospun scaffolds: promoting osteoblast maturation and reducing bacteria activity[J]. Materials Science & Engineering C-Materials for Biological Applications, 2019, 103: 109778.

[32] 张庆楠. 静电纺丝法制备 ZnO 无机纳米纤维及其光催化性能研究[D]. 哈尔滨：哈尔滨工业大学，2014.

[33] 王旗栋. PMMA 改性氧化锌电纺纤维的制备及药物释放性能研究[D]. 哈尔滨：哈尔滨工业大学，2015.

[34] 孙馨. 金属修饰静电纺丝纤维对微生物燃料电池产电性能的影响机制研究[D]. 青岛：青岛大学，2022.

[35] MASSOUMI H, NOURMOHAMMADI J, MARVI M S, et al. Comparative study of the properties of sericin-gelatin nanofibrous wound dressing containing halloysite nanotubes loaded with zinc and copper ions[J]. International Journal of Polymeric Materials and Polymeric Biomaterials, 2019, 68(18): 1142-1153.

[36] CHOI A，PARK J，KANG J，et al. Surface characterization and investigation on antibacterial activity of CuZn nanofibers prepared by electrospinning[J]. Applied Surface Science，2020，508：144883.

[37] 彭靖. PVCL－PEGMa 温敏型共聚化合物的合成及其纺丝纤维的制备[D]. 哈尔滨：哈尔滨工业大学，2016.

[38] YANG F，MURUGAN R，WANG S，et al. Electrospinning of nano/micro scale poly(L-lactic acid)aligned fibers and their potential in neural tissue engineering[J]. Biomaterials，2005，26(15)：2603-2610.

[39] YOSHIMOTO H，SHIN Y M，TERAI H，et al. A biodegradable nanofiber scaffold by electrospinning and its potential for bone tissue engineering[J]. Biomaterials，2003，24(12)：2077-2082.

[40] SHAPIRA Y，TOLMASOV M，NISSAN M，et al. Comparison of results between chitosan hollow tube and autologous nerve graft in reconstruction of peripheral nerve defect：an experimental study[J]. Microsurgery，2016，36(8)：664-671.

[41] 屈巍，罗卓荆.高仿真壳聚糖支架修复神经缺损的有效性研究[J]. 中国矫形外科杂志,2010,18(5)：421-425.

[42] YAMAGUCHI I,ITOH S,SUZUKI M,et al. The chitosan prepared from crab tendons：Ⅱ. The chitosan / apatite composites and their application to nerve regeneration[J]. Biomaterials,2003,24(19)：3285-3292.

[43] MATSUMOTO I,KANEKO M,ODA M，et al. Repair of intra-thoracic autonomic nerves using chitosan tubes[J]. Interactive Cardiovascular and Thoracic Surgery,2010,10(4)：498-501.

[44] TANAKA N,MATSUMOTO I,SUZUKI M,et al. Chitosan tubes can restore the function of resected phrenic nerves［J］. Interactive Cardiovascular and Thoracic Surgery,2015,21(1)：8-13.

[45] KRICHELDORF H R，MANG T，JONTE J M. Polylactones. 1. Copolymerizations of glycolide and ε-caprolactone[J]. Macromolecules，1984，17(10)：2173-2181.

[46] GILDING D K，REED A M. Biodegradable polymers for use in surgery—polyglycolic/poly(actic acid)homo- and copolymers：1[J]. Polymer，1979，20(12)：1459-1464.

[47] JALIL R，NIXON J R. Biodegradable poly(lactic acid)and poly(lactide-co-glycolide)microcapsules：problems associated with preparative techniques and release properties［J］. Journal of Microencapsulation,

1990，7(3)：297-325.

[48] COHEN S，ALONSO M J，LANGER R. Novel approaches to controlled-release antigen delivery［J］. International Journal of Technology Assessment in Health Care，1994，10(1)：121-130.

[49] DECHY-CABARET O，MARTIN-VACA B，BOURISSOU D. Controlled ring-opening polymerization of lactide and glycolide［J］. Chemical Reviews，2004，104(12)：6147-6176.

[50] MILLER R A，BRADY J M，CUTRIGHT D E. Degradation rates of oral resorbable implants(polylactates and polyglycolates)：rate modification with changes in PLA/PGA copolymer ratios［J］. Journal of Biomedical Materials Research，1977，11(5)：711-719.

[51] TÖRMÄLÄ P，VAINIONPÄÄ S，KILPIKARI J，et al. The effects of fibre reinforcement and gold plating on the flexural and tensile strength of PGA/PLA copolymer materials in vitro［J］. Biomaterials，1987，8(1)：42-45.

[52] YOU Y，YOUK J H，LEE S W，et al. Preparation of porous ultrafine PGA fibers via selective dissolution of electrospun PGA/PLA blend fibers ［J］. Materials Letters，2006，60(6)：757-760.

[53] PENCO M，DONETTI R，MENDICHI R，et al. New poly(ester-carbonate)multi-block copolymers based on poly(lactic-glycolic acid)and poly(ε-caprolactone) segments［J］. Macromolecular Chemistry and Physics，1998，199(8)：1737-1745.

[54] YANG F，MURUGAN R，RAMAKRISHNA S，et al. Fabrication of nano-structured porous PLLA scaffold intended for nerve tissue engineering［J］. Biomaterials，2004,25(10)：1891-1900.

[55] ZINN M，WITHOLT B，EGLI T. Occurrence，synthesis and medical application of bacterial polyhydroxyalkanoate［J］. Advanced Drug Delivery Reviews，2001，53(1)：5-21.

[56] HU J，KAI D，YE H，et al. Electrospinning of poly(glycerol sebacate)-based nanofibers for nerve tissue engineering［J］. Materials Science and Engineering：C，2017，70：1089-1094.

[57] MASSOUMI H，NOURMOHAMM ADI J，MARVI M S，et al. Comparative study of the properties of sericin-gelatin nanofibrous wound dressing containing halloy site nanotubes loaded with zincand copper ions ［J］. International Journal of Polymeric Materials and Polymeric Biomaterials,2018,11:1534115(1-11).

第 4 章

微纳米纤维形貌及性能调控

4.1 引 言

    静电纺丝微纳米纤维的形貌与结构受到多种因素的影响,影响因素既包括纺丝过程参数、纺丝工艺参数以及环境因素,也包括采用的不同接收装置和参与组合或添加的附加装置等。纤维的形貌与结构进一步会影响纤维(膜)的性能及其应用效果。因此,在微纳米纤维材料的研发中,纤维形貌与结构的有效调控,以及微纳米纤维材料的相关性能调控都显得尤为重要。

4.2 微纳米纤维形态及其调控

    伴随着对静电纺丝技术研究的逐渐深入,人们不仅需要获得光滑无串珠结构、直径均匀的连续纤维,以发挥其比表面积大、孔隙率高的优势,使材料体现出良好的吸附与黏附、负载及分离等功能,以应用于多个领域。研究人员还希望通过设计不同的纺丝接收装置,或者添加不同的附加组件等进行设备组合等,以获得具有特性形貌与结构的微纳米纤维材料,如取向纤维、多孔纤维、核壳纤维、气凝胶纤维等,以体现结构对应的特有性质,能够满足特定的应用需求。因此,针对不同形貌与结构的微纳米纤维的研发,也逐渐成为研究人员关注的重点。

4.2.1 纤维排列的有序化调控

一般情况下,传统的静电纺丝装置制备的微纳米纤维多是以无序排列的方式,而收集的无序排列纤维膜宏观的整体物性是均一的。而当有些应用领域需要材料具有各向异性时,就要求材料(如纤维的聚集体系)在微结构的某一方向上呈现有序性,从而满足特定的应用需求。定向排列的电纺纤维被认为是可以引导组织细胞沿着纤维的方向,尤其是当组织中的纤维具有取向性时,这种定向排列的作用尤其相关。例如,血管、神经、肌腱组织等人体组织的相关结构都具有各向异性的特点,取向的纤维支架则可有效模拟其细胞外基质结构,以促进组织的修复,即,生物体内的肌肉细胞、神经元细胞和血管内皮细胞的生长是需要沿着某一特定的方向进行的,所以用电纺法制备的用来培养细胞生长的支架就相应地需要有序性。已有研究对比了细胞在 PCL 纳米纤维膜和标准聚苯乙烯(PS)薄片上的生长行为,纳米纤维表面上的细胞数量多于 PS 薄片平滑表面的细胞数量,且细胞在纳米纤维膜上的增殖速率也快于在薄片上的增殖速率。对于骨等硬组织,胶原纤维的排列尤为重要,天然结构中胶原排列方式不同,钙化骨组织表现出不同的力学性能。普遍认为,平行于纤维排列方向的强度高于垂直于纤维排列方向的强度。此外,与随机排列的纤维相比,当平行于纤维排列进行测试时,排列的纤维表现出显著提高的抗拉伸应力能力(8~10 倍)。纤维排列影响细胞从初始细胞扩展和延伸开始的行为,进而影响基质合成,并可能分化和钙化成骨组织。随机和取向纳米纤维(PLCL 合成的生物聚合物)影响细胞扩展和延伸的方向如图 4.1 所示。再如,理想的超疏水材料应是具有各向异性的。此外,有序的电纺纤维还可以作为光电器件中的导线等;而无序性的电纺纤维,通常难以满足上述需求。因此,如何实现对电纺纤维的有序收集和获得有序化的纤维集结体系,成为静电纺丝领域研究所关注的热点之一。纤维的有序化调控和获得有序纤维集结体包括制备取向纤维、图案化纤维以及按照某些特定方式排列的纤维等。

1. 有序电纺纤维的制备方法

可通过改变传统的纺丝接收装置,将静态接收方式改变为动态接收方式,制备出有序电纺纤维。典型的制备有序电纺纤维的方法中,大多通过旋转接收器,或通过改变接收方式,或通过附加特定的后处理方式。改变接收装置以及改变接收方式主要使用转筒法、平行电极法、转盘法、导电模板法和磁纺法等,这些方法的原理大都是基于力学拉伸或者电场力作用来实现的。而拉伸、刻蚀、溶解、交联等后处理方式,则是在电纺纤维形成后通过附加外力或者附加其他物理或化学作用,改变纤维有序度的方法。后处理过程中通过升温、加压、切削、融合、

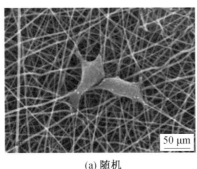

(a) 随机

(b) 取向

图 4.1　随机和取向纳米纤维(PLCL 合成的生物聚合物)影响细胞扩展和延伸的方向

沉积等作用,可在改变有序度的同时改变纤维的直径以及外观形貌等。

(1)转筒法。

在电纺过程中,依据聚合物溶液的喷射流速调节转筒的转速,在达到一个匹配值时,能够收集到有序排列的纤维。Matthews 等首先对传统的接收装置进行改进,用一个可以调速的转筒代替传统的平板金属接收装置。该研究工作通过这种装置制备了胶原有序纤维;而 Chew 等采用这种方法,制备了可生物降解的聚己内酯(PCL)/聚磷酸酯(PCLEEP)有序纤维。对转筒速度与纤维固化沉积速度比较的研究结果表明:当转筒速度远小于纤维固化沉积速度时,获得的是无序纤维;当转筒速度和纤维固化沉积速度相接近时,获得的是取向纤维;而当转筒速度远大于纤维固化沉积速度时,因纤维所受到的拉伸作用较大,导致纤维发生断裂,且转筒速度过高所产生的气流也会扰动纤维的排布,均不利于纤维的形成以及有序纤维的获得。

转筒法是一种能够大面积制备有序纤维的方法,但也存在一些缺陷。例如,由于电纺溶液的喷出速度较难控制,转筒速度相应地较难与之匹配,故而难以达到最佳的收集状态;此外,转筒上收集到的有序纤维,转移也比较困难。

(2)平行电极法。

改变电场环境并利用电场力作用的方式,将聚合物的溶液或熔体喷射至接收装置,也是获得有序化排列的微纳米纤维的方式之一。例如,可选用不同介质作为接收材料,考察材料的介电常数与电场力调节之间的关系,可调节微纳米纤维材料的有序性。再如,Li 等将两个平行放置的电极作为接收装置,使两个电极中间有一定间隔,在电纺过程中,纤维便在电场力的作用下在两块平行电极之间以垂直于电极板的方向进行有序排列,采用这种方法制备了有序排列的聚乙烯吡咯烷酮微纳米纤维。但是,这种方法通常要求两个平行电极之间的距离要在几个微米到数个厘米之间,因而常常是只能制得较为狭窄的纤维膜条状样品,相应地限制了其应用的广泛性。

（3）转盘法。

Theron 等以一个圆形转盘作为接收装置，制备了有序度较高的微纳米纤维，所采用的是直径为 200 mm、厚度为 5 mm 的铝制转盘。转盘接收装置的示意图如图 4.2(a)所示。电纺时，纤维在转盘的边缘被有序化收集，所制得的纤维的扫描电子显微镜照片如图 4.2(b)所示。转盘法制备有序纤维的局限性在于所制备的有序纤维的量相对较少，也较为不易转移。

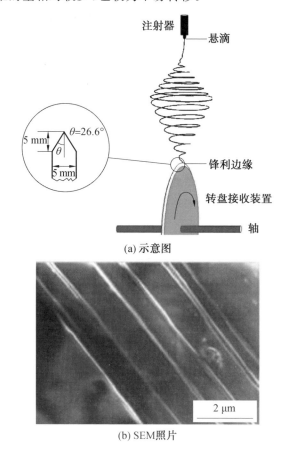

(a) 示意图

(b) SEM照片

图 4.2　转盘法收集有序纤维

（4）导电模板法。

导电模板法是通过模板化的方式获得具有特定图案的微纳米纤维的方法。该方法结合模板提供的图案化设计实现纤维排列的有序化，从而获得具有特异性的材料体系。在生物医学应用中，导电模板法所制备的图案化的微纳米纤维，作为负载体系提供细胞黏附、增殖、迁移、分化等作用，引导细胞按特定结构和方式生长，达到重建特定细胞分布和发挥细胞功能的作用，故而作为组织工程支架材料体现出独特而重要的优势。目前,除模板化外,通过近场直写以及附加后处理等方式也可以得到特定图案化的微纳米纤维。

　　Zhang 等以一种图案化的导电模板作为收集装置,他们将金属丝编织成网状结构,电纺过程中,纤维沉积在金属丝网上,形成与之图案相似的形态。采用导电模板法制备的图案化纤维的形貌如图 4.3 所示。实验结果表明,纤维在导电模板上的排列状态与金属丝的粗细有很大关系,当金属丝直径较小时,形成的纤维才有序排列;而随着金属丝的直径增大,纤维的有序度降低直至成为无序状态。

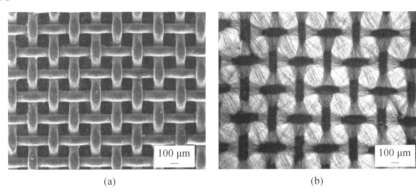

(a)　　　　　　　　　　　　　(b)

图 4.3　导电模板和有序纤维的 SEM 照片

　　(5)磁纺法。

　　磁场力辅助收集获得有序电纺纤维是通过先在溶液中加入磁性粒子并在接收装置处添加额外磁场;进一步,通过调控磁场方向和磁场大小等参数条件以获得有序纤维。Yang 等在传统的电纺接收装置处添加了两块永磁铁,将两块磁铁平行放置于收集板上,在电纺的聚合物溶液中添加少量纳米四氧化三铁磁化电纺溶液并进行电纺。电纺过程中,磁化的电纺纤维在磁场作用下沿磁力线方向排列,从而有序排列于两块磁铁之间,利用这种方法制备了有序性良好的聚乙烯醇微纳米纤维。此外,利用磁纺法进行多次收集,还可以得到多层网络形态的电纺纤维,实现纤维的图案化设计。

　　利用磁纺法制备有序纤维的优点是其设备简单、易于操作,且得到的纤维有序度较高,纤维膜的面积较大,但是其明显的缺点是需要向聚合物溶液中添加四氧化三铁来磁化电纺溶液,才可制得有序排列的聚合物纤维,而如何将纤维中的四氧化三铁有效去除成为限制其应用的障碍之一。

2. 有序电纺纤维的工艺调控

　　有序纤维中单根纤维的表面状态及形貌同样受到纺丝工艺参数、纺丝过程参数以及环境因素等的影响,其影响关系也与通常的无序纤维的基本一致。在有序纤维制备中,人们对传统电纺装置进行改进,尤其主要对其收集装置进行改进,可改变纤维的集结状态,形成有序化的纤维。有研究表明,通过在铝箔收集板上添加一块非金属收集片,可改变纤维喷射到接收屏过程中的电场分布,则可在非金属收集片上收集到定向排列的电纺微纳米纤维,其电纺装置的示意图如图4.4所示。这种收集方法相较于其他已报道的诸如添加转筒、平行电极、转盘、导电模板和磁性成分等的接收装置相比,设备的变动性稍小,组装起来相对简易,所制的纤维也有较好的有序性,但收集量通常不大,适合实验室中收集少量纤维的电纺操作。

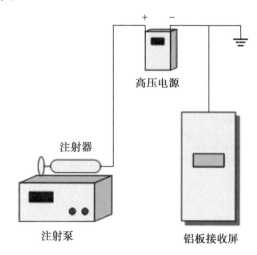

图 4.4　有序微纳米纤维制备装置示意图

以此电纺装置,量取质量分数为 12% 聚 N-异丙基丙烯酰胺(PNIPAM)的二甲基甲酰胺(DMF)溶液以及质量分数为 30% 聚 2-丙烯酰胺-2 甲基丙磺酸(PAMPS)的 DMF 溶液,两种溶液以质量比 9.3∶1.0 混合于锥形瓶中,再补充质量为混合电纺液约一半的 DMF 溶剂进行混合,磁力搅拌 3 h 后即得所用电纺溶液。对所获的有序电纺纤维的微观形貌的检测结果表明,制得的纤维表面光滑无液珠(图4.5)。延长电纺时间,收集的纤维量增加,PNIPAM/PAMPS 纤维的整体有序性趋于定向,偏差减小。当收集时间为 60 min 时,约有 50% 的PNIPAM/PAMPS 纤维排列方向的偏差在 ±5°。

进一步,通过 Image J 软件对扫描电子显微镜图中的纤维直径进行分析。选取其中约 50 根纤维,测得每根纤维直径后获得纤维直径大小分布图,进而计算出 PNIPAM/PAMPS 纤维的有序性分布,结果如图 4.6 所示。

在不同聚合物溶液浓度(质量分数)下,制得有序 PNIPAM/PAMPS 纤维的扫描电子显微镜观测结果如图 4.7 所示。由图 4.7 可以看出,所制得的有序PNIPAM/PAMPS 纤维表面均为光滑且无液珠结构的微纳米纤维,直径较为均

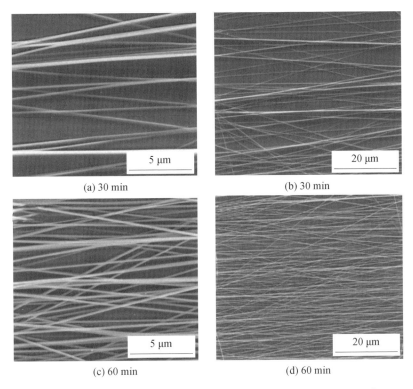

图 4.5　不同收集时间的有序 PNIPAM/PAMPS 纤维的 SEM 照片

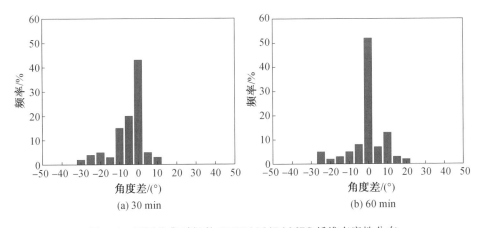

图 4.6　不同收集时间的 PNIPAM/PAMPS 纤维有序性分布

一,纤维整体定向排列,有序性良好。这说明接收装置的改进没有对电纺工艺参数的设定造成较大的干扰,仍然能够制备出形貌良好的微纳米纤维。

由图 4.7 可知,当聚合物溶液浓度为 14.00% 时,约有 40% 的纤维直径为 200~250 nm,纤维的平均直径为 282.92 nm;当聚合物溶液浓度为 12.25% 时,

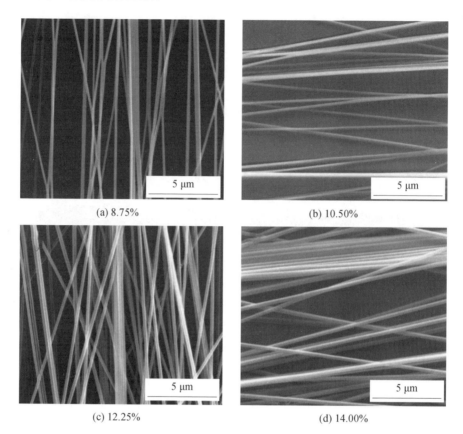

图 4.7 不同聚合物溶液浓度下有序 PNIPAM/PAMPS 纤维的 SEM 照片

约有 68% 的纤维直径为 200～250 nm,纤维的平均直径为 217.64 nm;当聚合物溶液浓度为 10.50% 时,约有 60% 的纤维直径为 150～200 nm,纤维的平均直径为 166.49 nm;而当聚合物溶液浓度为 8.75% 时,约有 64% 的纤维直径为 100～150 nm,纤维的平均直径为 141.67 nm。总的来说,有序 PNIPAM/PAMPS 纤维的直径分布区间随着聚合物溶液浓度的减小而减小,有序 PNIPAM/PAMPS 纤维的平均直径随着聚合物溶液浓度的增加而增大。

3. 有序电纺纤维的主要应用

通过对静电纺丝传统的接收装置进行改进可实现电纺纤维的有序收集,这进一步拓宽了电纺纤维的应用范围和领域。近年来,对有序电纺纤维的应用研究逐渐增多。有序电纺纤维的主要应用领域体现在生物组织工程支架、微电子元件,以及化学传感器等方面。

(1)生物组织工程支架。

生物组织工程支架的主要作用是在生物组织需要修复或重生时,作为临时的细胞外基质提供一个三维的空间支架,以供细胞的生长。而静电纺丝法制备的微纳米纤维具有一定的三维结构,且直径相较生物体内的细胞小得多,是作为细胞培养支架的较为理想材料。

Xu 等采用转盘法制备了可用来作为培养平滑肌细胞(SMCs)基底的共聚乳酸—己内脂(P(LLA—CL))有序微纳米纤维。P(LLA—CL)有序微纳米纤维具有生物可降解性。SMCs 细胞培养的研究结果表明,P(LLA—CL)有序微纳米纤维对 SMCs 细胞的生长具有定向培养的作用,细胞能够附着并沿着 P(LLA—CL)有序微纳米纤维生长,且 SMCs 在 P(LLA—CL)有序微纳米纤维上的生长速率远大于其在平面聚合物薄膜上的生长速率。

(2)微电子元件。

近年来,随着电子行业逐渐向微电子方向发展,要求电子器件和芯片越来越小型化、密集化,这就需要有更精细的工艺来制备这些微电子元件。静电纺丝法制备的微纳米纤维可实现有序排列,将在微电子集成电路产业中起到举足轻重的作用。

Li 等采用平行电极法制备了 Sb 掺杂氧化锡(SnO_2)有序纤维,将单根的 Sb 掺杂 SnO_2 纤维作为导线连通两个金电极。研究发现,其电流—电压(I—V)曲线显示出了与金属氧化物变阻器相似的非线性曲线,说明 Sb 掺杂 SnO_2 的有序纤维可在微电子元件中得以应用。

(3)化学传感器。

近年来,纳米尺寸传感器引起科研工作者的广泛兴趣,尤其是碳纳米管和半导体纳米线成为研究的热点。虽然碳纳米管和半导体纳米线具有高的灵敏度和快速检测等优点,但是限制其在微电子传感器件中应用的原因之一是其结构的无序性和不可控性。静电纺丝法制备的有序纳米纤维可以很好地解决这个问题。一般来说,传感器的灵敏度大小与单位质量膜的表面积成正比,而静电纺丝法制备的聚合物微纳米纤维膜具有较大的比表面积(可达到 10^3 m^2/g),远高于目前应用于传感器的多数膜材料,这将大大提高传感器的灵敏度。

Liu 等制备了聚苯胺(PANI)的单根纳米纤维,将其放在两块金电极之间,研究了其作为检测低浓度氨气的化学传感器的性能。

4.2.2　单根纤维的形态调控

除可以对纤维的聚集形式进行形态调控和结构调控外,还可以对单根纤维的孔隙率、溶胀性、多层叠加方式、组成成分的分布等进行调控,也会较为明显地获得纤维材料性能的调控,使纤维材料进一步满足特定的应用需求。单根纤维结构主要指的是纤维内的连续多孔结构、同轴电纺组装的核壳结构,也包括纤维组成在纵向切面处所体现出的组成梯度与结构梯度等。

1. 多孔纤维

静电纺丝纤维因具有大比表面积和高表面活性，可提供优良的吸附分离、表面改性等功能，既可作为多种成分的有效载体，也可直接作为功能材料发挥作用，从而在多个领域体现应用潜能。

多孔纤维包括纤维间的交叠结构所形成的无序孔隙，也包括单根纤维表面的孔隙结构，在此主要指的是后者。当然，在前者的交织三维网络纤维间多孔结构的基础上，进一步实现单根纤维的表面多孔结构设计，也是研究者们关注的热点之一，可使其在生物组织工程支架、药物递送系统载体等领域发挥应用价值。相对于常规的微纳米纤维，此类多孔纤维具有更高的孔隙率和更大的比表面积，能够更好地发挥纤维材料在各领域中的作用，因此研究多孔纤维材料的制备技术也成为纳米材料领域中的重要课题之一。

纤维表面多孔化的制备方法主要分为液相分离致孔和固相分离致孔。液相分离致孔是指在静电纺丝过程中，射流中的液相（溶剂或非溶剂等）经挥发去除后在纤维内部或表面形成多孔结构的方法，属于溶剂挥发过程中的自发成孔；而固相分离致孔则是指纤维中的固相致孔剂，如聚乙烯吡咯烷酮、聚甲基丙烯酸甲酯或部分无机化合物等，经高温热处理而被去除，去除过程中将其所占的空间位置保留下来，从而形成多孔结构的方法，即通常是致孔剂的存在使得成纤后处理过程中形成多孔结构。

（1）自发成孔。

自发形成多孔结构是指聚合物射流在纺丝过程或固化成膜过程中发生了聚合物组分和溶剂组分的相分离，经固化后在纤维表面形成孔洞结构。

液相分离致孔是指在电纺过程中，射流中的液相（溶剂或非溶剂等）挥发去除后在纤维内部或表面形成多孔结构的方法。在高压静电场中，纺丝液被拉伸成射流，溶剂快速挥发降低了射流温度，纺丝液成分变化出现液相分离区域，当射流固化成纤维后富集溶剂或非溶剂的区域形成多孔结构。

Wendorff 等较早尝试了配制聚合物共混纺丝液并通过电纺制备聚乙烯吡咯烷酮（PVP）/聚乳酸（PLA）复合纤维的研究。2001 年，Bognitzki 等将聚合物（聚乳酸、聚碳酸酯（PC）和聚乙烯（PE）等）加入到挥发性溶剂二氯甲烷中配制成纺丝液，电纺后可以直接得到表面具有孔隙或凹坑的聚合物纤维，其孔隙或凹坑的尺寸在 100 nm 范围内，纤维表面的孔的形态近似为椭圆形，纤维形貌的 SEM 照片如图 4.8 所示。

该多孔纤维的形成主要是由于纺丝液在经过高压静电作用形成射流后，溶剂的快速挥发导致聚合物与溶剂发生相分离，形成聚合物相和溶剂相，而溶剂相挥发后形成孔，并在电场牵引拉伸作用下表面孔沿着纤维的轴向伸长。该研究

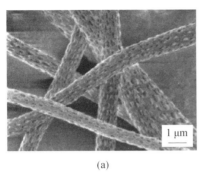
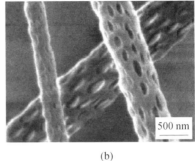

(a)　　　　　　　　　　　　　(b)

图 4.8　采用聚乳酸/二氯甲烷纺丝液静电纺丝所得多孔聚乳酸纤维的 SEM 照片

结果表明,纤维表面多孔结构的形成是由于溶剂蒸发引起了聚合物和溶剂组分相分离,而溶剂二氯甲烷的强挥发性引起纤维的快速固化。这种方法所得的表面多孔结构会受溶剂物理性质的影响,还受纺丝环境温度及环境湿度等的影响,水分子凝结在纤维表面,会促进孔的形成,但实现表面孔结构的可控制备的难度较大。

Zhong 等基于二氯甲烷(溶剂)、丁醇(非溶剂)和聚乳酸三元体系的静电纺丝溶液体系,直接制备了多孔聚乳酸微纳米纤维。研究结果表明,当静电纺丝过程中的电压较低,且非挥发溶剂的挥发速度慢于挥发溶剂时,纤维成型后会保留多孔结构。当非溶剂与溶剂的体积配比提升至 40/60 及以上时,得到的多孔纤维的孔隙率更高。Hong 等利用热水浴萃取以湿法电纺丝技术,将 PAN 和聚乙烯吡咯烷酮混合溶液,制备成为高孔隙率的 PAN 电纺纤维,然后用二亚乙基三胺(DETA)对其进行胺化,得到的胺化 PAN 电纺纤维(APAN)表现出独特的微纳米孔结构,可实现对废水中的 Pb(Ⅱ)离子优异的吸附与去除效率,纤维的最大吸附容量达到 1 520.0 mg/g,远高于其他文献报道的吸附剂;经过六个循环后,Pb(Ⅱ)离子的吸附效率仍超过 90%。当 APAN 纤维浸入到 Pb(Ⅱ)离子溶液时,可观察到六方晶体($Pb_3(CO_3)_2(OH)_2$)在 APAN 纤维表面上生长(胺化前后的纤维形貌变化以及膜表面 Pb(Ⅱ)离子晶体生长示意图如图 4.9 所示),这种具有高回收率的晶体生长方式为从废水中有效去除重金属离子等提供了较新的思路。

(2)后处理成孔。

除液相分离致孔外,固相分离致孔也常被用来制备具有多孔结构的微纳米纤维。固相分离致孔是指在纺丝液中添加固态物质(包括其他聚合物或无机盐、纳米粒子等),通过静电纺丝后的后处理将其去除,固相所占位置则被保留下来形成多孔结构,该方法易于实现孔尺寸和孔形状的调控。

在聚合物纺丝溶液中加入致孔剂获得静电纺丝后形成复合纤维,再经过进

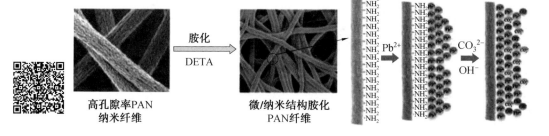

图 4.9　胺化前后的纤维形貌变化及膜表面 Pb(Ⅱ)离子晶体生长示意图

一步的洗涤、有机溶剂的溶解、紫外光辐照等后处理,将纤维中的部分成分去除后,则被去除部分留下的空隙使得纺丝纤维呈现出孔洞结构。例如,以 PLA 和 PVP 作为静电纺丝的聚合物组分以及多孔结构所需的致孔剂。通过聚合物溶液发生相分离以及聚合物形成纤维,进一步以水洗选择性去除其中的 PVP 组分,或经热退火去除 PLA 组分后,可分别得到 PVP 的多孔纤维或 PLA 的多孔纤维。此外,Gupta 等将三氯化镓(GaCl₃)和尼龙 6 进行共混形成混纺液,然后通过静电纺丝制备得到复合纤维并浸入水中浸泡 24 h,通过将 GaCl₃ 从体系中去除,使得纤维表面形成多孔结构。脱除三氯化镓后,尽管纤维的平均直径保持不变,但多孔结构使得纤维表面积增加了 6 倍以上,有效提升了吸附和负载能力。

　　近年来,随着具有良好化学稳定性和水稳定性的金属－有机骨架材料(metal-organic frameworks,MOFs)的开发,越来越多的研究致力于将 MOFs 应用于多个领域。尤其,MOFs 具有结构可控、孔隙率可调、结晶度高等特点,其良好性能可通过与多种材料进行复合得以发挥。例如,利用 MOFs 的有机部分与电纺丝中所使用的有机聚合物具有良好相容性的特点,使得 MOFs 可以均匀地分布在纺丝溶液中,并易于制备成复合纤维;也可以在此基础上将部分成分去除,从而得到多孔结构的复合纤维。越来越多的研究报道了 MOFs 材料与聚合物纤维的复合研究。例如,Zhao 等在 PAN 溶液中引入 PVP 和具有多孔结构的金属有机框架 ZIF－8,通过静电纺丝法制备了 PAN 复合纤维,将 PVP 去除后可构建具有相互连接的介孔结构 ZIF－8/PAN 复合纤维,制备流程及纤维形貌如图 4.10 所示。

　　再如,称取 0.263 g 的 ZIF－8 分散到 2.063 g 的溶剂 DMF 中,超声 30 min;再称取 0.175 g 的 PAN(其平均分子量为 150 000)加入到上述溶液中,于室温下搅拌 24 h 形成纺丝液,采用静电纺丝技术制备 PAN 与 ZIF－8 的混纺微纳米纤维(ZIF－8/PAN,ZIF－8 的质量分数为 60%)。利用该混纺纤维表面丰富且稳定的 ZIF－8 颗粒作为晶种,通过原位二次生长,ZIF－8 在纤维表面均匀稳定地生长以形成稳定均匀 ZIF－8 层,多次处理则实现纳米粒子在纤维表面的层层生

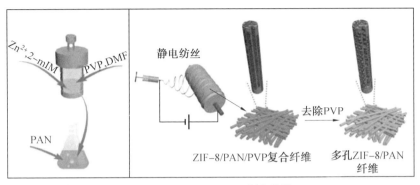

(a) 制备流程1　　　　　　　　(b) 制备流程2

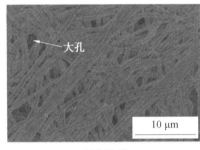

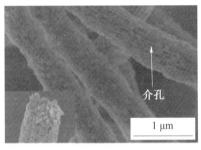

(c) 纤维形貌1　　　　　　　　(d) 纤维形貌2

图 4.10　多孔 ZIF−8/PAN 静电纺丝纤维的制备流程示意图及其纤维形貌

长(ZIF−8@ZIF−8/PAN)。ZIF−8 原位生长的具体实验过程为:将 0.297 4 g Zn(NO$_3$)$_2$−6H$_2$O 溶于 30 mL 甲醇中,命名为溶液 I;将 0.656 8 g 甲基咪唑 (MeIM)溶于 20 mL 甲醇中,命名为溶液 II;称取一定质量的 ZIF−8/PAN 复合 纤维浸入到溶液 I 中,迅速倒入溶液 II 并混合均匀,室温下静置 4 h 后,纤维膜用 甲醇洗涤 3 次,于 50 ℃烘箱中干燥 1 h。通过重复原位生长操作,ZIF−8 可获得 多次生长,从而形成柔韧性良好的 PAN/ZIF−8 复合纤维膜和 ZIF−8@ZIF−8/ PAN 复合纤维膜,有效用于水溶液中重金属离子 Cr(VI)的吸附。PAN/ZIF−8 复合纤维膜和 ZIF−8@ZIF−8/PAN 复合纤维膜具体的制备流程如图 4.11 所 示,其所得到的不同原位生长 ZIF−8 次数的复合纤维 SEM 照片如图 4.12 所示。

　　由图 4.10 和图 4.11 以及图 4.12 可以看出,首次原位生长将更多的 ZIF−8 晶体负载在电纺纤维上,形成了多层结构,ZIF−8 晶体沿着纤维生长且分布良 好,得到的多层结构复合纤维的形貌还具有层状粗糙度、树枝状的纳米级孔结 构。随着 ZIF−8 生长次数的增加,纤维表面的颗粒数目及粗糙度也有所增加, 纤维直径趋于均匀。将 ZIF−8 晶体、PAN 电纺纤维和 ZIF−8@ZIF−8/PAN 复合纤维置于 200 ℃下使用液氮脱气处理 12 h,样品的吸附等温曲线及孔径分

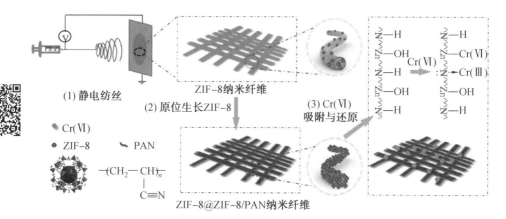

图 4.11　ZIF－8/PAN 多孔纤维及表面原位生长 ZIF－8 的复合纤维制备流程示意图

(a) 一次生长　　　　　　(b) 两次生长　　　　　　(c) 三次生长

(d) 一次生长　　　　　　(e) 两次生长　　　　　　(f) 三次生长

图 4.12　不同原位生长 ZIF－8 次数的 ZIF－8@ZIF－8/PAN 复合纤维的 SEM 照片

布如图 4.13 所示。

　　可以看出,ZIF－8 晶体的等温线存在滞后环,可能是由晶体堆积导致的;而复合电纺纤维的等温线未出现明显滞后现象,快速吸附平衡是由微孔填充引起的,说明复合电纺纤维呈分散多孔特征,且 ZIF－8 晶体在纤维上分布均匀。此外,PAN 电纺纤维的 N_2 吸附－脱附曲线显示,纯的 PAN 电纺纤维不具有微/纳米孔结构特征。

2. 核壳纤维

　　核壳纤维是指由多组分分别构成核层和壳层的特殊结构的聚合物微纳米纤

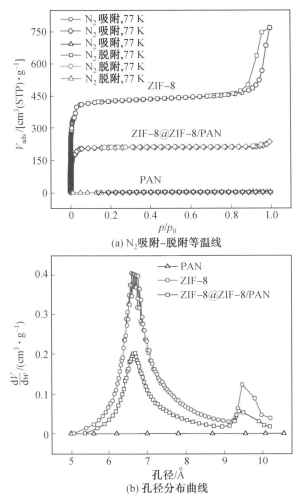

图 4.13　PAN 电纺纤维、ZIF－8 晶体和 ZIF－8@ZIF－8/PAN 复合纤维的孔结构分析

维。同轴静电纺丝和乳液静电纺丝法是制备核壳纤维的主要方法,可采用同轴静电纺丝装置来实现,也可以由乳液组成的纺丝液电纺得到。同轴静电纺丝与乳液静电纺丝的纤维核壳层都可以有效实现对不同药物分子、生物活性物质的负载及控制释放,都可以作为药物载体负载不同的亲疏水性药物分子,也都可以作为其他具有特殊性质的活性分子的载体,在药物递送、组织工程支架等领域表现出了极大的优势。

（1）同轴静电纺丝。

同轴静电纺丝过程中,以含有内外双层结构的同轴纺丝喷头来代替单通道的纺丝喷头,通过推进装置同步或分步推进核层或壳层的纺丝溶液,在电场力作用下喷出复合射流,形成的复合射流经溶剂挥发后可固化成具有核壳结构的电纺纤维。

选择可纺性较好的水溶性聚合物 PVP 作为核层组分,疏水性的 PU 作为壳层组分,利用同轴电纺技术可制备 PVP/PU 核壳结构(亦称为芯壳结构)微纳米纤维。所设置的静电纺丝参数:电压为 10～16 kV;外层推进速率分别为 0.16 mL/h、0.25 mL/h、0.33 mL/h 和 0.33 mL/h,内层推进速率分别为 0.08 mL/h、0.08 mL/h、0.08 mL/h 和 0.16 mL/h;接收距离为 20～22 cm。实验中所使用的静电纺丝设备示意图如图 4.14 所示,所采用内针头的内径为 0.51 mm、外径为 0.82 mm,外针头的内径为 1.55 mm。高压电源开始工作后,根据纺丝时间的不同,可在接收屏上得到不同厚度的纤维膜。

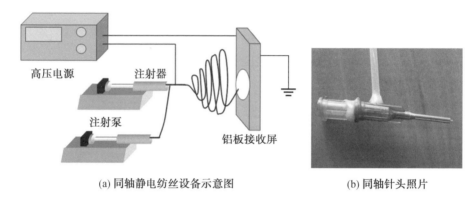

(a) 同轴静电纺丝设备示意图　　　　(b) 同轴针头照片

图 4.14　同轴静电纺丝设备示意图和同轴针头照片

通过同轴静电纺丝还可以将难以静电纺丝的材料作为核层,在可纺聚合物的辅助下获得所需的微纳米纤维。比如,高分子量的壳聚糖(CS)因其黏度较高,难以通过单轴静电纺丝的方式获得良好的圆柱形纤维试样,而通过其与 PLLA 同轴共纺,可制备具有良好生物降解性能的 PLLA/CS 核壳结构微纳米纤维。

作为药物控制释放的载体材料,Qian 等分别以 PVP 和乙基纤维素作为壳层和芯层组分,通过聚四氟乙烯涂层的同轴喷丝头制备了具有核壳结构的微纳米纤维。通过将活性成分对乙酰氨基酚负载于核层聚合物中,并对其含量进行有效调节,实现了核壳结构纤维对药物的可控释放。经体外药物释放实验的结果表明,制备的核壳结构微纳米纤维能够提供所期望的双重药物控释效果。Wang 等通过同轴静电纺丝制备了一种由 PLA－PVP/PLA－PEG 组成的核壳纤维(制备流程及所得纤维的扫描和透射电镜观测结果如图 4.15 所示),在其核层及壳层中分别负载不同的生物活性剂,通过调节壳层聚合物的质量比,可优化纤维膜的机械性能、物理和化学性能以及生物性能,并可实现负载在纤维内抗菌肽的可控释放,保证了纤维良好的抗菌活性,材料可望作为皮肤敷料应用于烧伤的治疗。

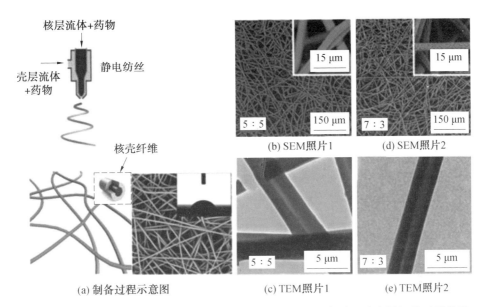

核层流体+药物

壳层流体+药物

静电纺丝

核壳纤维

15 μm

15 μm

5∶5　150 μm

7∶3　150 μm

(b) SEM 照片1

(d) SEM 照片2

5∶5　5 μm

7∶3　5 μm

(a) 制备过程示意图

(c) TEM 照片1

(e) TEM 照片2

图 4.15　PLA－PVP/PLA－PEG 核壳结构纤维制备过程示意图以及壳层组分不同质量比(PLA∶PVP)的 SEM 图和 TEM 图

(2)乳液静电纺丝。

相比于同轴静电纺丝,乳液静电纺丝通常不需要改动纺丝装置,只需将纺丝液改成可静电纺丝的水包油型(O/W)或油包水型(W/O)乳液,将乳液或其复合体系进行静电纺丝即可制备微纳米纤维膜。

Ma 等选用无表面活性剂的低毒性油包水型乳液,形成静电纺丝的前驱体,通过调节溶剂的体积比和聚合物的浓度,得到高稳定性的乳液,进一步调节乳液体系中壳聚糖(CS)和聚己内酯(PCL)两种成分的浓度,得到不同核壳比的 PCL/CS 微纳米纤维,如图 4.16 所示。Yang 等通过乳液静电纺丝法将水溶性牛血清白蛋白(BSA)包裹到脂溶性的 PDLLA 电纺纤维中,制备了核壳结构纤维膜,研究了核壳结构对蛋白的控制释放行为和对纤维结构稳定性的影响。实验结果表明,乳液静电纺丝提供的核壳结构实现了生物活性蛋白的可控释放,纤维载体中的 BSA 初始突释量减小,且包裹状态的 BSA 良好保持了生物活性,材料可在相关生物应用中发挥良好的作用。

3.气凝胶纤维

气凝胶纤维是一种以一维的微纳米纤维为基本构筑单元的新型气凝胶材料。相比于传统气凝胶,其不仅具有更高的孔隙率和更低的密度,还拥有更优异的机械性能和理化性质,因此该类材料的先进制备技术和在新兴领域的创新型应用成为近年来超轻气凝胶领域的研究热点。

气凝胶纤维作为组织工程、药物释放、抗菌材料和分离应用的支架材料已得

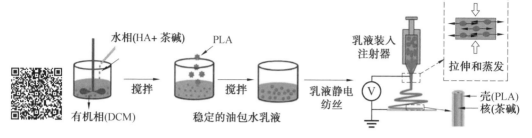

图 4.16　乳液静电纺丝法制备核壳纳米纤维的工艺流程及其形成机理示意图

到初步研究。研究已表明,气凝胶纤维凭借其高孔隙率(>99%)和相对较大的孔径(>10 μm),可以有效地促进细胞生长和组织形成。然而,对于超轻、大孔材料来讲,为组织生长提供足够的细胞黏附表面和适宜的生长环境仍是各领域研究中的一个难题。另外,根据组织工程的基本概念,牺牲性的支架材料还应具有良好的生物相容性和可生物降解性,这在一定程度上限制了气凝胶纤维材料的可选择范围。

可以说,组织工程为修复组织缺损和组织再生开辟了一条新的途径。而在天然组织中,由有机胶原微纳米纤维相互交织而成的 ECM 为细胞提供结构支持,并可调节多种细胞功能。因此,人们迫切需要模拟天然 ECM 的关键特征,包括其化学成分、结构组织和力学性能等。

从短切电纺聚丙烯酸酯纤维分散体所获得的超轻气凝胶纤维是一种良好的组织工程支架材料,纤维表面涂有 PVA 以获得足够的亲水性,因此细胞可以很好地黏附在气凝胶纤维表面。经分别培养 13 d、20 d 和 30 d 后,通过共聚焦显微镜观测,在海绵内发现了活细胞,表明细胞发生了显著生长。Xu 等开发了一种热诱导纳米纤维自团聚(TISA)的方法,可将电纺 PCL 纳米纤维膜转化为具有互连大孔结构的 PCL 纳米纤维支架,如图 4.17 所示。骨形态发生蛋白 2(BMP2)诱导的成骨分化和骨形成可在 PCL 支架上顺利进行,然而,经培养后在支架周围区域仅发现有限的新骨。因此,该团队又通过引入 PLA 来进一步提高 PCL 支架的生物活性,PCL/PLA 支架的力学性能和生物活性得到了大幅改善,能显著促进体外成骨分化和体内新骨形成,在 20 d 后达到最大的新骨形成率。

在药物负载及药物释放的材料研究领域,载体材料实现高载药量和药物可控释放是两个巨大的挑战。由于超轻大孔纤维气凝胶具有较高的孔容(>100 mL/g)和表面可修饰性,药物释放载体可能是其一个重要的应用领域。研究发现,聚对二甲苯(PPX)包裹的聚丙烯酸酯基复合纤维气凝胶具有很高的药物负载能力((2 697±73)mg/g),是一种新型药物载体。利用化学气相沉积(CVD)法制备的PPX涂层不仅能够保留气凝胶极高的孔体积(285 cm^3/g),而且会将抗疟疾药物青蒿酮(ART)固定在载体骨架中。通过改变气凝胶的密度和PPX涂层的厚度,

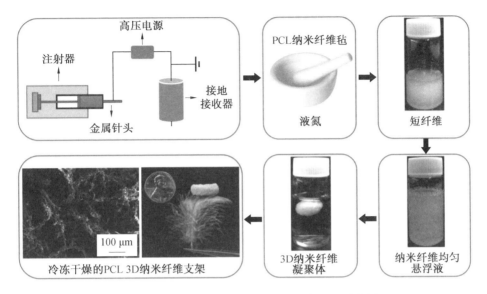

图 4.17　PCL 气凝胶微纳米纤维的制备流程示意图

可以控制 ART 在介质中的释放速率,这对于治疗慢性疾病的程序化药物释放提供了新思路。

4. 梯度化纤维

相关研究已表明,通过设计接收装置的类型或其组装结构,或通过调节静电纺丝溶液的性质,或通过调节接收装置参数,可形成在纤维直径、多孔结构、取向程度或生物活性分子浓度等方面具有不同梯度结构的微纳米纤维。

相较于组成均质的纤维材料,梯度化处理后的纤维在组成、结构、功能等方向上呈现出连续的梯度变化。梯度化的微纳米纤维用于临床应用,能够满足不同组织和器官的组成成分、各向异性程度和内在物质特性各不相同的要求,构建具有与天然组织相似的微纳米形貌的仿生细胞环境,更能够满足不同组织修复、治疗的特异性需求。例如,肌腱与骨组织等的连接组织中,胶原纤维的排列是从有序取向到无序取向排布的,生物活性分子的浓度梯度可实现长距离神经细胞有效迁移至受损部位等。

Tan 等采用对称发散的电场作为一站式、自上而下的仿生微结构与组织支架集成装置,通过改变收集斜面上的投影几何形状,制备了由排列整齐的 PCL 微纳米纤维组成的多面体和圆柱体以及具有元素梯度特性的纤维支架,如图 4.18 所示。Shi 等以高孔隙率的无规纤维作为基体,然后将蛋白质分子沉积在纤维基体中,通过控制填充方法在纤维支架上产生蛋白质分子浓度梯度。当该支架与 NIH/3T3 成纤维细胞共培养时,纤维支架上的细胞数量与蛋白质浓度成正比(图 4.19)。Zhou 等以锥形旋转装置收集纤维,可获得同时在纤维形态、纤维直径、纤维密度、纤维排列、支架孔隙率和厚度方面具有梯度结构的微纳米纤维。

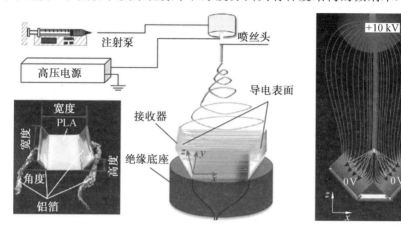

图 4.18　可产生梯度结构的静电纺丝装置及纺丝喷头与集电极间的发散电场示意图

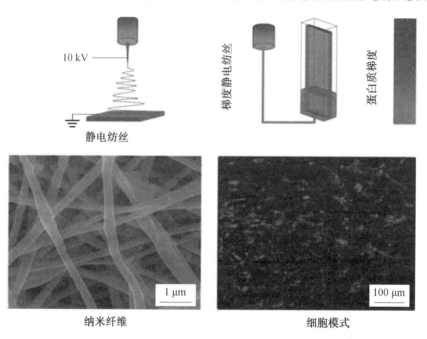

图 4.19　静电纺丝纤维基体和蛋白质分子的梯度负载以及纤维和细胞的微观形貌

　　静电纺丝制备的梯度结构微纳米纤维,不仅可以是形态从随机排列到整齐排列,还可以是从不同浓度的活性成分负载微纳米纤维到原有单独组成成分的微纳米纤维。Dinis 等通过在纤维中添加神经生长因子(NGF),在不改变纤维二级结构的同时,实现了生物活性分子和微纳米纤维密度的双梯度结构;其与单一浓度的 NGF 功能相比,浓度梯度化对神经元生长速率的影响更为明显,可有效诱导神经元的单向生长。

4.2.3 其他形态纤维及其调控

调控纤维本身的形态结构可以调节纤维的性能,还可以通过引入其他功能性组分并采用共纺、接枝或原位生长、后沉积等方式,实现不同条件下纤维形态、结构及性能的调控,从而制备出中空管状、带状、针状等不同形态的微纳米纤维。

采用静电纺丝技术可以制备连续的中空微纳米纤维,所形成的中空管状微纳米纤维因具有独特的中空结构和较大的比表面积和孔隙率等,在吸附、催化、电化学、医药等领域都有着广阔的应用前景。

利用同轴静电纺丝技术,将传统静电纺丝的单针头改为同轴针头,获得具有核壳结构纤维,再通过使用特定溶剂选择性地溶解芯层组分的溶剂萃取法,或经高温煅烧保留壳层组分和去除核层后,就获得了具有中空结构的纳米纤维。通常要求壳层组分的刚度要大、耐压性要好,以能够承受溶剂的毛细作用。常用作壳层组分的聚合物包括聚丙烯腈、聚 L-乳酸、聚(N-异丙基丙烯酰胺)的三元共聚物(如共聚 N-羟甲基丙烯酰胺以及丙烯酸十八烷基酯)等,其中聚丙烯腈是使用最多的聚合物壳层组分之一;如选用热稳定性不好的聚合物,如聚乙烯吡咯烷酮等作为壳层时,则往往需要加入一些耐高温的有机聚合物或无机化合物作为共纺成分。

壳层纺丝液为聚偏氟乙烯与 PVP 的混纺液(质量比 50/50),以 DMF 为溶剂(聚合物质量分数 20%);核层纺丝液为 PVP 的乙醇溶液体系(PVP 质量分数 18%),设置壳层纺丝流率为 0.01 mL/min、核层纺丝流率为 0.005~0.01 mL/min,接收距离为 15 cm,纺丝电压为 14 kV,将接收所得的同轴纺复合超细纤维放入 60 ℃烘箱中加热 12 h,除去未挥发完全的溶剂;随后,将其浸入 60 ℃去离子水中,在超声振荡条件下沥洗 3 h 以析出 PVP,再加热干燥至恒重,即可得到中空的 PVDF 纤维。

此外,也可以通过在多层、多核纤维基础上,采取去除核层成分的方法而获得具有多通道的中空微纳米纤维,如同心的双管碳纳米纤维。图 4.20 所示为采取同轴电纺方式获得核壳结构微纳米纤维后,再去除核层成分而制备的中空微纳米纤维的扫描电子显微镜照片。

中空微纳米纤维具有较大的比表面积、独特的中空结构和高孔隙率,作为电池材料、气体传感器、催化剂载体和光催化剂等具有明显和突出的优势。其作为电容器和电池的电极材料,中空结构和孔隙率均有利于电解质的运输和电阻的降低;作为气体传感器,大的比表面积则有利于气体的吸附和捕获,也可为传感器提供更多活性位点;而作为载体材料,纤维独特的中空结构可为电子/自由基的运输提供高速通道;中空微纳米纤维大的比表面积,还可增加可见光的吸收,

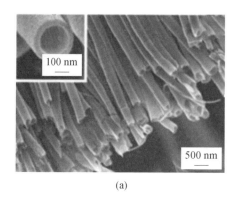

(a)　　　　　　　　　　　　　　　　　　(b)

图 4.20　不同放大倍数核壳结构电纺纤维去核后的中空微纳米纤维的形态

实现光催化的效果。此外,具有生物相容性的中空微纳米纤维在人造血管、组织工程支架和药物控制释放等领域亦有着广阔的应用前景。

比如,在中空碳微纳米纤维表面沉积纳米 $NiCo_2O_4$、MnO_2 等,可制得超级电容器、锂硫电池的电极材料,体现出良好的循环稳定性;氮掺杂的中空碳微纳米纤维磷化锗(GeP)可作为锂离子电池阳极,其在电流密度为 5 A/g 下可表现出良好的循环稳定性,在 0~3 V 时的质量比容量可达 221.2 mAh/g。再比如,一种 Cu/CuO—ZnO 中空微纳米纤维可作为一氧化碳(CO)气体传感器,其检测灵敏度可达 78%,相较纯 ZnO 纳米纤维高出两倍的值;Sn 掺杂 NiO 中空微纳米纤维作为气体传感器,对三乙胺的响应值可达到 16.6;掺银氧化铁(Fe_2O_3)中空纳米纤维对 $100×10^{-6}$ 的硫化氢(H_2S)的最大响应值可达 19.43。作为催化剂载体,硼—氮共掺中空碳微纳米纤维可有效提升催化剂的催化效率并体现出良好的稳定性和可重复利用率;聚偏氟乙烯的多孔中空微纳米纤维膜可作为酶的固定化载体,其在 4 ℃的磷酸盐缓冲液(SBS)中储存 7 d 后的固定化酶活性仍可达到 82%。采用电纺丝方式获得的无机中空纤维,能够更好地发挥原有材料的催化作用,如采用电纺丝技术制备的二氧化钛中空纤维,表现出了良好的光催化性能,对亚甲基蓝的降解率为 95.2%;将 $g—C_3N_4/Bi_4Ti_3O_{12}$ 制备成无机中空纤维,其作为催化剂载体可持久去除各种有机污染物和重金属离子等。

除管状中空微纳米纤维外,还可以采用高压静电纺丝技术,辅以设备(接收装置、针头等)的改进以及纺丝液的筛选和组合,获得其他形态的微纳米纤维。图 4.21 所示为静电纺丝方式获得的带状和针状纤维的 SEM 照片。

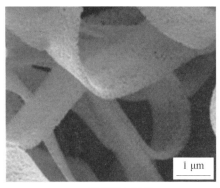 

(a) 带状形态纤维　　　　　　　　　　　　　(b) 针状形态纤维

图 4.21　不同形态静电纺丝纤维的 SEM 照片

4.3　力学性能及其调控

4.3.1　微纳米纤维及其力学性能

与其他材料类似,静电纺丝纤维及纤维膜的力学性能同样是其应用时备受关注的性能指标之一,力学性能的优劣也是衡量材料能否满足应用需求以及拓宽材料应用领域的重要方面。静电纺丝纤维的主体成纤材料主要是聚合物(复合纤维通常也是在聚合物作为主体材料基础上的复合,而少部分去除有机成分后的无机纤维也是聚合物作为主体成纤组分)。作为以高分子聚合物为基质的纺丝纤维:一方面,静电纺丝设备的进样装置能接纳的通常是溶液样流体或熔融态流体,也因此,通常只有易于制备成为溶液或熔体的高分子材料用于静电纺丝。从聚合物的物理化学性质角度,具有交联结构的高分子材料,由于只能溶胀而不能或不易溶解的特性,而被排除在静电纺丝的原料类型之外。另一方面,静电纺丝产物是固态纤维,其分子链在纤维中的构象翻转受到限制,发生后交联反应的热力学难度较大。因此,所获得的微纳米纤维在力学性能方面通常较难有非常优异的表现,这也在一定程度上影响和限制了静电纺丝纤维材料的应用性能和应用领域。

4.3.2　力学性能的调控方法

高分子聚合物及聚合物复合体系的力学性能(静态力学性能、动态热机械性能等)的指标主要包括拉伸强度、断裂伸长率、弹性模量以及玻璃化转变温度区间等。其拉伸强度和断裂伸长率等力学性能的检测通常可在电子万能试验机上完成,以获取材料的应力－应变关系曲线。将试样制备成为哑铃型标准样,设定拉伸速度后,在拉伸过程中可自动监测到材料的应力－应变对应关系,进而求得材料的拉伸强度、断裂伸长率、弹性模量等值,每种试样取 3～5 组的平均值,用来评价材料的力学性能。而其玻璃化转变温度区间以及储能模量、损耗模量、损耗因子等动态力学性能指标则通常是在动态黏弹谱仪等测定装置上完成检测的。

高分子材料的拉伸强度受有效交联密度(包括物理交联密度)和氢键及次价键等的影响,这些指标对应数值的减小,可使得材料的拉伸强度降低。而从材料应力－应变与聚合物的关系角度,对于一般的交联型聚合物,拉伸时由于交联而形变较小、应力较大;而线性结构的聚合物则在拉伸时分子链可以相对滑移,因而对断裂伸长率的贡献更大,形变更明显。加之,聚合物链间的缠结也对受力后的应力分散产生一定效果,因此,微纳米纤维的缠结和交织等在一定程度上贡献了材料的弹性和拉伸性能。

材料在应用于不同类型的基材表面时,其与基材的黏结性能与其内应力密切相关:材料的内应力越大,与基体的作用力往往较弱,而反之则黏结基材的作用力也相应变大。因此,交联密度的增加、链段间结合强度的增加,都会在增加材料拉伸强度的同时,一定程度地损失材料与其他材料的结合牢度,使其黏结强度下降。

对于材料的动态力学性能,通常以损耗角的正切($\tan\delta$)值(其值为材料储能模量与损耗模量的商值)与温度的曲线(称为动态黏弹谱(DMA)曲线)来表达。DMA 曲线中以其对应的宽度来表示高聚物的玻璃化转变温度对应区间;以其峰的强度对应材料损耗力学性能能力的大小。聚合物的玻璃化转变温度及其范围确定了其力学松弛性能的特点。一般地,凡是增加体系不均一性的因素都会使材料的力学松弛时间谱加宽。

此外,对于材料力学性能的调整,针对弹性体一般是加入强度大的填充料和高玻璃化转变温度特性的物质,以增加强度。其原因是填充料在其中起到了分散应力的作用。而针对塑料类材料,一般用低玻璃化转变温度特性的聚合物进行增韧,如丙烯腈－丁二烯－苯乙烯的三元共聚物 ABS、热塑性弹性体 SBS 等是利用其中的聚丁二烯弹性体进行增韧,其原因按银纹原理可以得到解释,是基于聚丁二烯相在应力作用下容易形变,不产生银纹,并能在产生大量银纹时通过与其相遇而受阻,不能继续生长成为破坏性裂纹。

4.3.3　微纳米纤维的应力－应变关系与模量

微纳米纤维膜的力学性能测试主要围绕其拉伸强度和断裂拉伸率、模量和玻璃化转变温度区间等指标。图 4.22 所示为形状记忆聚氨酯(SMPU)电纺纤维膜拉伸试验的应力－应变关系曲线,应用 CMT 8102 型电子万能试验机对 SMPU 电纺微纳米纤维膜进行静态拉伸性能测试。此试验是在 37 ℃条件下进行的,设定拉伸测试过程中的应变速度为 1.0×10^{-3} m/s,试样尺寸为 30 mm× 5 mm×0.3 mm。

如图 4.22 所示,SMPU 电纺纤维膜的最大屈服强度为 3.43 MPa。在此基础上,可获得 SMPU 电纺纤维膜的弹性模量为 94.5 MPa、断裂伸长率为 260%、断裂强度为 3.02 MPa。从图 4.22 中还可以看出,当 SMPU 电纺纤维膜拉伸 50%时,出现了最大屈服强度。这说明当纤维在最初的拉伸过程中,存在一些纤维的断裂,这是由于在静电纺丝过程中,个别纤维存在缺陷,在拉伸的过程中较早出现断裂现象。当存在缺陷的纤维被破坏后,其他均匀光滑的纤维则继续被拉伸,体现出材料本身的拉伸强度,这说明所制得的 SMPU 电纺微纳米纤维膜具有一定的力学性能和较优的弹性。

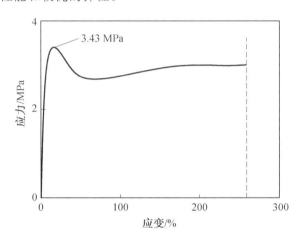

图 4.22　SMPU 电纺纤维膜拉伸试验的应力－应变关系曲线

进一步,在形状记忆聚氨酯体系中加入与人体骨组织成分相似的羟基磷灰石(HA),并通过混纺方式获得 SMPU/HA 复合微纳米纤维,可提供其作为生物医用骨组织修复与再生材料的可能性,而材料的拉伸性能、弹性模量以及材料随环境变化的形状稳定性等,通常是衡量此类生物材料应用性能的基本指标。

图 4.23 所示为不同 HA 添加比例的 SMPU 纤维的应力－应变关系曲线。由图 4.23 可见,HA 在 SMPU 纤维中的添加对复合材料的拉伸强度和弹性模量都有影响。与 SMPU 电纺纤维相比,HA 质量分数为 1%和 3%的 SMPU/HA 复合电纺纤维的拉伸强度均有所增强,1%HA 质量分数的复合电纺纤维的断裂伸长率增至 441%,而其拉伸强度增至 6.34 MPa;HA 质量分数增加至 3%时,其断裂伸长率增至 499%,拉伸强度增至 10.86 MPa。由于 HA 作为无机填充料的

固有增强效果以及 SMPU 与 HA 之间可以形成氢键作用,HA 可显著增强 SMPU 电纺纤维的力学性能。然而,当 HA 的质量分数达到 5% 时,复合电纺纤维的断裂伸长率降低到 153%。这时 HA 纳米颗粒较高的表面活性使其易于团聚,而 HA 的聚集会引起纤维链间的断裂和不连续,在拉伸过程中加速了纤维的断裂。

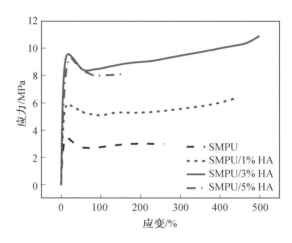

图 4.23 在 37 ℃下 SMPU/HA 复合电纺纤维的应力—应变关系曲线

图 4.24 所示为在 37 ℃下 SMPU/HA 复合电纺纤维的弹性模量。从图中可以看出,SMPU 电纺纤维的弹性模量为 94.54 MPa,添加 1%、3% 和 5% 质量分数 HA 的 SMPU/HA 复合电纺纤维的弹性模量分别增加到 146.31 MPa、167.25 MPa 和 174.99 MPa。弹性模量的变化与添加 HA 量呈正相关,HA 纳米粒子的加入提高了纤维的强度。

4.3.4 微纳米纤维的动态黏弹性

使用动态黏弹谱(DMA)检测可以考察电纺微纳米纤维膜的动态热机械性能。针对形状记忆高分子材料而言,其动态热机械性能或动态力学性能的检测结果,可为材料的形状记忆效应考察以及材料应用时对应的试样热处理工艺参数的确定等提供有价值的信息。

通过 DMA 测试形状记忆聚氨酯电纺纤维和 HA 复合的电纺纤维在 37 ℃下的动态力学性能。试验采用的是拉伸模式,其载荷频率为 1 Hz,测试温度范围为 0~60 ℃,升温速率为 3 ℃/min,样品尺寸为 30 mm×5 mm×0.3 mm,检测结果如图 4.25 所示。由图 4.25 可见,室温条件下的储存模量为 600 MPa;随着温度的升高,其储能模量迅速降低。

玻璃化转变温度是决定形状记忆聚合物变形和回复过程的主要因素。损耗

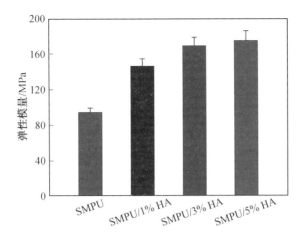

图 4.24　在 37 ℃下 SMPU/HA 复合电纺纤维的弹性模量

角正切值对应的曲线也可以反映出 SMPU 电纺纤维的玻璃化转变温度区间。由图 4.25 的损耗角正切值随温度的变化曲线可见,所制备的形状记忆聚氨酯电纺纤维膜的转变温度范围是 25～45 ℃,对应的峰值为 36.6 ℃。而热塑性形状记忆聚合物的转变温度是其 T_m,在形状固定和形状回复阶段,材料的 T_m 可对性能起到关键的作用。从图 4.25 可以看出,当温度高于 20 ℃后,材料的储能模量开始迅速降低,说明聚氨酯的软段部分开始发生转变;随温度的升高,其转变的量增加;当温度达到转变温度时,SMPU 的软段成为熔融态,此时达到损耗角正切值随温度变化曲线的对应峰值。

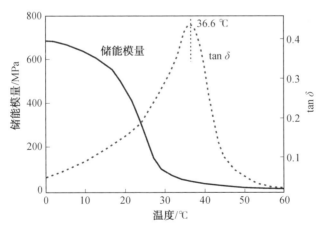

图 4.25　SMPU 电纺纤维膜的 DMA 测试中储能模量和损耗角正切值随温度变化曲线

循环热力学试验可以量化形状记忆效应,反映出材料的弹性和形状回复能力等。利用动态黏弹谱测试,体现材料完善的四步热机械循环过程中的弹性与形状变化。图 4.26 所示为 SMPU 电纺纤维膜形状记忆周期的应力－温度－应变曲线。检测分析中采用 0.01 N 的预紧力、15 μm 的冲击范围，设定频率为 1 Hz。SMPU 电纺微纳米纤维膜的形状记忆行为通过以下步骤进行测试。一般情况下，在 $T=45$ ℃下，以 0.01 MPa/min 的拉伸速率，将宽度为 5 mm、厚度为 0.3 mm 的条状膜从 0 MPa 拉伸到 0.1 MPa；在不松开试样的情况下，将变形试样以 3 ℃/min 的速度降至 0 ℃时进行固定；然后以 0.05 MPa/min 的拉伸速率将试样的应力释放到 0 MPa；再以 3 ℃/min 的速度再次加热到 45 ℃进行形状回复。由图 4.26 可见，初始应力－应变关系曲线中的加载应力达到 0.1 MPa 时，SMPU 电纺纤维膜的临时应变为 110%，根据最终应变－温度曲线可计算形状回复率为 84%。

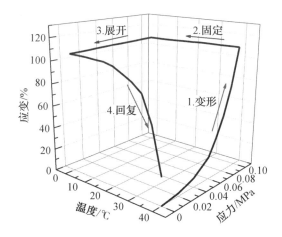

图 4.26　SMPU 电纺纤维膜形状记忆周期的应力－温度－应变曲线

为进一步研究复合纤维中 HA 含量对材料弹性与形状记忆行为的影响，采用完善的循环热机械试验，应用 DMA 检测进行四步热机械循环试验。图 4.27 所示为 SMPU/3% HA 复合电纺纤维膜的形状记忆循环应力－温度－应变曲线。

在 HA 质量分数为 3% 的 SMPU/HA 复合电纺纤维膜的形状记忆行为考察中，通过以下步骤进行测试。先加热到 45 ℃，然后冷却回 0 ℃以去除潜在的热记忆形状；再加热至 45 ℃下平衡 3 min 以获得初始形状；以 0.01 MPa/min 的拉伸速率将样品从 0 MPa 拉伸到 0.1 MPa，以获得变形应变；在不松开试样的情况下，将变形试样以 3 ℃/min 的速度降至 0 ℃进行固定；然后以 0.05 MPa/min 的拉伸速率将试样的应力释放到 0 MPa，固定形状；以 3 ℃/min 的速度再次加热到 45 ℃进行形状记忆性能检测。从图 4.27 中可以观察到，HA 质量分数为 3% 的 SMPU/HA 复合电纺纤维膜的临时应变为 190%，初始应力－应变曲线中加载

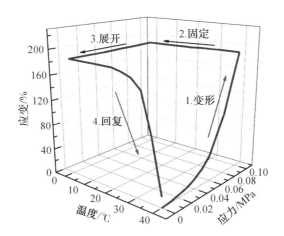

图 4.27　SMPU/3%HA 复合电纺纤维膜的形状记忆循环应力－温度－应变曲线

应力与 SMPU 相同,最终的形状回复率达到了 97%。随着 HA 纳米颗粒的加入,不只提升了 SMPU 电纺纤维膜的力学性能,同样也提升了其形状回复能力。

4.4　表面亲疏水性及其调控

4.4.1　微纳米纤维的表面亲疏水性

表面润湿现象是固体表面的主要特征之一,也是常见的一类界面现象。它不仅直接影响自然界中动植物的生命活动,而且在人类的日常生活与工农业生产中也起着重要的作用。

组织修复与再生医学中,电纺纤维膜的表面浸润特性同样非常重要,关联其特异性的吸附或解吸,以及在使用介质环境中的稳定性等。例如,部分应用场景需要材料表面具有适当的亲水性,而静电纺丝所要求的可纺性使得聚合物往往是线型的,或聚合物仅包含有限的支链结构,在这种背景下为使线型高分子在含水介质中仍能保持稳定的微观形貌,则需要在材料表面的分子层面有对应解决方案。已有研究表明,赋予生物材料超亲水性有利于细胞黏附、增殖与分化,从而提高材料在该领域的应用性能。聚酯的疏水性表面经常会引起一些应用时的不良影响,如不利于蛋白质的吸附、细菌/真菌的吸附等,以及较弱的水润湿性能。而电纺纤维的大比表面积的特性,往往会进一步加剧这些问题,如增强了对空气的截留,最终导致电纺聚酯纤维膜的疏水性明显高于相同材质以平面作为表面的疏水性。也有研究表明,当使用聚己内酯作为载药膜时,形成纺丝纤维的形态可以显著改变膜的表面润湿性和水分的迁移能力,进一步较大幅度地影响所封装药物分子的释放动力学特性。

4.4.2　表面亲疏水性及其影响因素

对材料表面亲疏水性的考察,可通过液体(水)在固体表面上的表观接触角(水接触角)的检测而获知。水接触角(water contact angle,WCA)是液/气－界面接触到固体表面时形成的角度(θ),以度(°)计,该角度值介于 0～180°之间。对于一个给定的体系,接触角的值是特定的,取决于三相界面(液/气、固/气和液/固)间的相互作用。不同材料表面的水滴浸润性图示如图 4.28 所示。当接触角小于 90°时,材料表面呈水可浸润性,角度越小则表面亲水性越强;当接触角大于90°时,材料表面呈水不可浸润性,角度越大则表面疏水性越强。疏水材料的疏水角度通常在 90°～120°之间,而当疏水角达到 150°及以上时,材料体现出超疏水性。超疏水性是一种特殊的表面现象,自然界中许多植物的茎叶和动物的羽毛,像荷叶、蝴蝶翅膀及鸭子的羽毛等都表现出超疏水性能。人们通过观察和研究发现,自然界中超疏水表面除了含有表面疏水的化学组分外,其表面多具有微纳米粗糙度的表面形貌,而这也是超疏水表面形成的关键之一。

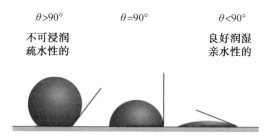

$\theta>90°$　　　　$\theta=90°$　　　　$\theta<90°$

不可浸润　　　　　　　　　　良好润湿
疏水性的　　　　　　　　　　亲水性的

图 4.28　不同材料表面的水滴浸润性图示

早在 20 世纪 30 年代,Wenzel 就对超疏水表面进行了理论研究,其认为粗糙表面将对固体表面的润湿行为进行增益和放大,即:如果平滑表面是亲水的,则粗糙表面就更加亲水;而如果平滑表面是疏水的,则粗糙表面就更加疏水。通过对粗糙表面上液滴的表面张力进行分析推导后,粗糙表面上液滴的表观接触角 θ_{real} 与本征接触角 θ_{flat} 之间的关系可表示为

$$\cos \theta_{real} = r\cos \theta_{flat}$$

(4.1)

式中,r 为粗糙度因子,即界面的实际表面积与投影表观表面积的比值。

Wenzel 理论揭示了材料表面粗糙度与材料表面表观接触角的关系。然而,一些表面具有较大表观接触角的体系却无法用 Wenzel 理论来进行解释。经过对自然界中大量具有超疏水性能的表面进行研究后,1944 年,Cassie 和 Baxter提出了复合接触的概念,即当粗糙表面上的结构尺度小到一定程度时,液滴不能完全浸润固体表面,那么截留在液滴下的空气将对表观接触角产生影响,则表观

接触角与本征接触角之间的关系可表示为

$$\cos \theta_{\text{real}} = r_{\text{f}} f \cos \theta_{\text{flat}} + f - 1 \tag{4.2}$$

式中，r_{f} 为被润湿固体表面的粗糙度因子；f 为与液滴接触的固体表面的面积分数。

　　自从 Wenzel 和 Cassie 对材料表面微观形貌和表观接触角之间的关系进行了开创性研究，并提出了相关理论模型后，许多研究者对表面形貌与表面润湿性的关系进行了更为深入的研究，并提出了相关的理论假设。1997 年，经过对大量植物表面的微观结构和表面性能的关系进行研究，Barthlott 和 Neinhuis 提出荷叶的超疏水自清洁性能是荷叶表面的蜡状晶体和表面微米级乳突状结构共同作用的结果。Feng 等通过对荷叶表面的微观结构进一步观察发现，荷叶表面微米级乳突状结构上存在纳米级的结构（例如，树枝状纳米结构）。他们认为荷叶表面的这种纳米结构，尤其是微米级乳突状结构上的纳米结构是荷叶表面具有超疏水自清洁性能的根本原因。

　　可见，固态膜表面的组成成分与表面粗糙度同时决定着材料表面的润湿性。不同的组成体系，其表面成分会贡献不同的表面能。低表面能的表面可体现良好的疏水性，因此，欲获得疏水或超疏水表面，则应尽可能选择低表面能物质所组成的体系。此外，构建适度的表面粗糙结构（如微－纳米级别的粗糙度），然后在粗糙表面上修饰低表面能材料也是获得良好疏水表面的有效途径，而低表面能材料在粗糙表面的组装方式也会对表面的化学组成和表面结构产生影响。（超）疏水材料主要通过两种途径实现：一种是在低表面能材料上构建粗糙表面；另一种是用低表面能材料对粗糙表面进行改性。目前，研究者已经通过各种方法制备出多类型的具有微－纳米阶层分形结构的（超）疏水表面，并对表面形貌与表面性能的关系进行了研究。

　　用来体现良好的表面疏水性能的低表面能材料主要有：氟碳类材料、有机长碳链材料及有机硅材料。其中，氟碳类材料具有优异的耐氧化、耐腐蚀、耐水、耐酸/碱等性能，并且具有较低的介电常数和折射系数以及较低的表面能，其作为制备超疏水材料的一类重要的低表面能材料，受到研究人员越来越多的关注。

　　电纺纤维具有的微纳米尺寸的直径范围使其具有大比表面积，而大比表面积相应可体现诸多的特性，因此，对电纺纤维膜的表面组成成分进行分析和确定会有助于揭示影响材料表面特性的重要因素；而电纺纤维的外观形貌通常对其表面润湿性的影响相对较小，因此，纤维表面润湿性的变化主要是来自于纤维表面化学组成的变化。

4.4.3　表面亲疏水性及其调控方法

1. 聚合物浓度

聚合物浓度可从两方面对纤维表面润湿性产生影响：一方面影响纤维形貌，对表面粗糙度可能产生影响；另一方面可能影响纤维表面的化学组成。而前已述及，纤维形貌对纤维表面润湿性无太大的影响。这主要是由于微纳米纤维的直径与水接触角测试的水滴直径相比要小得多，故可以认为不同浓度下的纤维已具有足够的粗糙度，也就是说纤维的表面（超）疏水性可能更多的是由其表面的组成成分引起的。

表面成分是决定表面亲水或疏水性状的主要因素，在表面富含高表面能组分和亲水性官能团，如极性官能团则能大大加强其与水的结合力和亲和力，从而体现亲水或超亲水性，如使用共聚、接枝等手段将亲水性链段或官能团引入表面从而改变其性状。而低表面能成分在表面的富集则会大大增强表面的憎水性，如在嵌段共聚物中某些嵌段会在材料表面发生富集，即发生所谓的分离效应，从而调整纤维的表面化学性质。合成拓扑学结构明确的分子结构成为使材料兼顾可纺性与形貌保持能力的方法之一。

通过原子转移自由基聚合（ATRP）技术可获得一系列具有不同嵌段长度的聚甲基丙烯酸甲酯（PMMA－Br）均聚物和聚甲基丙烯酸甲酯（PMMA）－b－聚甲基丙烯酸十二氟庚酯（PDFMA）嵌段共聚物（PMMA－b－PDFMA），对上述聚合物溶液进行静电纺丝或静电喷雾，可得到超疏水均聚物和共聚物电纺膜或电喷膜。

研究发现，在静电喷雾过程中氨丙基三乙氧基硅烷（APTES）－PMMA 上的疏水官能团—CH_3 会向膜表面离析，使得表面具有一定的疏水性，但是，由于聚合物具有一定的黏度，阻碍了—CH_3 在表面的富集程度，因此，电喷膜表面的疏水性仍较弱。

而不同组成的端 APTES 嵌段聚合物电喷膜的形貌和表面润湿性检测结果显示，聚合物的结构和组成对膜表面性能有较大的影响。增加聚合物中氟含量，可以极大地提高电喷膜的疏水性，氟质量分数为 18.3％ 的 $PMMA_{147.9}$ － b － $PDFMA_{17.5}$ 在所确定的溶液流速下形成电喷膜的疏水角可达 160°。

电喷膜表面极低的表面自由能可能源于 PDFMA 嵌段在膜表面的富集。因此，通过在聚合物侧链接枝含氟嵌段聚合物的方式，可以实现含氟组分在电纺膜或电喷膜表面的富集，进一步提升表面疏水性能。

分析认为，两个原因促进了 PDFMA 向表面迁移并在表面富集：一是在电喷过程中疏水官能团向射流表面迁移，从而降低射流表面张力，使电喷过程可以顺利进行；二是疏水官能团 DFMA 和亲水官能团—OH 都在聚合物的侧链，由于两种不相容的官能团可能是交叉存在于聚合物中，即使在 PDFMA 的不良溶剂中也很难形成 PDFMA 为核、—OH 为壳的聚集体，聚合物能够以较伸展的形式存在于溶剂中，更有利于 PDFMA 在电喷过程中向表面的离析。并且，在固化成膜过程中，—OH 键之间易于形成氢键，相应造成了 PDFMA 与—OH 发生相分离，在热力学作用力下膜表面会含有更多的 PDFMA。

2. 溶剂

溶剂可以改变聚合物溶液的性质，进而影响聚合物的表面组成。因此，溶剂是电纺过程中影响纤维形貌和表面性能的重要因素之一。

不同溶剂下所得的纤维表面具有不同的化学组成，说明在电纺过程中聚合物分子的运动形式会随着体系所使用溶剂性质的不同而有所不同。如，四氢呋喃（THF）具有较低的介电常数，因此以 THF 为溶剂的射流所受电场力的影响较小，因此溶液中将会有更多的 PDFMA 向表面迁移，以降低表面张力，因此纤维膜表面可体现更高的静态接触角和更低的迟滞角。

纤维表面化学组成的相关分析结果显示，选用适合的溶剂，在对侧链含疏水和亲水官能团的接枝聚合物进行电纺时，可以实现含氟官能团在膜表面的富集，从而以较低的氟含量得到具有优异表面性能的聚合物膜。而一种聚合物在不同的溶剂中可体现不同的自组装结构，进而影响到聚合物膜表面结构和组成的不同，这主要是因为即使是同一种低表面能材料，也有着不同的溶剂性能。例如，通过将聚合物分别溶解在 DMF 或 THF 中，使聚合物溶液质量分数均为 2%，设置电喷电压为 14 kV、溶液流速为 5 μL/min。采用静电喷雾或者流延的方式得到具有不同微观形貌的聚合物膜。图 4.29 是分别以 THF 和 DMF 为溶剂制备的 $PMMA_{135.4}$ 和 $PMMA_{181.7}$ 电喷膜的 SEM 照片（PMMA 的下角标数字代表均聚物中单体与催化剂的摩尔比），其内嵌图为水滴在膜上的光学照片。

对电喷膜的 SEM 观察结果显示，以 THF 为溶剂制备的聚合物颗粒为皱缩的球状颗粒，而以 DMF 制备的聚合物颗粒为盘状或凹陷球状颗粒，并且 THF 为溶剂制备的聚合物颗粒具有较大的尺寸。由于 THF 的沸点较低，进入静电场后 THF 快速挥发，因此制备的聚合物颗粒为皱缩的球状结构，并且具有较大的尺寸；而 DMF 具有较高沸点，其挥发速度比较慢，导致聚合物链在固化过程中有较多的时间可以进行重排，因此聚合物液滴更容易固化成盘状或凹陷的球形颗粒，且形成的颗粒尺寸相对较小。

3. 膜层厚度

在静电纺丝纤维表面构建厚度可控的纤维膜层，也可以显著改变纤维的表面特性。同轴静电纺丝可以制备芯鞘结构（也可称为核壳结构）纤维。芯层与鞘

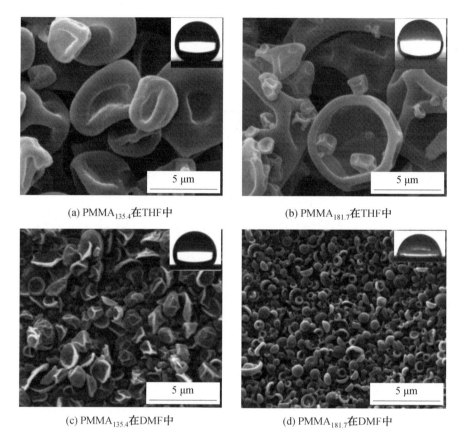

(a) PMMA$_{135.4}$在THF中   (b) PMMA$_{181.7}$在THF中

(c) PMMA$_{135.4}$在DMF中   (d) PMMA$_{181.7}$在DMF中

图 4.29 不同溶剂中 PMMA 电喷膜的 SEM 照片及膜表面水滴的光学照片

层可以采用不同性质的材料,一定程度上可以达成调控目标。这种方法制备的鞘状外壳一般具有相当的厚度(≥100 nm),对纤维的机械性能有比较显著的影响。

在材料表面引发聚合反应,理论上可以控制表面层接枝的聚合物链的长度,可调控的长度可以跨越若干个数量级。传统的表面引发自由基聚合,受链终止反应影响,对链增长的控制相当差,进而影响表面膜层厚度。可控自由基聚合,如表面引发原子转移自由基聚合(SI—ATRP),可以避免链反应的意外终止,从而制备厚度可控、成分和分子结构明确的表面涂层;SI—ATRP 可以在含水介质中进行,反应条件温和,聚合速度高,也可以获得厚度达到微米尺度内的表面层。而通过纤维表面引发官能团的直接共价接枝反应,可以获得分子级厚度的膜层。这类方法的技术难点是如何保持膜层厚度的稳定性。

4. 粗糙结构

研究聚合物对具有规则粗糙度表面的改性能力可以更好地理解聚合物结构

与性能之间的关系。具有规则粗糙度的表面可以通过很多技术来实现,例如光刻蚀法、模板法等等。

此外,改变嵌段共聚物中的组成成分,对纤维膜表面的亲疏水性的调控也较为明显。比如,高氟含量的 APTES－PMMA－b－PDFMA 纤维膜具有较低的疏水性,即使引入 PDFMA 的良溶剂 TFT,纤维膜的疏水性也未得到较大提高;而具有低氟含量的 APTES－PS－b－PDFMA 纤维膜却表现出较高的疏水性,引入 TFT 后,纤维膜的疏水性得到了进一步的提高。分析认为主要是由于 PMMA 与 PS 具有不同的结构,因此它们与 PDFMA 的嵌段聚合物纤维膜表现出不同的表面性能。

随着超疏水理论的日趋成熟,模仿自然界中具有超疏水性能生物的表面形貌,采用物理或化学的方法制备具有超疏水性能的表面成为研究的热点。低表面能组分与微纳米粗糙结构的结合可赋予材料表面超疏水性,与之相对应,高表面能组分与粗糙结构的结合也同样会赋予材料表面超亲水性的功能。

4.4.4　纤维表面(超)亲疏水性的应用

疏水和超疏水的电纺纤维膜具有大的比表面积、优异的物理和化学性能,以及强的憎水特性,使之在油水分离、非织造垫、生物医学工程领域有潜在的巨大应用价值。但作为疏水特性的低表面能组分,含氟官能团在一般有机溶剂中溶解性较差,成膜过程中难以向表面离析,增加氟含量则会带来成本的增加,同时含氟聚合物在溶剂中的溶解性变差,为采用静电纺丝制备含氟超疏水纤维带来困难,一定程度上限制了应用的广泛性和有效性。而亲水和超亲水的电纺纤维则可在油溶性体系中发挥其强的亲水憎油的功能。当水滴在材料表面的水接触角小于 $10°$,在纤维膜表面铺展为水膜,表面残留物易于被水膜层带走从而表现为自清洁功能,从而有望良好应用于油水分离、防腐耐蚀、生物医学等领域。

4.5　纤维耐水性和溶胀行为及其调控

电纺纤维上比表面积特性可使其拥有较好的吸附和负载能力,但也同时使其在水溶液的使用环境下较难保持其良好的形态稳定性,即使是使用了疏水性的聚合物作为电纺原料,也往往仍需对纤维组成或结构进行修饰和改性等,以加强其使用的稳定性,如,可采用共聚、交联等方式,或引入较高强度或机械性能的共混组分等。

在采用共聚方式提升耐水性和水可溶胀行为的研究中,有报道对温度敏感性聚合物 PVCL 与疏水性聚合物单体 MMA 的共聚物进行电纺,以增强电纺纤维膜在水中的形貌持久性和稳定性,其纤维膜的水中溶胀行为分别用水滴在表面的接触角检测以及质量法测试进行了考察,结果如图4.30所示。

切割质量约为0.2 g的PVCL—co—MMA纤维膜试样,在超纯水中充分浸泡至完全溶胀。加热至45 ℃使其脱水,再将温度降至25 ℃使其吸水溶胀,称取质量变化。以时间为横坐标,以共聚物中含水率为纵坐标绘制曲线。图中显示MMA质量分数为10%的PVCL—co—MMA显示了良好的溶胀—去溶胀循环特性,证明共聚改性后的PVCL具有高溶胀能力,能够不发生水体系中的溶解而保持纤维的形态。将PVCL—co—MMA共聚物溶解于DMF后在载玻片表面涂膜,膜干燥后置于恒温加热腔内,分别于25 ℃及45 ℃条件下测试其水接触角,如图4.30的插图所示。图中显示,在25 ℃时的PVCL—co—MMA(MMA质量分数为10%)膜表面的水接触角约为30°,为亲水性表面;在45 ℃时的膜表面的水接触角约为100°,转变为疏水性,这说明了共聚改性在加强水溶胀行为,可较大幅度溶胀仍不发生溶解的同时,仍然较好地体现了主体成分PVCL的温度敏感特性。

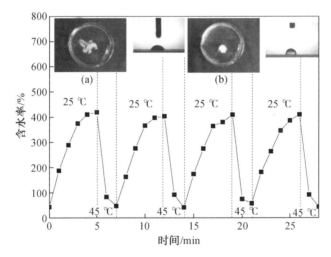

图4.30 PVCL—co—MMA纤维膜在25 ℃和45 ℃下的含水率曲线
(插图分别为共聚物溶胀(a)和去溶胀(b)的光学照片及对应温度下的接触角图片)

在采用交联方式提升耐水性和水可溶胀行为的研究中,有报道在温敏聚合物PNIPAM分别引入羧基和羟基活性官能团,将两种改性PNIPAM共聚物共纺成纤维后进行热处理,则可实现组分在纤维内部的化学交联,以此也可提升纤维在水环境中的结构稳定性。为此,将β—环糊精的单体分子中引入乙烯基后(双键插入β—CD分子中形成Ac—β—CD)与NIPAM单体共聚得到具有羟基官能团的p(NIPAM—co—β—CD)共聚物,将NIPAM单体与MAA单体共聚,得到具有羧基官能团的p(NIPAM—co—MAA)共聚物,将两种共聚物以一定比例配制成纺丝液制备静电纺丝纤维,再将制备得到的静电纺丝纤维进行热处理,最终得到p(NIPAM—co—β—CD)/p(NIPAM—co—MAA)交联电纺纤维。通过调节热处理时间探讨了纤维的交联效果及水体系中的形态稳定性。

通过扫描电镜观察了静电纺丝纤维的形貌,如图 4.31 所示。所制备的纤维表面光滑、取向随机,其平均直径为 0.92 μm。由图 4.31(c)所示,由于 p(NIPAM－co－β－CD)和 p(NIPAM－co－MAA)共聚物均易溶解于水中,故未交联的纤维在 25 ℃的水溶液中易发生溶解。与未交联的纤维相比,采用热处理方法通过羧基和羟基的酯化反应等来稳定结构,使得热处理后的交联纤维形态和平均直径未发生明显变化,但交联纤维浸入水溶液后,较好保持了初始形态。如图 4.31(e)~(g)所示,随着热处理时间的延长,纤维的水稳定性增强。经过 12 h 热处理后的纤维,在水溶液中的稳定性更为优异(图 4.31(g))。

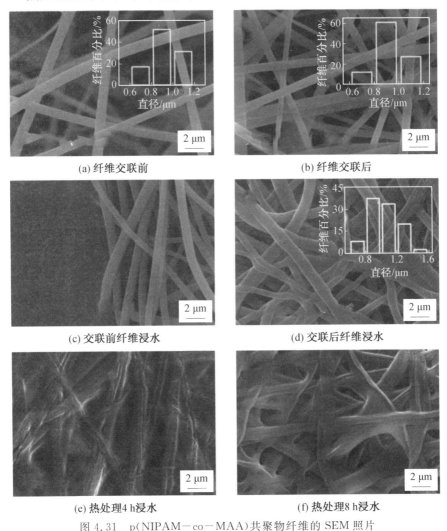

(a) 纤维交联前   (b) 纤维交联后

(c) 交联前纤维浸水   (d) 交联后纤维浸水

(e) 热处理4 h浸水   (f) 热处理8 h浸水

图 4.31 p(NIPAM－co－MAA)共聚物纤维的 SEM 照片

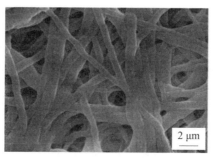

(g) 热处理12 h浸水

续图 4.31

进一步考察了纤维在不同 pH 和温度条件下的形貌,结果如图 4.32 所示。25 ℃时在不同 pH 介质中浸泡后(图 4.32(a)、(b)、(c)),纤维分布仍较为均匀、表面较为光滑,表明所制备的纤维在酸性、中性、碱性的水溶液环境中均能保持形貌的稳定。随着 pH 从 3.0 增加到 11.0,纤维的平均直径从 1.02 μm 增加到 1.13 μm,说明在不同 pH 下纤维有所膨胀,这主要是因为交联反应后,纤维内部残留的羧基有随着 pH 从酸性增加至碱性而逐渐脱质子的趋势。将纤维浸入 55 ℃的水溶液中,观察其在不同 pH 条件(分别为 3.0、7.0、11.0)下的形貌稳定性,结果如图 4.32(d)、(e)和(f)所示。在 55 ℃条件下,随着 pH 从 3.0 增加到 7.0,纤维的平均直径从 0.57 μm 增加至 0.80 μm。不同温度下的纤维直径变化,可能是由于温度从 25 ℃到 55 ℃时,温敏聚合物 PNIPAM 由亲水性向疏水性转变(该聚合物的亲水到疏水的转变温度点约为 32 ℃)。

电纺纤维在不同 pH 下的不溶性也可以反映其水溶液体系中的形态稳定性。p(NIPAM－co－β－CD)/p(NIPAM－co－MAA)交联电纺纤维在不同 pH(pH＝3.5、5.0、7.0、9.0、11.0)的水中浸泡 48 h 后,其残余质量的计算结果如图 4.33(a)所示。由图可见,共聚物在不同 pH 的水中的不溶物质量分数均在 99%

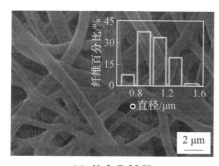

(a) pH=3, T=25 ℃

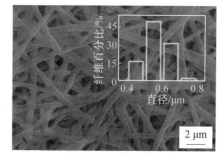

(d) pH=3, T=55 ℃

图 4.32　纤维在不同温度和 pH 条件下的 SEM 照片及平均直径分布

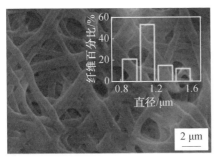
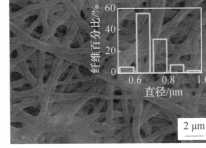

(b) pH=7, T=25 ℃　　　　　　　　　(e) pH=7, T=55 ℃

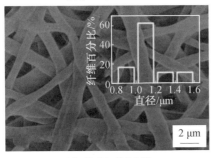
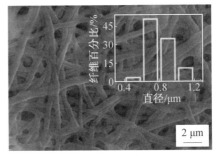

(c) pH=11, T=25 ℃　　　　　　　　　(f) pH=11, T=55 ℃

续图 4.32

以上;经过交联处理后,随着 pH 的增加,不溶物的百分含量变化不明显。此外,浸泡 48 h 后仍能观察到光滑平整的纤维及其相对狭窄的直径分布,交联有利于保持纤维在水溶液中的稳定性。

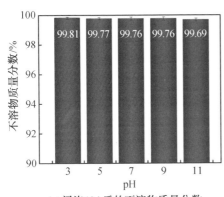
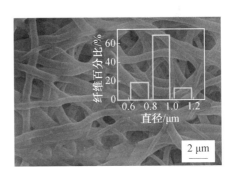

(a) 浸泡48 h后的不溶物质量分数　　　　(b) 浸泡48 h后的SEM照片及直径分布

图 4.33　交联电纺纤维在不同 pH 下的不溶物质量分数及微观形貌

纤维在水环境中的 pH 响应性溶胀行为,可通过将纤维浸入不同 pH 的水溶液中,考察并计算其溶胀率而获得。如图 4.34(a)所示,pH 为 3.0 时的纤维溶胀率为 4 269.37%;pH 增至 9.0,其溶胀率增至 6 108.25%,这可能是因为此时的纤维中羧基脱质子化形成羧酸根离子,即羧酸根离子之间的静电斥力作用导致纤维溶胀率的增加。而纤维的截面照片也证实了纤维厚度会随 pH 的增加而增加。当 pH 从 9.0 增至 11.0,纤维的溶胀率略有下降,这可能是由于较高 pH 下的反离子效应(Na$^+$)。

通常,材料的温度敏感性能使其溶胀率会随温度的变化而变化。在 25~85 ℃的温度范围内,交联电纺纤维在 pH 为 3.0 的水溶液中达到溶胀溶胀平衡后,纤维的溶胀率计算结果,如图 4.34(b)所示。当温度低于 40 ℃时,纤维的溶胀率较高;随温度升至 55 ℃,其溶胀率迅速下降,这主要是由于纤维中的 PNIPAM 在 45 ℃下由亲水性转变为疏水性。纤维溶胀率由 6 108.25% 减至 41.17%,表现出一种非常有效的温度响应性溶胀行为。光学照片(图 4.34(c))反映了纤维在水中(25~65 ℃)的形貌变化,对应了纤维的温度响应行为。

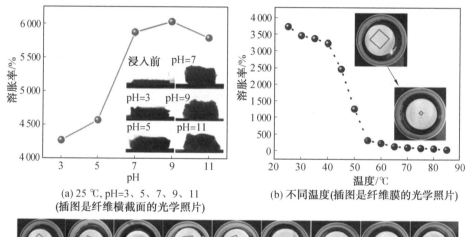

(a) 25 ℃, pH=3、5、7、9、11
(插图是纤维横截面的光学照片)

(b) 不同温度(插图是纤维膜的光学照片)

(c) 纤维膜在不同温度水溶液中的光学照片

图 4.34　纤维在不同条件下的溶胀率及光学照片

交联纤维在不同温度和 pH 条件下,其水溶液中的溶胀率随时间的变化由图 4.35(a)所示。在 25 ℃和 pH 为 9.0 时,其溶胀率先迅速增加而后缓慢变化至稳定状态,最大值为 6 942.20%,这得益于材料在该温度下的良好亲水能力;在 55 ℃时,纤维浸入水溶液的数秒内,其溶胀率迅速增加至其最大值(301.74%),在随后的 10 min 内,溶胀率迅速下降并稳定为 129.10%,这表明材料在高温下的疏水性限制了溶胀能力。交联纤维的溶胀率在 pH 为 3.0 时也有类似的变化趋势,如图 4.35(b)所示,但纤维在 pH 为 3.0 时的最大溶胀率远低于 pH 为 9.0 时的溶胀率。

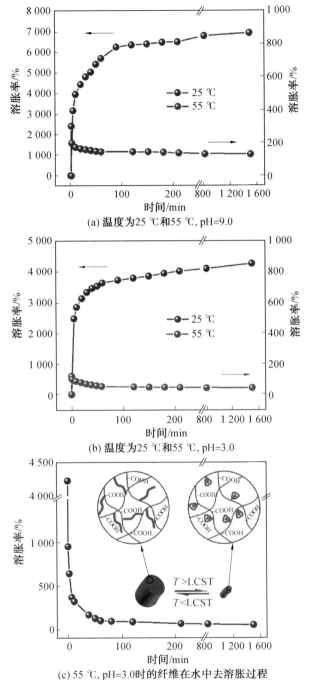

(a) 温度为25 ℃和55 ℃, pH=9.0

(b) 温度为25 ℃和55 ℃, pH=3.0

(c) 55 ℃, pH=3.0时的纤维在水中去溶胀过程

图 4.35　纤维在不同条件下的溶胀率和表面 Zeta 电位检测结果

((c)和(d)中插图是纤维的温度响应示意图)

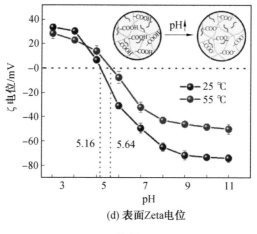

(d) 表面Zeta电位

续图 4.35

纤维溶胀率与时间的关系还可以考察出纤维的溶胀行为的变化情况。将在 25 ℃(pH 为 9.0)水溶液中达到平衡溶胀后的样品放入 55 ℃(pH 为 3.0)水溶液中,检测结果如图 4.35(c)所示,纤维在 8 min 内的溶胀率迅速下降,表明纤维的去溶胀速率很快,其溶胀率由 4 178.37% 降至 54.05%,也表明其有良好的温度响应去溶胀行为。在交联反应后,通过对纤维表面电荷的 Zeta 电位测定,进一步可以考察残留的羧基所提供的 pH 响应特性,结果如图 4.35(d)所示。在 25 ℃和 55 ℃下,随 pH 的增加,纤维表面电荷呈负向增加,这种负离子方向的增加可以解释为羧基去质子化导致溶液中负电荷增加。而在 55 ℃时,纤维的表面电荷量明显减少,其零电点 pH(pH_{PZC})(为 5.64)提高较多,这是因为在该温度条件下的纤维疏水性会导致交联纤维中羧基呈现较弱的去质子化效应。

本章参考文献

[1] 邵晔. 有序纳米纤维的制备及其在各向异性材料中的应用[D]. 南京：东南大学，2009.

[2] MATTHEWS J A，WNEK G E，SIMPSON D G，et al. Electrospinning of collagen nanofibers[J]. Biomacromolecules，2002，3(2)：232-238.

[3] CHEW S Y，WEN J，YIM E K，et al. Sustained release of proteins from electrospun biodegradable fibers[J]. Biomacromolecules，2005，6(4)：2017-2024.

[4] LI D，WANG Y L，XIA Y N. Electrospinning of polymeric and ceramic nanofibers as uniaxially aligned arrays[J]. Nano Letters，2003，3(8)：1167-1171.

[5] THERON A，ZUSSMAN E，YARIN A L. Electrostatic field-assisted alignment of electrospun nanofibres[J]. Nanotechnology，2001，12（3）：384-390.

[6] ZHANG D M，CHANG J. Patterning of electrospun fibers using electro-conductive templates[J]. Advanced Materials，2007，19（21）：3664-3667.

[7] YANG D Y，LU B，ZHAO Y，et al. Fabrication of aligned fibrous arrays by magnetic electrospinning［J］. Advanced Materials，2007，19（21）：3702-3706.

[8] PHAM Q P，SHARMA U，MIKOS A G. Electrospinning of polymeric nanofibers for tissue engineering applications：a review［J］. Tissue Engineering，2006，12(5)：1197-1211.

[9] XU C Y，INAI R，KOTAKI M，et al. Aligned biodegradable nanofibrous structure：a potential scaffold for blood vessel engineering［J］. Biomaterials，2004，25(5)：877-886.

[10] LIU H Q，KAMEOKA J，CZAPLEWSKI D A，et al. Polymeric nanowire chemical sensor[J]. Nano Letters，2004，4(4)：671-675.

[11] BOGNITZKI M，CZADO W，FRESE T，et al. Nanostructured fibers via electrospinning[J]. Advanced Materials，2001，13(1)：70-72.

[12] YANG X L，WANG J W，GUO H T，et al. Structural design toward functional materials by electrospinning：a review[J]. E-Polymers，2020，20(1)：682-712.

[13] QI Z H，YU H，CHEN Y M，et al. Highly porous fibers prepared by electrospinning a ternary system of nonsolvent/solvent/poly（L-lactic acid）［J］. Materials Letters，2009，63(3/4)：415-418.

[14] BOGNITZKI M，FRESE T，STEINHART M，et al. Preparation of fibers with nanoscaled morphologies：electrospinning of polymer blends ［J］. Polymer Engineering & Science，2001，41(6)：982-989.

[15] GUPTA A，SAQUING C D，AFSHARI M，et al. Porous nylon-6 fibers via a novel salt-induced electrospinning method［J］. Macromolecules，2009，42(3)：709-715.

[16] ZHAO R，SHI X Y，MA T T，et al. Constructing mesoporous adsorption channels and MOF-polymer interfaces in electrospun composite fibers for effective removal of emerging organic contaminants［J］. ACS Applied Materials & Interfaces，2021，13(1)：755-764.

[17] SHI D J，ZENG J F，YE J，et al. Detection and removal of metal ion

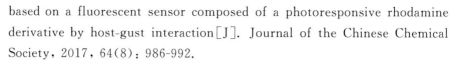

based on a fluorescent sensor composed of a photoresponsive rhodamine derivative by host-gust interaction[J]. Journal of the Chinese Chemical Society, 2017, 64(8): 986-992.

[18] HU J, SHAO D D, CHEN C L, et al. Plasma-induced grafting of cyclodextrin onto multiwall carbon nanotube/iron oxides for adsorbent application [J]. Journal of Physical Chemistry B, 2010, 114 (20): 6779-6785.

[19] ALSBAIEE A, SMITH B J, XIAO L L, et al. Rapid removal of organic micropollutants from water by a porous beta-cyclodextrin polymer[J]. Nature, 2016, 529(7585): 190-194.

[20] MAURIN G, SERRE C, COOPER A, et al. The new age of MOFs and of their porous-related solids[J]. Chemical Society Reviews, 2017, 46 (11): 3104-3107.

[21] HONG G S, LI X, SHEN L D, et al. High recovery of lead ions from aminated polyacrylonitrile nanofibrous affinity membranes with micro/nano structure[J]. Journal of Hazardous Materials, 2015, 295: 161-169.

[22] 周一凡,郑飔,周剑锋,等. 温度响应性中空纳米纤维膜的制备和表征[J]. 材料研究学报, 2018, 32(5): 327-332.

[23] 李树锋,程博闻,罗永莎,等. 聚丙烯腈基活性中空碳纳米纤维制备及其性能[J]. 纺织学报, 2019, 40(10): 1-6.

[24] MORELLI S, PISCIONERI A, SALERNO S, et al. Hollow fiber and nanofiber membranes in bioartificial liver and neuronal tissue engineering [J]. Cells Tissues Organs, 2022, 211(4): 447-476.

[25] 滕乐天,赵康,王红珍,等. 静电纺丝技术制备 TiO_2/NiO 复合中空纳米纤维及光催化性能[J]. 人工晶体学报, 2014, 43(12): 3175-3179.

[26] 徐淑芝,董相廷,盖广清,等. 三层同轴静电纺丝技术制备 $TiO_2@SiO_2$ 同轴双壁亚微米管及光催化性能研究 [J]. 化学学报, 2012, 70 (15): 1660-1666.

[27] LEE B S, YANG H S, YU W R. Fabrication of double-tubular carbon nanofibers using quadruple coaxial electrospinning[J]. Nanotechnology, 2014, 25(46): 465602.

[28] YANG X X, MAO L C, PENG W, et al. Synthesis of double-layered $NiCo_2O_4$-nanosheet-loaded PAN/lignin-based hollow carbon nanofibers for high-performance supercapacitor [J]. Chemistryselect, 2020, 5 (8): 2602-2609.

[29] HONG S，LEE S，PAIK U. Core-shell tubular nanostructured electrode of hollow carbon nanofiber/manganese oxide for electrochemical capacitors [J]. Electrochimica Acta，2014，141：39-44.

[30] ZENG T B，FENG D，LIU Q，et al. Confining nano-GeP in nitrogenous hollow carbon fibers toward flexible and high-performance lithium-ion batteries[J]. ACS Applied Materials & Interfaces，2021，13（28）：32978-32988.

[31] HWANG S H，KIM Y K，HONG S H，et al. Cu/CuO@ZnO hollow nanofiber gas sensor：effect of hollow nanofiber structure and P-N junction on operating temperature and sensitivity[J]. Sensors，2019，19（14）：3151.

[32] YANG J Q，HAN W J，MA J，et al. Sn doping effect on NiO hollow nanofibers based gas sensors about the humidity dependence for triethylamine detection[J]. Sensors and Actuators B：Chemical，2021，340：129971.

[33] YANG C Y，YANG Y，ZHANG C X，et al. High selectivity of Ag-doped Fe_2O_3 hollow nanofibers in H_2S detection at room operating temperature [J]. Sensors and Actuators B：Chemical，2021，341：129919.

[34] 姚怡媛，王超海，晏鑫，等. 硼－氮共掺杂中空碳纳米纤维的制备及其活化过一硫酸盐降解双酚 A 的性能研究[J]. 环境科学学报，2021，41(7)：2774-2784.

[35] 刘瑞红，周全，杨帆，等. PVDF 中空纳米纤维的制备及其固定化酶的性能研究[J]. 太原理工大学学报，2022，53(1)：36-43.

[36] BI J，WU Y B，ZHAO H Y，et al. Preparation and photocatalytic properties of La_2CoFeO_6 bamboo-like hollow nanofibers[J]. Journal of Inorganic Materials，2015，30(10)：1031-1036.

[37] JAFRI N N M，JAAFAR J，ALIAS N H，et al. Synthesis and characterization of titanium dioxide hollow nanofiber for photocatalytic degradation of methylene blue dye[J]. Membranes，2021，11(8)：581.

[38] SHI H F，FU J C，JIANG W，et al. Construction of g-C_3N_4/$Bi_4Ti_3O_{12}$ hollow nanofibers with highly efficient visible-light-driven photocatalytic performance ［ J ］. Colloids and Surfaces A：Physicochemical and Engineering Aspects，2021，615：126063.

[39] HUANG W Y，HASHIMOTO N，KITAI R，et al. Nanofiber-mâché hollow ball mimicking the three-dimensional structure of a cyst[J].

Polymers，2021，13（14）：2273.

[40] BHATTARAI D P，TIWARI A P，MAHARJAN B，et al. Sacrificial template-based synthetic approach of polypyrrole hollow fibers for photothermal therapy[J]. Journal of Colloid and Interface Science，2019，534：447-458.

[41] WENZEL R N. Resistance of solid surfaces to wetting by water[J]. Industrial and Engineering Chemistry，1936，28（8）：988-994.

[42] CASSIE A B D，BAXTER S. Wettability of porous surfaces[J]. Transactions of the Faraday Society，1944，40（0）：546-551.

[43] BARTHLOTT W，NEINHUIS C. Purity of the sacred lotus，or escape from contamination in biological surfaces[J]. Planta，1997，202（1）：1-8.

[44] FENG L，LI S H，LI Y，et al. Super-hydrophobic surfaces：from natural to artificial[J]. Advanced Materials，2002，14（24）：1857-1860.

[45] QIAN B T，SHEN Z Q. Fabrication of superhydrophobic surfaces by dislocation-selective chemical etching on aluminum，copper，and zinc substrates[J]. Langmuir，2005，21（20）：9007-9009.

[46] LARMOUR I A，BELL S E J，SAUNDERS G C. Remarkably simple fabrication of superhydrophobic surfaces using electroless galvanic deposition [J]. Angewandte Chemie-International Edition，2007，46（10）：1710-1712.

[47] QU M N，ZHANG B W，SONG S Y，et al. Fabrication of superhydrophobic surfaces on engineering materials by a solution-immersion process[J]. Advanced Functional Materials，2007，17（4）：593-596.

[48] BHUSHAN B，HER E K. Fabrication of superhydrophobic surfaces with high and low adhesion inspired from rose petal[J]. Langmuir，2010，26（11）：8207-8217.

[49] GAO L C，MCCARTHY T J. The "lotus effect" explained：two reasons why two length scales of topography are important[J]. Langmuir，2006，22（7）：2966-2967.

[50] WANG W，ITOH S，KONNO K，et al. Effects of schwann cell alignment along the oriented electrospun chitosan nanofibers on nerve regeneration [J]. Journal of Biomedical Materials Research Part A，2009，91A（4）：994-1005.

[51] CUI N Y，BROWN N. Modification of the surface properties of a poly-

propylene(PP)film using an air dielectric barrier discharge plasma[J].
Applied Surface Science，2002，189(1/2)：31-38.

[52] 倪华钢，薛东武，王晓芳，等. 氟化嵌段共聚物组成、溶液性质与其固化后的表面结构[J]. 中国科学(B 辑：化学)，2008，38(10)：914-921.

[53] KAPLAN J，GRINSTAFF M. Fabricating superhydrophobic polymeric materials for biomedical applications[J]. Jove-Journal of Visualized Experiments：JoVE，2015，2015(102)：e53117.

[54] FENG X J，JIANG L. Design and creation of superwetting/antiwetting surfaces[J]. Advanced Materials，2006，18(23)：3063-3078.

[55] MA M L，HILL R M. Superhydrophobic surfaces[J]. Current Opinion in Colloid & Interface Science，2006，11(4)：193-202.

[56] SHIN S H，PUREVDORJ O，CASTANO O，et al. A short review：recent advances in electrospinning for bone tissue regeneration[J]. Journal of Tissue Engineering，2012，3(1)：1-11.

[57] LI W，YU Q，YAO H，et al. Superhydrophbic hierarchical fiber/bead composite membranes for efficient treatment of burns [J]. Acta Biomaterialia，2019，92(1)：60-70.

第 5 章

微纳米纤维与智能响应效应

5.1 引 言

再生医学中对材料或体系的智能响应需求,主要来自于生长因子的控制释放,以及组织工程支架的仿生结构等。干细胞的分化与体内的微环境和内源性因素密切相关;原生组织可以通过生物化学、物理信号之间复杂的、相互依存的级联变化协调自身的功能。这些变化在"细胞过程"中常是因空间、时间而变化的。相较而言,静态组织工程支架无法模仿原生细胞外基质的动态变化。刺激响应支架可以成为模仿原生组织重要特征的平台,通过具备刺激响应能力的工程生物材料,对细胞相容性刺激做出响应而改变化学和物理特性,在体外重现细胞生长所需动态环境,因时因地为干细胞分化提供指令。此外,在肿瘤修复治疗中,人们总是期望在满足治疗效果的同时尽量减少药物剂量,且不产生对身体的毒副作用。尤其是针对恶性肿瘤的治疗药物多数是具有较大毒性,通过载体实现定向和定点给药,以及避免对身体其他部位造成影响,一直是该领域追求的目标之一。将刺激响应性载体与药物结合,可使药物的作用效率得到较大提高。而在设计刺激响应载体时,至关重要的特性指标包括:载体可保护所封装的药物;药物需在特定部位靶向释放;药物的释放可以通过病灶特异性刺激进行调节。

智能材料可因外界环境的微小变化而引起相对较大的物理或化学变化。因种类不同,智能材料可对多种刺激信号产生响应。其中只需通过简单的设计即可实现将外部能量转换为有意义信号的材料是最具应用前景的,也是材料设计中追求的目标。常见的信号包括光信号、热信号、电场信号、超声信号和磁场信号等。这些信号单独或联合作用于生物材料支架或生物材料载体,诱导变化或响应,进而将刺激转化为细胞的触发信号或活性物的释放信号。这种方案的优点是可以在时间和空间上控制刺激,从而能够根据需要精确控制细胞层面的行为;此外,生物材料响应的程度(例如,分子释放量、材料应变等)可以通过施加的外部信号的强度进行调整,实现更好的控制。

　　智能材料中用于再生医学领域的多为智能高分子类型或以其为基体的复合体系。这类聚合物可以识别外界的信号和判断信号的大小,从而做出相应的响应。根据智能高分子的刺激响应性信号源的不同,可以分为物理刺激和化学刺激。再生医学中的刺激响应效应包括温度响应、光响应、磁响应、pH 响应、葡萄糖响应、蛋白质响应等;刺激信号不仅包括体内信号,还包括外界信号。化学刺激(如 pH、离子因素等)可以在分子水平上改变聚合物链间的相互作用,或者改变聚合物和溶剂之间的相互作用;物理刺激(例如温度、磁场等)会在某一临界点时改变分子间的作用。有些高分子刺激响应系统结合了两种或更多种的刺激响应机制,例如,温度响应性高分子也可以因为 pH 的改变而有所响应,这种将两种或多种刺激信号同时应用在一种聚合物中的系统,称为多重响应聚合物系统。聚合物的响应行为也是多样的,如沉淀、溶解、降解、溶胀、坍塌、形状变化、构象变化等。在医学应用中,响应聚合物会根据人体内环境(如 pH 或温度等)或外界信号(光、电、磁等)的不同自然地发生变化,而这些刺激信号的变化恰是由某些疾病而产生或与某些疾病状态或治疗状态等相关,这样就能够将疾病信息与刺激响应聚合物联系在一起。刺激响应聚合物载体传递活性物质的示意图如图5.1所示。

图 5.1　刺激响应聚合物载体传递活性物质的示意图

　　如图 5.1 所示,智能高分子药物载体随体内循环传递于体内特定部位,在病灶部位信号或外界信号刺激下,跟踪疾病的信号变化,产生响应行为并定点定时释放药物。外界的刺激能够引起聚合物发生物理或化学的变化,就分子水平来说,聚合物的分子链可以有不同的变换方式,包括亲水-疏水的转变、结构的变化、溶解性的变化以及降解行为的改变等。随着科学的进步与技术的发展,目前用于再生医药的智能材料多数是多重响应的复合材料。

5.2 温度响应原理及材料

5.2.1 温度响应原理

由于某些疾病的症状和温度的变化密切相关,温度响应聚合物(也称为温度敏感聚合物或温敏聚合物)在医药领域的研究和应用越来越受到重视。如,创面或病变部位由于代谢异常且往往伴随着炎症,则会产生一个异于正常部位的温度信号。温度响应聚合物的特征是通常具有一个临界共溶温度(CST)。在 CST 温度附近,随着水溶液温度的变化,聚合物会发生亲水性和疏水性的转变。这个变化过程发生在较小的温度区间。产生这一现象的原因是分子间或分子内氢键作用导致分子链的收缩或伸展。

温度高于 CST 时,聚合物形成均匀的水溶液相;而温度低于 CST 时,聚合物和水介质发生相分离,这个温度称为最高临界共溶温度(UCST);相反,如果聚合物溶液在某一温度以下呈现均相,而在此温度以上呈现多相,那么这个温度称为最低临界共溶温度(LCST)。LCST 型温敏聚合物在温度低于 LCST 时是亲水的溶解/溶胀状态,在温度高于 LCST 时是亲脂的不溶状态。此类聚合物在温度由 LCST 以下升高到 LCST 以上时,会发生体积-物相转变并排出网络结构中所包含的溶剂;而 UCST 型温敏聚合物的相变行为则与此相反。

LCST 和 UCST 响应类型的定义并不局限于水性溶液,但是只有水性体系受到了生物医药应用行业的关注。多数 UCST 型温敏聚合物的临界温度偏离生物体温的幅度较大,而 LCST 型温敏聚合物的临界共溶温度与生物体温接近,因此 LCST 型温敏聚合物在生物医药领域研究较多。温度响应聚合物在 LCST 附近发生亲疏水变化及体积相转变,导致聚合物溶液由均相相体系向非均相体系转变,发生微观相分离,并伴随吸光度的明显变化,LCST 点因此又称云点(cloud point)。

作为典型的温度敏感聚合物之一的聚 N-异丙基丙烯酰胺(PNIPAM),其在温度信号下发生可逆物理变化的原因是胺基水化程度的变化。Graziano 等通过研究建立了 PNIPAM 温度响应模型。按照该模型,PNIPAM 的分子中既含有疏水的异丙基基团也含有亲水的酰胺基团,其中酰胺基团可以与水产生强烈的氢键作用。在温度低于临界共溶温度(约 32 ℃)时,PNIPAM 中亲水性的酰胺基团处于分子链团的外侧并与水形成分子间氢键;水分子之间由于氢键作用发生搭桥,并形成水化的聚合物外层,水合分子的数目可以通过介电弛豫技术得到测试和反映。此时疏水的碳链主链位于分子链团的内侧,高分子链段与水的相容性得到提高,聚合物的亲水性占主导地位,整个分子链表现亲水性能。当温度超过 32 ℃时,PNIPAM 与水相互作用的氢键发生了变化,酰胺官能团对水分子的作用减弱,酰胺与水的氢键被破坏;同时异丙基等疏水性官能团的疏水性增强,疏水性官能团与酰胺官能团形成分子内氢键,碳链立体结构发生翻转,PNIPAM 大分子的异丙基暴露在外,疏水的碳链位于分子链团的外侧,形成疏水层,并挤出原有的水分,大分子碳链疏水部分的溶剂化层也随之被破坏;且由于熵弹性的作用 PNIPAM 分子链会形成疏水线团,其高分子链段彼此团聚在了一起,宏观上表现为聚合物的疏水性占主导地位。综上,通过氢键的变化表现出了 PNIPAM 的温敏性能。温敏聚合物 PNIPAM 分子的温度响应机理示意图如图 5.2 所示。温敏聚合物水化状态的变化可以导致体积相转变,反映聚合物分子内与分子间竞争形成氢键及与水发生溶剂化作用的倾向。温敏聚合物的相转变伴随着聚合物分子从"线团"到"球状"的转变;聚合物的溶解过程和聚合物分子周围水分子的有序排列之间存在着熵效应平衡。

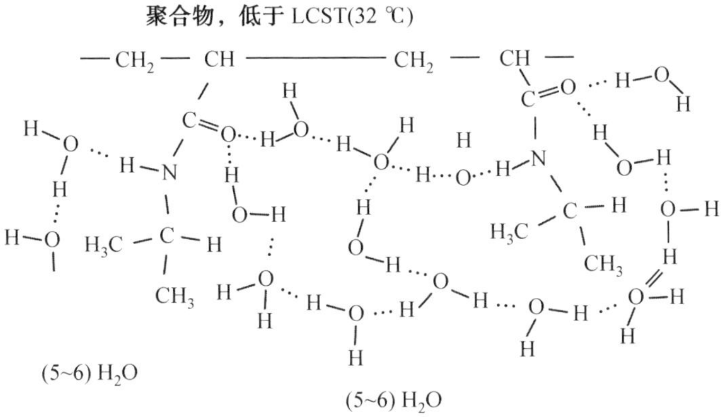

聚合物,低于 LCST(32 ℃)

(5~6) H₂O

(5~6) H₂O

图 5.2　温敏聚合物 PNIPAM 分子的温度响应机理示意图

除了聚 N－异丙基丙烯酰胺,典型的 LCST 型温敏聚合物还有聚 N－乙烯基己内酰胺(PNVCL)、聚氧乙烯－聚环氧乙烷－聚氧乙烯共聚物(PEO－PPO－PEO)、PEO－b－PPO 嵌段共聚物和聚乳酸－聚乙烯醇－聚乳酸共聚物(PLLA－PEG－PLLA)等。PNIPAM 的同系列聚合物中,聚 N,N－二乙基丙烯酰胺(PDEAM)的 LCST 与 PNIPAM 接近,但 PDEAM 的 LCST 受聚合物立构规整度影响较大;而聚甲基乙烯基醚(PMVE)的水溶液显示 Flory－Huggis Ⅲ 型混溶特性,其 LCST 为 37 ℃,与人体体温非常接近,这使其在生物医学领域具有很高的应用价值,但 PMVE 须在惰性条件下通过阳离子聚合制备,在合成过程中不允许出现亲核试剂如醇或氨基等,一定程度上限制了 PMVE 的应用。典型的 UCST 型温敏聚合物主要是丙烯酰胺(AAm)和丙烯酸(AAc)的共聚物等。聚丙烯酸和聚丙烯酰胺的互穿网络是生物医学领域少数具有 UCST 行为的材料,所体现 UCST 型特性是来自 AAc 和 AAm 单元之间氢键的协同效应,其 UCST 约为 25 ℃。丙烯酸和丙烯酰胺物质的量配比为 1:1 的共聚物也有类似的性质,该共聚物可用于制备水凝胶。

温敏聚合物在生物医药领域最早被用作细胞培养的基底。组织工程中培养的多为贴壁细胞。贴壁细胞的生长必须有可以贴附的支持物表面,同时要求该表面具有一定的亲水性。贴壁细胞依靠细胞外基质和黏附分子附着在载体表面,在培养完成后需要使用蛋白水解酶对细胞组织进行处理,以实现与载体的剥离,蛋白水解酶会损伤膜蛋白分子,损害细胞的功能,因此亟须便于贴壁细胞分离的材料制备细胞培养基底。温敏聚合物在温度高于(或低于)LCST 时不易溶于水,但其凝胶中仍包含大量溶剂,可以提供细胞贴壁生长的表面;而在温度低于(或高于)LCST 时可以溶解于水,利于成型细胞组织的剥离,是用于细胞培养的较为理想的材料,如图 5.3 所示。

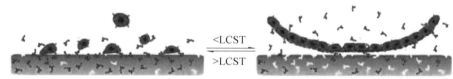

图 5.3　温敏聚合物表面细胞培养与剥离示意图

在生物分子吸附类材料的研究中,温敏聚合物主要用于制备亲和吸附沉淀中配体的载体、分子印迹聚合物的骨架以及蛋白质亲和吸附的配体等。均聚的温敏聚合物用于蛋白质吸附时,主要依靠自身亲疏水能力的变化,依靠生物分子疏水作用力的差异实现选择性吸附。但均聚温敏聚合物与生物分子间的疏水作用力通常较弱,选择性相对较差;如能向温敏聚合物引入与蛋白质中氨基酸残基形成互补结构的官能团,则可提升其对蛋白的吸附能力和选择性。此类研究中,聚合物常被制备或组装成具有较高比表面积的微米和/或纳米形态。分子印迹聚合物在使用中,需要通过骨架的溶胀实现模板分子的脱除,又要求聚合物能逆向恢复为与蛋白质契合的空间结构,而温敏聚合物的显著特点之一就是其可逆的热致体积变化的能力,因此,温敏聚合物可以通过调整温度实现聚合物网络结构的溶胀与恢复,适合充当分子印迹聚合物的基体。如果在温敏聚合物的单体溶液中加入目标蛋白质做模板,待单体在蛋白质表面达到吸附平衡后引发聚合,则获得的分子印迹聚合物对目标蛋白质可体现较强的吸附能力。由温敏聚合物合成蛋白质亲和吸附配体的研究,主要依据蛋白冠(protein corona)理论,其认为聚合物在蛋白质环境中时,聚合物粒子表面在静电引力、疏水作用力、氢键的共同作用下会形成蛋白冠。蛋白冠是蛋白质混合液中各成分竞争吸附的产物,是弱吸附成分被强吸附成分取代的动态过程的结果(图 5.4)。通过向温敏聚合物引入蛋白质残基的互补官能团,调整聚合物材料的组分,可以对蛋白冠成分进行调整,从而实现对目标分子的选择性吸附。该理论认为溶解状态的聚合物链是柔性链,可以自由翻转,从而与目标分子在空间结构上契合;而残基互补官能团的空间密度可以大幅影响材料对目标分子的吸附能力。

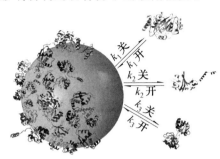

图 5.4　聚合物粒子表面蛋白冠形成示意图

5.2.2　温度响应聚合物

1. 聚 N-异丙基丙烯酰胺(PNIPAM)

聚 N-异丙基丙烯酰胺是研究较多的温度敏感聚合物,也是美国 FDA 批准的生物医用材料之一。PNIPAM 的生物相容性好,且其 LCST 为 32～33 ℃,与人体生理温度接近,也因此使其成为非常有价值的温敏类材料之一,广泛应用在药物传递领域作为药物的载体材料。PNIPAM 的 LCST 受分子量和浓度的影响较小,可以通过改变分子中的烷基结构与长度来调整,也可以通过和其他单体共聚来改变其亲/疏水平衡,实现对 LCST 的调整;其与疏水性单体共聚会导致其LCST 降低,而与亲水性单体共聚则使其 LCST 升高。

PNIPAM 的 LCST 点测试可采用透过率的方法获得,将其 LCST 定义为500 nm 处的溶液光学透过率达到 50％时所对应的温度点或区间。采用这种方法测试合成的 PNIPAM 的 LCST,其结果如图 5.5 所示。

由图 5.5 可见,在 31 ℃时,溶液的透过率为 92％;而在 32 ℃时,溶液的透过率只有 0.4％。故 32 ℃可被视作 PNIPAM 的 LCST 点。另外,从 PNIPAM 水溶液的光学照片也可以清楚地看出,在 28 ℃时 PNIPAM 水溶液是透明的;而当温度超过 32 ℃时,溶液变成白色,且有悬浮物出现。将装有 PNIPAM 水溶液的密封瓶冷却降温,随着温度的逐渐降低,其中的悬浮物也随之消失,溶液又变回澄清透明状态。PNIPAM 的 LCST 的测试进一步证明了 PNIPAM 聚合物具有温度敏感特性。

由于 PNIPAM 的温度敏感性,由 PNIPAM 溶液经静电纺丝获得的微纳米纤维的亲-疏水性势必受到温度的影响。为此,对 PNIPAM 静电纺丝纤维膜进

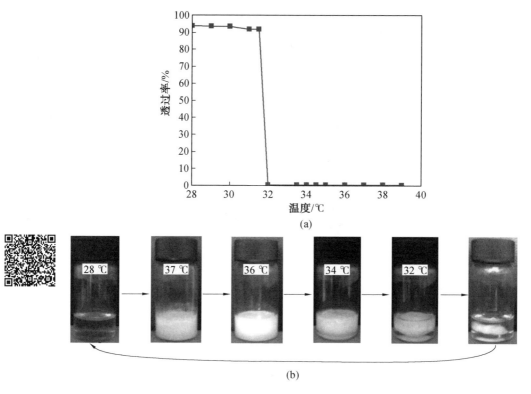

(a)

(b)

图 5.5　PNIPAM 溶液在不同温度下的光学透过率曲线和溶液的光学照片

行表面水接触角测试,不同温度下纤维膜表面的水接触角大小可以反映材料的亲-疏水性变化,其测试结果如图 5.6 所示。

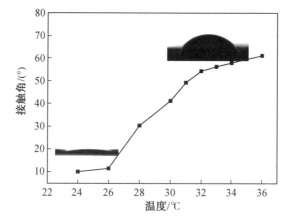

图 5.6　PNIPAM 电纺纤维膜表面接触角随温度的变化曲线和水滴照片

当水滴落在电纺纤维膜的表面上达到平衡时,在气、液、固三相交点处所作的气－液界面的切线,此切线与固－液交界线之间的夹角即为水接触角(contact angle,θ)。若 $\theta < 90°$,则固体表面是亲水性的,即液体较易润湿固体,其角越小,表示润湿性越好;若 $\theta > 90°$,则固体表面是疏水性的,即液体不容易润湿固体,其角越大,则水珠越容易在表面上移动,表面疏水性越强。从图 5.6 可以看出,当温度在 24 ℃ 时,水滴在纤维膜表面 10 s 后的接触角为 0°;当温度升高到 36 ℃ 时,水滴在纤维膜表面 10 s 后的接触角变为 61°;随着温度的升高,接触角的值呈增大趋势。按照水接触角大小来判断表面的亲－疏水性并结合图 5.5 的溶液不同温度下的光学照片结果,在 36 ℃ 时,PNIPAM 分子链已经发生收缩和卷曲,在水溶液中有悬浮物出现,PNIPAM 呈现不溶状态,所以此时的 61° 接触角数据也可视作材料向疏水状态变化,即在此状态下电纺纤维形貌可以维持而不发生明显的水浸润所引发的破坏;此外,电纺纤维膜表面的多孔结构也有使得水滴在纤维膜表面很容易发生渗透和扩散的现象,因此虽接触角数据小于 90°,但材料表面仍有可能已为疏水状态。

随着材料制备技术的日益成熟,已可将单独组分温度响应聚合物与其他刺激响应性聚合物相结合,以制备具有双重响应或多重响应的材料体系。Chiang 等制备了一种基于 PNIPAM 的双重敏感型纳米凝胶,利用温度变化来调控抗肿瘤药物阿霉素(DOX)的负载量,而通过调控 pH 的变化可以实现 DOX 的控制释放。Sershen 等制备了 N－异丙基丙烯酰胺和丙烯酰胺的共聚物,在 LCST 点以上,该共聚物的凝胶发生塌陷,导致凝胶内部的药物释放出来;而如果将 Au－硫化金(Au$_2$S)纳米壳混入到该凝胶中,通过光的作用可以刺激温度的变化,从而控制凝胶的塌陷来实现药物的释放。Atoufi 等设计合成了温度响应 PNIPAM 基 ACH－PLGA 微/纳米颗粒功能化的新型可注射透明质酸水凝胶,其中 ACH－PLGA 是壳聚糖－g－丙烯酸包覆的 PLGA,该水凝胶可用于促进软骨组织的再生;在材料的黏附测试中,这种水凝胶与天然软骨的结合性良好,其扫描电子显微镜图像则显示该水凝胶呈现了一种相互连接的多孔结构;进一步,利用间质干细胞评价其细胞毒性,与聚苯乙烯培养基相比,PNIPAM/透明质酸水凝胶改善了细胞的生长和增殖。综上,这种可注射水凝胶具有改进的机械性能、低脱水收缩、持续药物释放等能力以及高的生物活性,是有前途的软骨组织工程材料。

此外,有研究还报道了关于温度响应聚合物与药物相互作用领域所开展的工作。比如,在二氧化钛(TiO$_2$)纳米粒子表面接枝温度响应性聚 N－异丙基丙烯酰胺,合成具有热致物相转变和缠结行为引起自絮凝效应的杂化材料;进一步,将静电纺丝制备的 N－异丙基丙烯酰胺共聚甲基丙烯酸甲酯(PNIPAM－co－PMMA)纳米纤维与该杂化材料混合后,用于阿霉素(多柔比星)的负载。杂化材料的制备是以溴化铜(CuBr)/N,N,N′,N″,N″－五甲基二亚乙基三胺(PMDETA)为催化剂,溴代处理过的 TiO$_2$ 纳米粒子为引发剂,在室温下的水溶液中快速实施 N—异丙基丙烯酰胺(NIPAM)表面引发原子转移自由基聚合。PNIPAM—co—PMMA 纳米纤维的制备工艺是将 KPS(0.1 g)、甲基丙烯酸甲酯(MMA)(4 mL，37.76 mmol)和水(20 mL)在双颈圆底烧瓶中混合，用氮气(N_2)鼓泡 30 min 以除去氧气；将混合物在水浴中加热至 70 ℃后，将 NIPAM(1.5 g，13.25 mmol)溶于水(10 mL)中，每 30 min 向反应体系中加入 2 mL NIPAM 溶液，添加 NIPAM 后聚合过程继续进行 12 h，以 8 000 r/min 离心沉淀产物，弃去上清液后将沉淀物重新分散在水中并再次离心。纯化过程重复 3 次以去除 KPS 和单体组分，将产物在 70 ℃下干燥 24 h。所得聚合物溶于 DMF 制得 15％质量分数高分子溶液并静电纺丝。所得纤维与前述 TiO_2—PNIPAM 混合即得可用于阿霉素分子识别的材料，并可用于电化学分析中阿霉素的检测。

该研究还发现，粒子表面接枝的 PNIPAM 具有低分子量($Mn<3\ 000$)和窄分子量分布($PDI<1.1$)的特征。由于接枝的 PNIPAM 的亲水性和缠结相互作用，杂化 TiO_2—PNIPAM 在环境温度下的水溶液中表现出特殊的分散效果：当温度高于 PNIPAM 的 LCST 时，其具有对温度的快速响应和自絮凝效应；加入 DNA 后，柔红霉素的生物识别率可从 4.0％提高到 31.1％；在温度高于复合材料的临界共溶温度(LCST)时，随着温度的升高，纳米复合材料、柔红霉素与 DNA 之间发生了自组装。杂化粒子接枝温敏聚合物的识别示意图如图 5.7 所示。

将温敏材料用于蛋白质吸附研究，较早的报道来自于 1993 年，Keiji 等利用 PNIPAM 水凝胶微球考察了温敏材料在温度控制下对蛋白质的吸附—解吸性能。其研究结果表明，温敏材料可以在疏水条件下吸附蛋白质，且对不同蛋白质的吸附体现出明显的差异，所吸附的蛋白质可以在降低温度的条件下实现解吸。该方式的优势在于，吸/脱附均由温度信号控制，无须使用酸、碱、盐等化学试剂进行洗脱，其控制方式简单、工艺过程绿色环保。在 2003 年，D. L. Huber 等又利用 PNIPAM 对色谱柱填料进行表面接枝改性，制备了一种可以控制吸附/洗脱蛋白质的微流控装置。该装置可以从肌红蛋白和牛血清蛋白混合物中选择性地捕获二者之一，并在设定条件下释放；然而 PNIPAM 的相转变明显受聚合度及接枝密度的影响。Yamato 等在聚苯乙烯培养皿表面接枝聚合 PNIPAM，用于多层角蛋白皮肤组织培养，并在再生医学中进行了成功运用。也有研究报道了使用细胞吸附肽为模板分子，将 PNIPAM 接枝在培养皿表面，并将其制备为吸附肽的分子印迹聚合物，在吸附肽的辅助下提高温敏层培养和收获细胞层的效率。温敏聚合物作为分子印迹骨架研究中，刘秋叶等在 2008 年采用金属螯合物单体和 NIPAM 温敏单体制备亲和沉淀剂，产物可以选择性富集蛋白质溶液中的溶菌酶；同年该课题组以硅球为载体和以丙烯酰胺为功能单体，将牛血红蛋白作为目标模板分子制备分子印迹聚合物，获得的吸附材料可用于识别牛血红蛋白。

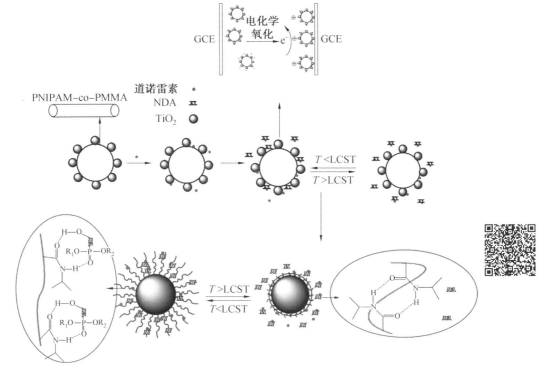

图 5.7　TiO$_2$－PNIPAM 识别 DNA 示意图

分子印迹法的难点一方面是大体积蛋白质与聚合体系的相容性较差,而另一方面则是蛋白质活性限制了聚合条件。

在温敏聚合物合成蛋白质亲和吸附配体研究领域,较活跃的研究小组之一是 K. J. Shea 课题组。2012 年,Shea 课题组将可以与溶菌酶中氨基酸残基形成互补官能团的 TBAM、AAc 等与主体材料 NIPAM 共聚,合成的纳米粒子可以选择性地从蛋清中吸附溶菌酶,并可以实现温度控制下的解吸。实验证明,溶菌酶通过残基的疏水作用力、氢键、静电场力与纳米粒子形成了较强的结合。温度控制下的释放可能来自于 PNIPAM 在低温下趋于亲水,削弱了与溶菌酶间的疏水作用力,同时温敏聚合物的溶胀使表面负电荷及疏水官能团密度变低,使纳米粒子对溶菌酶的吸附作用减弱。随后该课题组发现以引入互补官能团的方式共聚而成的温敏纳米粒子,可以制备免疫球蛋白 G(IgG)的亲和吸附配体;石英微天平测试结果表明,使用该温敏粒子从蛋白质混合液中吸附 IgG 时,IgG 沉积物质量是其他蛋白的 20 倍。

2. 聚乙烯己内酰胺(PNVCL 或 PVCL)

PNVCL 是重要的温敏类聚合物,其 LCST 与人体温度较为接近。有部分学者认为 PVCL 的生物相容性优于 PNIPAM，其可在环境和生物材料领域具有非常好的应用前景；然而，由于 PNVCL 的控制聚合较难实现，因此对其研究工作不如 PNIPAM 活跃。该温敏聚合物中的 VCL 单体，其化学结构是己内酰胺环通过 N 原子直接与乙烯基相连，虽然这会导致乙烯基的双键富电子，带来了反应活性的降低，不易发生聚合；但另一方面，PNVCL 水解过程中所发生的是己内酰胺的开环，因而也有着不会释放出小分子胺类进入应用环境的困扰。PNVCL 的水溶液体现的是 Flory－Huggins Ⅰ型混溶特性，其临界共溶温度取决于聚合物的分子量，因而可以通过调整其聚合度实现对 PVCL 的低临界温度的有效调控。作为温敏聚合物，PNVCL 在温度高于其 LCST 时，可以持续排除凝胶中的溶剂，发生相对彻底的相转变。这些特点使得 PNVCL 在药物载体、温敏开关、物理吸附领域都体现出一定的优势。

此外，PNVCL 具有良好的细胞相容性，对温度刺激可以产生快速响应。Sala 等使用 PNVCL 解决水凝胶注射后，胶凝时间长或不能长时间稳定等问题。通过 PNVCL 分子量和浓度的变化，开发了机械性能可调和凝胶化时间较短（当温度从室温升高到生理温度所用时间，＜60 s）的水凝胶。通过阿尔玛蓝（Alamar Blue）存活/凋亡染色实验显示，封装在 PNVCL 水凝胶中的软骨细胞和间充质干细胞存活率较高（约 90％）；在体外培养或是在裸鼠皮下注射 8 周后，载有软骨细胞的 PNVCL 水凝胶三维结构支持了软骨特异性细胞外基质的产生；构建体的生化分析表明，随时间增加，糖胺聚糖（GAG）和胶原蛋白在体内培养的植入物中显著增加；组织学分析还证明了合成软骨成分包括丰富的 GAG 和Ⅱ型胶原蛋白。

作为可静电纺丝的温敏聚合物，人们还对 PNVCL 微纳米纤维的制备及其生物医学领域的应用进行了研究。在 2013 年，Webster 等分别合成了均聚 PNVCL 和端羧基 PNVCL，将其与纤维素共混后进行静电纺丝；2016 年，Liu 等将乙烯基己内酰胺与甲基丙烯酸共聚，利用获得的共聚物进行静电纺丝。人们在有关 PNVCL 的合成及其静电纺丝的研究中发现，当温度低于其 LCST 时，共聚物纤维在磷酸盐缓冲溶液（PBS）中于 7 s 内迅速释放出所负载的药物。这种现象应当是 PNVCL 纤维在溶液中失去形貌所致。2016 年，J. L. Whittaker 指出 PNVCL 静电纺丝纤维在低于其 LCST 时会发生溶解，制约着温敏 PNVCL 静电纺丝纤维的应用范围。这主要是由于静电纺丝工艺要求纺丝液具有一定的流动性，限定了温敏聚合物不宜采取高度交联的网络结构；加之温敏聚合物的电纺纤维在水溶液中有减小表面积以降低表面能的自发趋势，在表面张力和分子链熵弹性共同作用下，温敏聚合物纤维在低于其 LCST 点是往往会迅速失去纤维形貌；静电纺丝结构也往往较难承受明显的冷热循环，也在一定程度上导致温度敏感效应与微纳米纤维的优势同时得到良好的体现。L. Jasmin 向 PNVCL 中引入单宁酸,单宁酸的存在可使纤维不溶于水;不同温度下,水滴均可润湿 PNVCL 膜,且温度低于其 LCST 时润湿更快。究其原因,应当是单宁酸与 PVCL 形成氢键从而阻碍其与水形成氢键,一定程度上保持了 PVCL 的纤维形貌。但这种分子内的氢键作用同时也会影响聚合物分子中胺基与水分子形成氢键的能力,进而影响聚合物的温敏性。

3. 聚(环氧乙烷)−聚(环氧丙烷)−聚(环氧乙烷)(PEO−PPO−PEO)

PEO−PPO−PEO 是重要的生物医用温度响应聚合物之一,对其相关研究较为充分和深入。该类聚合物目前存在的主要问题是:其具有非常高的渗透性,这一特性使得其释放速率过快,不适合药物输送;PEO−PPO−PEO 凝胶在37 ℃下所达到的黏度不足够高,尚不能满足多数的临床应用要求;其在体内停留时间相对较短,也不适合大多数的临床应用。Sosnik 报道了使用羟基封端的 PEO−PPO−PEO 三嵌段共聚物与甲基丙烯酰氯反应获得 PEO−PPO−PEO 二甲基丙烯酸酯衍生物,然后在水性介质中和人体生理温度下进行自由基聚合,使反应性大分子单体交联,开发出了临床可接受条件下、在体内可快速交联的反向热响应注射器系统。所得的功能化三嵌段 PEO−PPO−PEO 共聚物水溶液在环境温度下的黏度低,可实现直接注射;聚合物中存在活性反应基团,可以进行快速的原位交联反应;注入体内后,当温度上升到 37 ℃时,体系黏度急剧增加。

4. 生物质基温度响应聚合物

生物质来源绿色环保,属可再生资源,其普遍具有良好的生物相容性及生物可降解性。以生物质为原料制备刺激响应材料也是该领域未来的研究方向之一。生物质基聚合物大多是本身亲水性的,用酯化或醚化的方法将具有一定疏水性的小分子取代基引入到生物质聚合物的分子结构中,可提高聚合物的疏水性,满足特定的应用需求。而通过控制聚合物链的亲/疏水平衡来获得水溶性聚合物的温度响应性,可获得系列具有刺激响应性的生物质基聚合物及其衍生物。其中,利用分子结构中的羟基发生醚化反应得到的生物质基聚合物醚是制备具有温度响应性生物质基聚合物的有效方法。大连理工大学张淑芬团队通过醚化反应,将疏水性试剂异丙基缩水甘油醚(IPGE)接枝到以羟乙基纤维素为亲水性骨架的主链上,合成了具有温度响应性的 2−羟基−3−异丙氧基丙基羟乙基纤维素(HIPEC)。通过在淀粉链上接枝适量的疏水基团对淀粉进行改性,可以破坏淀粉分子间和分子内的氢键,淀粉由不溶于冷水的性状转化为水溶性聚合物。尤其,可以通过控制疏水基团的取代度来调整淀粉链的亲/疏水平衡,从而使其具备温度响应性。鄢冬茂用丁氧基−2,3−环氧丙烷与玉米淀粉进行醚化反应,制备出具有温度敏感性的 2−羟基−3−丁氧丙基淀粉(HBPS),通过改变所引入疏水性取代基团（丁氧基）的摩尔取代度，可使产物的相转变温度在 $4.5 \sim 32.5\ ℃$ 范围内变化；且将此类疏水化淀粉在水溶液中形成的胶束用于醋酸泼尼松的温度控制释放，取得了较好的效果。张成龙等将 3 种含有不同长度乙氧基链的 2－丁氧基甲基环氧乙烷（BGE）、2－[（2－丁氧基乙氧基）甲基]环氧乙烷（BEGE）、2－[2－（2－丁氧基乙氧基）乙氧基]甲基]环氧乙烷（BE2GE），通过醚化反应引入降解蜡质玉米淀粉大分子中，得到了具有温度敏感性的淀粉衍生物[2－羟基－3－（2－丁氧基(乙氧基)m)丙基降解蜡质玉米淀粉醚（BEmS）]。该研究发现，产物结构中的亲水性乙氧基链越长，产物的亲水性越强，其相转变温度越高。曹守芹等研究了无机电解质、有机溶剂等小分子对于此类温度敏感性生物质基聚合物衍生物的相转变温度的影响，为温度敏感性淀粉衍生物等在不同电解质和/或有机溶剂存在条件下的应用奠定了基础。

5.温敏聚合物与生物降解高分子复合的响应材料

PNIPAM、PNVCL、PAA 等人工合成的刺激响应聚合物，一般由不饱和双键通过自由基聚合、缩合聚合等方式聚合而成，构成其主链的碳碳单键较为稳定、不易水解。当使用此类智能响应聚合物对生物医用材料进行修饰时，往往会面临体系不易生物降解的问题。生物可降解高分子是指在一定条件下、一定时间内，能将细菌、霉菌、藻类等微生物在酶作用或者化学作用下发生降解的高分子材料。将温敏聚合物与具有良好生物可降解能力的高分子通过接枝、嵌段等方式进行复合，可获兼具响应效应和生物降解能力的材料体系，在医用材料的类型开发和满足生物医学应用都有着意义和价值。目前，研究较多的可生物降解性聚酯类包括聚丁二酸丁二醇（PBS）类聚酯、聚 3－羟基烷酸酯（PHA）、聚乳酸和聚己内酯等，聚酯的重复单元包括的酯键通常通过酯交换反应或开环反应而形成。此外，可生物降解的天然高分子（比如，壳聚糖、明胶、纤维素等）也是研究较多的用于与智能响应聚合物复合的原料类型。

（1）聚乳酸－嵌段－PNIPAM。

EriAyano 等通过 dl－丙交酯的开环聚合，合成了嵌段共聚物聚（N－异丙基丙烯酰胺－dl－丙交酯）（PNIPAM－b－PLA）。将这种温度响应聚合物与可生物降解的聚合物复合形成新型材料，可用作药物递送系统的载体。此外，在锌离子存在下，通过水包油溶剂扩散法制备 PLA 均聚物和嵌段共聚物（PLA/PNIPAM－PLA）混合纳米粒子（NPs），获得了包裹倍他米松磷酸钠（BP）的温度响应性纳米粒子，所得粒子尺寸约为 140 nm。温度响应性 NPs 的药物释放可以通过改变温度得以控制；用小鼠巨噬细胞样细胞系 RAW 264.7 细胞进行细胞摄取的荧光成像和测量，可观察到：在 LCST 以下，未见细胞摄取；而在 LCST 以上，则可以清晰观察到细胞摄取。这种纳米粒子表现出热响应性的药物释放和细胞内摄取效应,并具有可生物降解的特性。

(2)壳聚糖－接枝－PNIPAM。

NIPAM 单体和壳聚糖的共聚物具有优异的生物相容性、生物降解性和注射后快速相变的特性,适合作为细胞载体或植入支架。然而,该材料的机械性能略差,一定程度上限制了材料在生物医学领域的应用。为克服这个问题,Wu 等将 N－乙酰半胱氨酸(NAC)与碳二亚胺采取化学共价结合,将硫醇侧链结合到壳聚糖中以增强体系的机械性能,从而制备了无毒、可注射和温度敏感的接枝型 NIPAM－g－壳聚糖(NC)水凝胶;采用硫醇修饰以引入二硫化物交联,硫醇氧化成二硫键后,将改性 NC 水凝胶的压缩模量提高 9 倍以上(可达 11.4 kPa)。振荡频率扫描检测结果也显示,材料的储能模量和交联密度之间呈正相关。此外,未观察材料到对间充质干细胞、成纤维细胞和成骨细胞的细胞毒性。研究结果表明,硫醇修饰的该温度敏感多糖水凝胶可以作为载有细胞的生物材料。Chen 等通过酰胺键将具有单个羧基端基的 PNIPAM－COOH 接枝到壳聚糖中,合成了一种以壳聚糖为骨架和侧链聚 N－异丙基丙烯酰胺基团的温度响应性梳状聚合物。该接枝共聚物表现出可逆的温度响应可溶性－不溶性特性,有较低的临界共溶温度(LCST,约为 30 ℃)。扫描电镜观测结果表明,该材料具有多孔 3D 水凝胶结构,在生理温度下具有 10～40 μm 的互连孔隙;其体外细胞培养研究结果表明,该水凝胶可作为可注射细胞载体用于捕获软骨细胞和半月板细胞;且该水凝胶不仅保留了包埋细胞的活力和表型形态,还激发了细胞间相互作用。

(3)壳聚糖－接枝－PNVCL。

Rejinold 等开发了一种可生物降解的温度响应性壳聚糖－g－聚 N－乙烯基己内酰胺聚合物负载的 5－氟尿嘧啶(5－FU)纳米制剂,应用于将药物递送至癌细胞位置发挥治疗作用。通过离子交联法获得的该新型温度响应接枝共聚纳米粒子(TRC－NP),其最低临界共溶温度为 38 ℃;通过交联反应将 5－FU 药物掺入载体后的体外药物释放研究结果显示:温度高于 LCST 时,释放速率显著增加;其细胞毒性测定结果显示:浓度范围为 100～1 000 μg/mL 的 TRC－NP,对细胞无毒;载药纳米粒子对癌细胞表现出相对较高的毒性,而对正常细胞的毒性较小。通过偶联的罗丹明 123 在细胞内可发出绿色荧光,确认了负载 5－FU 的温度响应接枝共聚物纳米颗粒(5－FU－TRC－NPs)的细胞摄取;而细胞凋亡测定结果显示:用 5－FU 处理时,癌细胞的细胞凋亡速率明显快于正常细胞。上述结果表明,新型 5－FU 温度响应纳米粒子在抗癌药物递送领域具有潜在的应用价值。

(4)聚丙烯酸－嵌段－壳聚糖。

Lin 等通过紫外辅助聚合制备了可用于组织工程的高强度聚丙烯酸－壳聚

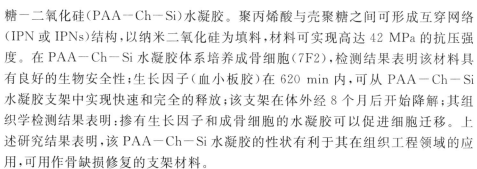

糖-二氧化硅(PAA-Ch-Si)水凝胶。聚丙烯酸与壳聚糖之间可形成互穿网络(IPN或IPNs)结构,以纳米二氧化硅为填料,材料可实现高达 42 MPa 的抗压强度。在 PAA-Ch-Si 水凝胶体系培养成骨细胞(7F2),检测结果表明该材料具有良好的生物安全性;生长因子(血小板胶)在 620 min 内,可从 PAA-Ch-Si 水凝胶支架中实现快速和完全的释放;该支架在体外经 8 个月后开始降解;其组织学检测结果表明:掺有生长因子和成骨细胞的水凝胶可以促进细胞迁移。上述研究结果表明,该 PAA-Ch-Si 水凝胶的性状有利于其在组织工程领域的应用,可用作骨缺损修复的支架材料。

除采用接枝、嵌段等方式,可以将生物降解高分子与智能响应聚合物进行复合,采用交联、共混等方式也可以获得二者的复合体系,体现出智能响应与可生物降解的双重功效。Guan 等由 NIPAM 和两种生物可降解的交联剂[聚(3-己内酯)二甲基丙烯酸酯(PCLDMA)、双丙烯酰胱胺(BACy)]制备了一系列可生物降解的温度敏感型水凝胶(TBHs),研究了水凝胶的形态、热行为、溶胀/去溶胀动力学、压缩性能以及体外药物递送和生物降解性等;研究结果表明:TBHs 的性质在很大程度上取决于温敏单体和两种交联剂的进料摩尔比。进一步,制备了负载左氧氟沙星(LVF)的水凝胶并探究了药物的刺激响应释放过程;结果表明:所负载的 LVF 累计释放曲线表现出了热诱导的缓慢和持续性的药物释放特性以及还原诱导的快速释放特性;研究还表明:TBHs 在 37 ℃ 的谷胱甘肽(GSH)中可实现缓慢的生物降解性。综上,该材料孔径均匀、结构高度互连,加之可生物降解和具有温度响应效应,在组织工程支架应用方面具有较大吸引力。癸二酸聚甘油酯(PGS)是一种相对较新的生物降解聚合物,是通过甘油与癸二酸的缩聚获得的,因具有优异的生物相容性和机械性能(固化后的硬度为 0.056~1.5 MPa),使其成为颇具吸引力的生物医用材料之一。Hu 等通过原子转移自由基聚合的方法,在 PGS 上接枝了聚甲基丙烯酸,接枝共聚物的合成路线如图 5.8 所示。PGS-g-PMMA 共聚物具有可调的分子量、良好的热稳定性和优异的可纺性。由 PGS-g-PMMA 和明胶共混物制备的静电纺丝纳米纤维具有良好的生物相容性;将混合了明胶的 PGS-g-PMMA 纳米纤维接种PC-12 细胞(PC-12 细胞和神经干细胞具有巨大的分化潜能)的研究表明:复合体系可将 PGS 优良的力学性能与接枝聚合物链的一些其他高级性能(如自我修复、形状记忆或刺激敏感特性)结合在一起,加之混入了生物可降解性高分子,利用这种方式所获得的"四维"生物材料适用于生物医学和组织工程应用。

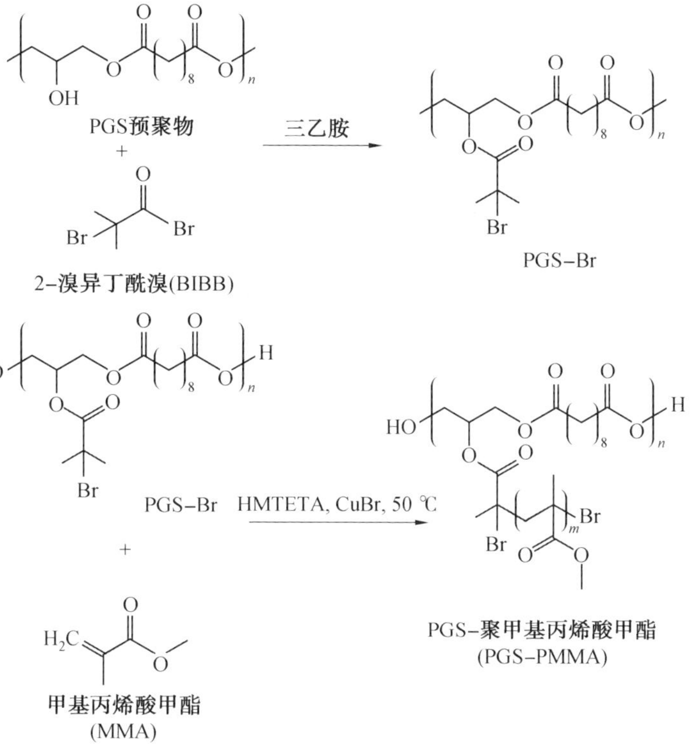

图 5.8　接枝共聚物 PGS－g－PMMA 的合成路线

5.3　pH 响应原理及材料

人体内不同部位的 pH 有所不同。人体血液系统的 pH 约为 7.4,而人体胃肠系统的 pH 由酸性的 2.0 到碱性的 8.0:胃中 pH 为 1~3;十二指肠中的 pH 上升为 5.0;小肠(含空肠、回肠)中 pH 从 6.0 升高到 7.5 左右;而在盲肠中,pH 下降到 5.7 左右;直肠中的 pH 更逐渐升高到 6.7 左右。人体消化系统中不同位置的 pH 或 pH 范围如图 5.9 所示。因此,为满足人体内不同 pH 环境的要求,研究人员着力于设计多种以 pH 敏感聚合物为载体的口服类药物。此外,由于人体癌症细胞的 pH 与正常细胞的 pH 有所不同(肿瘤部位有氧糖酵解,会使得乳酸盐发生积聚,发生"沃伯格(Warburg)效应",从而导致细胞外基质中的 pH 降低。即肿瘤部位的 pH 约为 6.8,而正常部位的 pH 约为 7.3),因此,根据 pH 的变化反映出人体的病变,从而相对快速和准确地进行癌症的诊断和治疗,也成为医药领域的主要研究方向之一;而 pH 敏感聚合物,在与 pH 有关疾病的治疗方面起到了至关重要的作用。

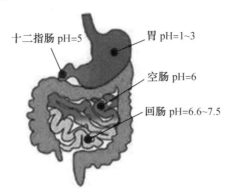

图5.9　人体消化系统中不同位置的pH或pH范围

pH敏感聚合物(或称pH响应聚合物),其分子链上通常含有可电离的羧基或胺根基团,这些官能团得到或失去质子后可以溶解于含水介质中,因此,当环境pH发生变化时,该类聚合物的电离平衡会受到影响;在重新建立平衡的过程中,发生溶解度的变化从而产生pH响应效应。常见的酸性聚合物单体有丙烯酸(AAc)、甲基丙烯酸(MAAc)、马来酸酐(MA)等;碱性聚合物有聚酰氨基胺(PAA或PAMAM)。pH响应载体可以用于递送基因、肽和蛋白质等。

5.3.1　天然来源的pH响应高分子

多种天然聚合物,如壳聚糖、海藻酸盐、白蛋白和明胶等,都表现出了pH响应性溶胀行为。由于此类多糖的pH敏感特性,由其制备的pH响应性水凝胶成为常见的应用于口服给药的受控药物递送与释放的载体,还被设计用于胰岛素的递送。这些天然来源的pH响应高分子与温度响应材料的组合,如制备成复合聚合物凝胶,可产生双重刺激响效应,用于响应人体局部pH变化和温度变化下的运载工具。其中,壳聚糖是广泛应用于医用敷料、组织工程载体、药物缓释材料的pH响应类天然高分子材料。Yu等使用O-羧甲基壳聚糖(CMCS)和交联剂制备了一种用于软骨组织工程支架的新型动态水凝胶,其交联剂由苯-1,3,5-三甲醛和聚醚胺(PEA)合成而成。所得水凝胶的微观形貌具有多孔性且相互连接,其储能模量高达1 400 Pa,pH响应性溶胀性能也较为出色。由于静电吸引作用,该水凝胶在酸性条件下的溶胀率相对较低;而在pH为8.0的碱性条件下,静电排斥作用导致其溶胀率异常增高(可高达7 000%);对其的碎片愈合和流变学测试结果表明:该水凝胶具有出色的自我修复特性,显示了在组织工程领域良好的应用前景。

5.3.2　合成的 pH 响应聚合物

一般来讲,带有可离子化基团(比如,胺基或羧基等)的聚合物可以制备成 pH 敏感的药物载体。Dai 等将丙烯酸甲酯和丙二醇甲醚醋酸酯共聚物(PMAA—co—PMA)用作环孢素 A 的载体,载药纳米粒子可以安全地通过胃而不被酸性环境所侵蚀,保持了药物的活性;而药物在 pH>6 的肠道内可以实现有效释放。此外,药物与聚合物的连接通常是药物吸附在聚合物的骨架上,而刺激响应官能团只是起到连接器的作用,将药物吸附到聚合物骨架上,官能团本身不与药物接触,聚合物在酸和酶的作用下也会降解。Ulbrich 等合成了一种水解聚马来酸酐和 N—(2—羟丙基)丙酰胺的结合物,用腙基团作为药物的连接器,将抗癌症药物阿霉素引入到聚合物骨架上,这些结合物在 pH 为 7.4 的环境下是稳定的,而在 pH 为 5.0 时可以实现药物的释放。

天然来源的 pH 响应性高分子也可作为合成类 pH 响应聚合物的制备基础和结构来源。George 等受贻贝黏合剂分子机制和环境后处理的启发,设计了一种可注射 pH 响应双交联黏合剂水凝胶。通过儿茶酚官能团(DOPA)和低聚[聚(乙二醇)富马酸酯](OPF)的结合,改变 OPF 骨架的质量分数(%)和分子量(MW),以生产具有一系列溶胀比、孔隙率和交联密度的水凝胶。DOPA 的掺入改变了水凝胶的表面化学、机械性能和表面形貌,导致材料的刚度增加、降解速率减慢并增强了前成骨细胞的附着和增殖。当注射到模拟的骨缺损中时,多巴胺介导的界面黏附相互作用还可以防止支架移位,即使在生理条件下发生溶胀后,也能保持这种效果。OPF—DOPA 水凝胶代表了一种有应用前景的新型材料类型,其可增强组织整合并可防止由于体内生物力学负荷而可能发生支架植入后的迁移。

5.4　葡萄糖响应原理及材料

糖尿病是一种新陈代谢疾病,而胰岛素是控制血液中葡萄糖浓度的主要因素。糖尿病患者不能分泌足够的胰岛素或者不能调控胰岛素产生的数量,导致出现多饮、多食和多尿症状,需要频繁注射药物。葡萄糖响应聚合物系统可以仿生胰腺功能,根据血糖浓度给予对应量或确定量的胰岛素,是治疗糖尿病较为理想的材料之一。制备自适应胰岛素释放系统的一般方法是将葡萄糖氧化酶(GOD)和过氧化氢酶固定到包含饱和胰岛素溶液的 pH 响应性水凝胶中;在存在浓度梯度下扩散到水凝胶中的过量葡萄糖的情况下,GOD 将葡萄糖催化为葡萄糖酸(GlucA),从而降低局部 pH 并诱导水凝胶溶胀程度的改变。这种 pH 的变化促进了水凝胶的溶胀和网络网格尺寸的增加,从而促进了先前包埋的胰岛素从基质中扩散出来;胰岛素释放后,糖水平下降,导致 pH 升高,从而停止进一步释放胰岛素。

苯基硼酸衍生物是常用的葡萄糖响应聚合物,带有葡萄糖敏感基团的聚合物成为该类药物传递的理想载体材料。Mastrandrea 等利用苯基硼酸衍生物开展了一系列实验,在 pH 为 7.4 的环境下,将载有胰岛素的凝胶,在葡萄糖的刺激下释放出胰岛素。有研究也报道了将胰岛素负载到介孔硅纳米粒子上,硅纳米粒子作为胰岛素的储存器,在交联剂戊二醛的作用下,可将多层膜交联,多层膜的主要成分酶就像阀门的作用,在葡萄糖的刺激下控制释放出胰岛素。胶束也是封装疏水性化合物的理想载体之一,Loh 等利用超分子方法制备了水溶性葡萄糖响应嵌段共聚物,与温度响应聚合物组装到一起形成胶束结构,温度和葡萄糖的变化都可以引起胶束的结构发生改变,在 pH 为 7.4 和温度为 37 ℃ 的环境下,胰岛素的释放得到了很好的控制。

刺激响应聚合物在医药领域的发展主要依赖于各种敏感聚合物的合成和制备。这些敏感聚合物的合成是制备刺激响应药物载体的重要基础。随着合成工艺的不断发展,刺激响应聚合物的范围也在不断扩大,其种类除了上面叙述的温度敏感、pH 敏感和葡萄糖敏感聚合物之外,还包括氧化还原、酶、微波、光、化学物质敏感等聚合物。

5.5　光响应原理及材料

光是再生医学中一种多功能的刺激信号,光热转换材料可以将光能转化为热能,可以配合种类多样的光—化学转换剂及刺激响应支架,从而实现对组织再生的控制,其还可实现准确地定位投放能量。通过光掩模或三维光聚焦,可以用来创建复杂的几何图形,构造组织工程支架的空间图案;且随着时间的推移,还可以应用进一步的操作创建动态的细胞环境,这个概念被称为"4D 图案化"。具有光响应的化学品种类广泛,其可以通过可见光、紫外线或近红外线范围内的各种波长的光激活,其中的化学键发生断裂或结构发生变化。主要的光响应材料包括聚合物材料和无机纳米材料,其中无机纳米材料成本较低、制备较为方便。目前,研究较多的光热剂是金纳米粒子、石墨烯、多巴胺、硫化钼、硫化铜(CuS)等。其中,金纳米粒子的生物相容性好,然而成本偏高;硫化钼虽然具有较高的光热转化效率,但具有一定的毒性。因此,致力于开发更多的毒性小、成本低的光热剂仍具有一定的实际需求。

光—热联合控制释放体系是温度响应控制给药体系的补充。温度响应的纳米药物载体的研究至今已经开展 20 余年,但其仍存在从实验室向临床转化(即"from bench to bedside")的困难。其主要原因可能一方面来自于传统的温度响应型聚合物(TRP)的控释是依据病灶与正常部位的温度差异实现被动靶向给药,但不同个体及不同部位之间的温度差异性较大;另一方面来自于 TRP 在低于其 LCST 时处于扩散系数大的溶胀状态,而高于其 LCST 时的扩散系数小,释药行为与给药需求不匹配,成为制约 TRP 作为药物载体发展的因素。

进入 21 世纪以来,将光热材料与温度响应聚合物类药物输送载体相结合,构建主动靶向药物输送体系的研究急剧增多。Chen 等将光热黑磷用于阿霉素控释的研究发现,黑磷载药量大于石墨烯和硫化钼的载药量;Marpu 等在 PNIPAM 中原位合成金纳米粒子,光照下的 PNIPAM 凝胶体积缩小到初始状态的 1/5;Zhang 等将光热氧化石墨烯与 PNIPAM 载体进行复合,提高了石墨烯的生物相容性、增加了载药容量。Wang 等利用四臂星形热敏聚异丙基丙烯酰胺(4sPNIPAm)改性 CuS 纳米粒子(CuS NPs)获得复合纳米粒子(CuS－PNIPAM NPs)。CuS 纳米粒子的生物相容性好,且具有杀灭细菌的能力;CuS－PNIPAM NPs 与 CuS－PEG NPs 以及 CuS NPs 相比,显示出了良好的铜离子受控释放能力,以及更高的光热转换能力。CuS－PNIPAM NPs 在 34 ℃ 以上发生聚集,形成 NPs－细菌的聚集体,实现对细菌的捕获。与 CuS－PNIPAM NPs 共培养的金黄色葡萄球菌和大肠杆菌,在近红外线照射下可在数分钟内被完全杀死;NPs 还可以有效杀灭伤口中的细菌,加速伤口的修复过程。体内实验的研究结果证实了该光热剂 CuS－PNIPAM NPs 对机体无毒性。综上,该光热材料在治疗受感染的皮肤和皮肤组织的再生方面具有潜力,可能会对慢性顽固创伤部位组织的再生产生明显的作用。有研究还报道了通过将 NIPAM 单体与 MAA 单体在油酸改性的四氧化三铁(Fe_3O_4)纳米粒子悬浮液中共聚,获得了 Fe_3O_4/p(NIPAM－co－MAA)复合微凝胶(Nms),其光－热联动控制释放体系示意图如图 5.10 所示。该研究考察了 MAA 和 Fe_3O_4 的投料比对 Nms 的光热效应和热响应性的影响。实验测得 Nms 的 LCST 为 37.2 ℃,在 808 nm 激光照射下可升高至 45.8 ℃。在阿霉素释放实验中,使用 808 nm 激光照射,通过控制温度,药物可以以预期的速度释放。在激光照射下药物释放速度快,最终药物累积释放率提高约 25%。由此可知,光热联合与温敏复合的微凝胶体系可在光热药物载体中具有较广阔的应用前景。

此外,还有研究报道了在近红外(NIR)区体现强局部表面等离子体共振(LSPR)吸收和具有 pH 依赖性降解能力的氧化钼复合纳米材料。首先,通过水热合成获得 PEGMa(Mn 为 400)改性 MoO_x;通过乳液聚合将 PEGMa 上的双键与 NIPAM 和 MAA 单体共聚获得 PEGMa－MoO_x/p(NIPAM－co－MAA)微凝胶(NCs)。其中的 MAA 提供酸性微环境,有助于控制 PEGMa－MoO_x 的降

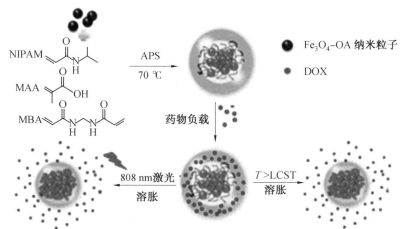

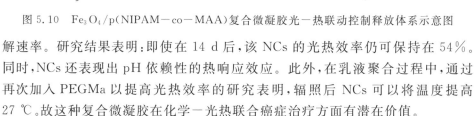

图 5.10　$Fe_3O_4/p(NIPAM-co-MAA)$复合微凝胶光－热联动控制释放体系示意图

解速率。研究结果表明：即使在 14 d 后，该 NCs 的光热效率仍可保持在 54%。同时，NCs 还表现出 pH 依赖性的热响应效应。此外，在乳液聚合过程中，通过再次加入 PEGMa 以提高光热效率的研究表明，辐照后 NCs 可以将温度提高 27 ℃。故这种复合微凝胶在化学－光热联合癌症治疗方面有潜在价值。

5.6　形状记忆效应聚合物及其微纳米纤维

在生物医学领域，形状记忆微纳米纤维受到广泛关注，主要是因为纤维尺寸与生物体（如细菌、病毒、蛋白质等）尺寸大小相近，加之形状记忆聚合物微纳米纤维具有较大的比表面积和孔隙率，展现了较强的吸附能力。因此，研究学者们越来越多地关注和研究了形状记忆聚合物微纳米纤维在组织支架、细胞培养基、抗菌材料等方面的性能。具有形状记忆效应的聚合物通过静电纺丝形成微纳米纤维，可被外界环境的变化驱动变形。驱动此类材料变形的环境因素可以为热、光、磁、电等，形状记忆聚合物的微纳米纤维也因此可以视作具有激励响应效应的智能材料。

聚己内酯、聚氨酯和聚乳酸等均是具有生物相容性和生物可降解性的形状记忆材料，在纺成纤维后其可作为细胞生长基体以控制细胞生长形貌等。Tseng等报道了电纺形状记忆聚氨酯纤维的宏观变形和微观变形对细胞生长的影响，结果如图 5.11 所示，通过改变形状记忆聚合物纳米纤维的形貌，从无纺结构到取向结构来控制细胞形貌。Torbati 等则系统研究了一种采用静电纺丝法制备而成的发光形状记忆聚乙酸乙烯酯纤维膜。在该纺丝溶液中添加了吲哚青绿，将这种纤维膜浸入 25 ℃水中或者加热到 50 ℃,可以出现收缩现象,如图 5.12 所示。该材料为医疗装置(胃食管和导管)的潜在应用提供了可能。Tan 等采用静电纺丝技术将壳聚糖、明胶和形状记忆聚氨酯混合材料纺成多功能形状记忆复合纳米纤维膜,纤维直径为 300 nm,然后用硝酸银溶液对复合纤维膜进行后处理,获得的纤维膜具有较好的形状记忆性能,尤其适合应用在伤口愈合方面。

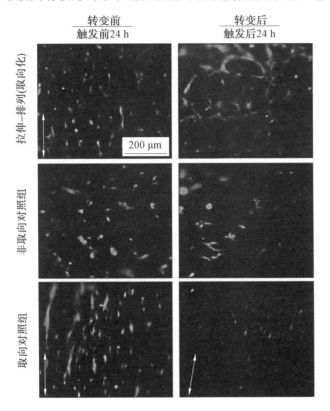

图 5.11　形状记忆纤维培养细胞在纤维变形前后细胞活性变化

5.7　活性/控制聚合构建智能响应体系

活性/控制聚合技术的发展是聚合物科学的重要贡献之一,活性聚合可以看作是在链式聚合中建立活性种和休眠种之间的动态平衡,从而避免链转移和链终止,此技术的发明使合成"定制化"大分子成为可能。活性聚合的概念最初在 1956 年由美国科学家 Szwarc 等提出,为合成"明确"聚合物提供了思路,使聚合物具有精确和预定的分子量、组分、拓扑学结构和功能等。在 20 世纪 80 年代早

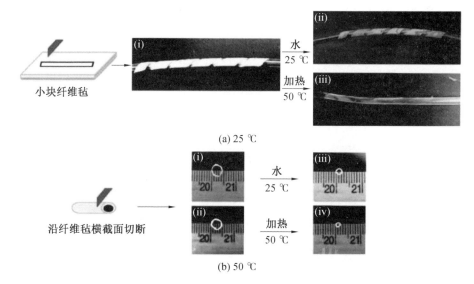

图 5.12　形状记忆纤维膜的在不同温度水介质中的形状收缩过程

期,出现了多种活性可控自由基聚合方法的研究报道,如出现了氮氧自由基控制聚合(NMRP);至 1998 年,可逆链加成断裂自由基聚合技术(RAFT)以及原子转移自由基聚合技术(ATRP)相继问世并取得了快速发展。此后,陆续有新型的 RAFT 聚合体系和 ATRP 引发体系涌现。目前,ATRP 和 RAFT 的研究已经占到了控制聚合文献总量的约 90%。

　　虽然 NMRP、ATRP、RAFT 是基于不同的机理,但其共同、关键的特征是建立活性-休眠种的动态平衡,将不可逆的链终止反应减少到较低的水平。活性-休眠种的平衡由热、光或化学引发并控制。为实现这一过程,需要聚合物增长链在聚合反应中多数时间处于休眠状态,活性种的寿命因此可以延长到聚合反应结束;与链增长相比,活性-休眠种的转化非常迅速,所有的分子链增长速度接近。当选取的试剂和反应条件合适时,自由基反应以类似活性聚合的特征进行。至 2010 年,国际纯粹与应用化学联合会(IUPAC)对活性/可控自由基聚合领域日益繁杂的命名进行了初步规范,倡导对自由基聚合命名不使用"活性";而命名为"可控"时需要指明所控制的对象。基于此,"控制聚合"的控制对象大多为聚合物的聚合度。

　　在 ATRP 反应中,自由基的生成由一价卤化铜和多齿胺配合物夺取卤代烃中的卤原子产生;反应中低价态的卤化铜很容易氧化成高价态,导致增长链失活、反应中止,因此体系须严格除氧。2006 年后的研究已陆续发现,氧化作用可以通过向体系中加入还原剂而消除,意味着反应体系可以允许少量空气存在,同时作为催化剂的过渡金属配合物的用量可以大幅降低,这种改进的方法被称为

ARGET ATRP。而可逆加成－断裂链转移自由基聚合(RAFT)法,是较易实现工业化的活性聚合方法。其在热引发自由基聚合体系中,加入硫代酯作为链转移剂;当单体活性合适、链转移剂中离去基团与活化基团选择合理时,利用传统的反应条件可以获得分子量分布较窄的聚合物。RAFT 聚合的优点较多:①在自由基聚合中可以控制多数单体聚合的聚合度,单体包括甲基丙烯酸酯、甲基丙烯酰胺、丙烯腈、苯乙烯、二烯和乙烯基等;②对单体及溶液中未经保护的官能团具有耐受性,官能团如—OH、—NR$_2$、—COOH、—CONR$_2$、—SO$_3$H 等,聚合可以在水以及质子溶剂中进行;③可兼容多种反应条件,如本体聚合、溶液聚合、乳液聚合、微乳液聚合、悬浮液聚合等;④与同类其他聚合方法相比,其实验易于开展、成本较低。Gualandi 等使用聚电解质络合将 ATRP 引发剂引入纤维上,无规共聚物聚(2－(N,N,N 三甲基铵碘化物)甲基丙烯酸乙酯－共－双－2,3－(2－溴异丁酰基)甘油单甲基丙烯酸酯)吸附在阴离子表面上用作大分子引发剂。该过程操作温和、不涉及化学反应、使用范围广泛。静电纺丝支架表面 ATRP 修饰的示意图如图 5.13 所示。

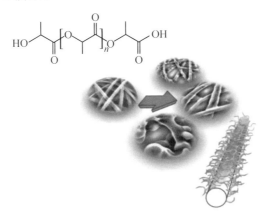

图 5.13　静电纺丝支架表面 ATRP 修饰的示意图

　　Niu 等将静电纺丝与表面 ATRP 接枝聚合物技术相结合制备温度响应性 PGS/PLLA@PNIPAM 核壳结构纳米纤维膜,其中的 GS/PLLA 纳米纤维的核层通过静电纺丝制备;壳层为温度响应性 PNIPAM 聚合物通过 ATRP 反应接枝到纳米纤维表面。该静电纺丝支架表面 ATRP 修饰温度响应聚合物的温度响应机制示意图如图 5.14 所示。

　　在了解 PNIPAM 的温度敏感机理的基础上,人们尝试在无机材料表面接枝 PNIPAM 以制造多种类具有响应性的材料体系,为后续研究提供广泛思路。如图 5.15 所示,Kim 等使用 2－溴异丁酰溴与 CLD 杂化粒子(葡萄糖杂化粒子)表面的羟基反应引入活性点,然后引发 ATRP 聚合制备 CLD－PNIPAM 杂化粒

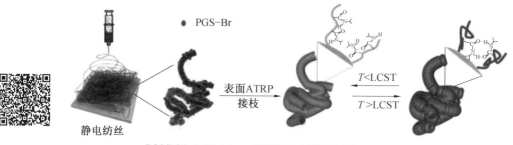

图 5.14　PGS/PLLA@PNIPAM 核壳结构纳米纤维膜的温度响应机制示意图

子,其粒径约为 250 μm。改变温度点实现了 PNIPAM 链段的收缩与舒张,在宏观上表现出粒径的变化。研究发现:当温度由 25 ℃ 转变为40 ℃ 时,其粒径由 273 μm 转变为 214 μm。

图 5.15　CLD−PNIPAM 杂化粒子的制备过程示意图

　　Kaholek 等人将表面引发自由基聚合(Si−ATRP)与扫描探针刻蚀技术相结合,在表面喷金的硅基表面,使用原子力显微镜探针在一定压力(50 nN)下进行纳米修剪,之后在刻蚀处使用原子引发自由基聚合(约 60 min),制备出高度可控的聚合物 PNIPAM 纳米阵列。图 5.16 显示的分别是该纳米聚合物阵列在空气、水和水−甲醇混合液(体积比 1∶1)中的高度分布图。图中的 1～5 分别显示的是"nanoshaving"时间对聚合物纳米阵高度的对应影响。该研究证明 Si−ATRP 技术在制备纳米器件方面具有广阔前景。

　　疏水材料因其在人类的日常生活、工农业生产以及军事领域等扮演着重要的角色而受到科学工作的广泛关注。中国科学院江雷课题组采用化学或者物理等多种方法构建出微纳米复合的阶层结构,并在粗糙表面进行化学修饰得到了润湿性能随温度智能响应的界面材料。图 5.17 是利用表面引发原子转移自由

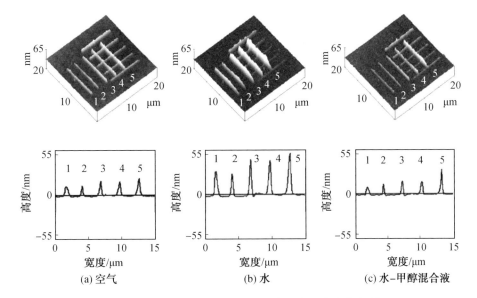

图 5.16　聚合物纳米阵列在不同介质中的高度分布图

基聚合(Si－ATRP)方法,在硅基底表面接枝聚异丙基丙烯酰胺(PNIPAM)薄膜,通过控制表面粗糙度,即可在很窄的温度范围内(25～40 ℃)实现超亲水与超疏水的可逆转变。

现有研究已表明,合成聚合物在模仿自然系统时仍存在缺乏表面功能等弊端。更重要的是,生物环境的活跃性和动态性要求以时空控制的方式进行体系的充分设计,这高度依赖于安全、精确和高效的化学工具。传统的化学修饰,如许多非"点击"方法,由于其在温和条件下的低偶联效率,通常在精确控制体积和表面性质方面仍存在局限性。为制造具有所需体积和表面特性的支架类材料,需要稳健和正交的化学工具。"点击"反应是符合标准、可用于合成和制造具有理想的性能和功能支架的方法。水凝胶、纤维支架和聚合物薄膜是组织工程中

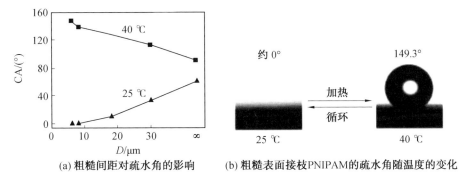

图 5.17　利用 Si－ATRP 在硅基底表面接枝 PNIPAM 薄膜

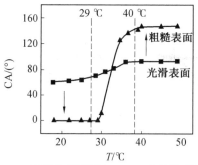

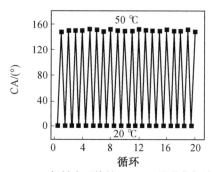

(c) 粗糙表面接枝PNIPAM和光滑表面
接枝PNIPAM的疏水角随温度的变化

(b) 粗糙表面接枝PNIPAM的疏水角随
温度往复变化

续图 5.17

的三种典型支架,分别具有不同的尺寸和微观结构,可应用于生物医学领域的多种场合。纳米纤维作为直径为纳米级的一维材料,具有表面积大、易于固定各种生物活性配体和分子的特点;此外,其纤维形态可以模仿天然 ECM 的纤维状结构,增强细胞附着、增殖和迁移。三种通用方法:静电纺丝、自组装和相分离,被广泛用于制造纳米纤维膜。其中,静电纺丝是颇受欢迎的一种,因为它生产规模大、制备过程简单、一维形貌可控。

Becker 研究组使用静电纺丝技术开发的聚酯脲(PEU)纳米纤维包含几种悬垂"可点击"基团(图 5.18)。PEU 纤维与肽和荧光探针通过不同的"点击"反应实现后聚合功能化,使纤维表面具有许多有意义的生物功能。

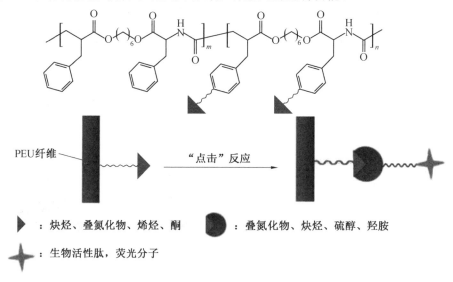

图 5.18　PEU 基纳米纤维的合成与改性示意图

此外,具有环境响应(或智能)表面和交联结构的纳米纤维对于传感器和生物工程的应用意义较大。尤其,PNIPAM 在 32 ℃的水中可经历从亲水状态到疏水状态的转变,成为表面改性研究中较多的合成类响应性聚合物之一。Fu 等组合了 RAFT、ATRP、静电纺丝和"点击化学"技术,通过简单方法制备了一种具有热敏表面的耐溶剂纳米纤维,其流程示意图如图 5.19 所示。

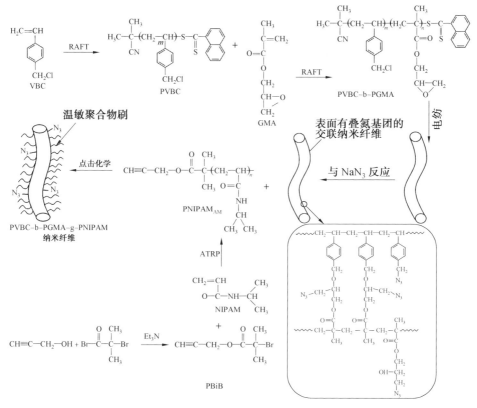

图 5.19　通过联合 ATRP、RAFT、静电纺丝和"点击化学"制备具有温敏表面的耐溶剂纳米纤维流程图

　　其具体过程为:通过 RAFT 控制聚合合成聚乙烯苄基氯(PVBC),使用 2－氰丙基－2－烷基 1－二硫代萘甲酸酯(CPDN)作为链转移剂,使用所得的 PVBC 作为大分子链转移剂与甲基丙烯酸缩水甘油酯(GMA)进行 RAFT 聚合,得到 PVBC－b－PGMA 嵌段共聚物。通过调节聚合时间获得不同 VBC:GMA 重复单元比例的共聚物。通过静电纺丝获得直径在 400 nm～1.5 mm 范围内的 PVBC－b－PGMA 纳米纤维。使用 NaN₃ 的 DMF/水混合溶液处理 PVBC－b－PGMA纳米纤维,获得具有交联结构的 PVBC－b－PGMA－N₃ 纳米纤维;通过 NIPAM 的 ATRP 合成炔烃封端的 PNIPAM 温度响应聚合物;进

一步,通过 PVBC－b－PGMA－N₃ 纳米纤维和 PNIPAM 聚合物之间的"点击化学"获得表面具有温度敏感特性的交联 PVBC－b－PGMA 纳米纤维(PVBC－b－PGMA－g－PNIPAM)。

本章参考文献

[1] GONG Z L, TANG D Y, GUO Y D. The fabrication and self-flocculation effect of hybrid TiO₂ nanoparticles grafted with poly (N-isopropylacrylamide) at ambient temperature via surface-initiated atom transfer radical polymerization[J] Journal of Materials Chemistry, 2012, 22(33): 16872-16879.

[2] GONG Z L, TANG D Y, ZHANG X D, et al. Self-assembly of thermoresponsive nanocomposites and their applications for sensing daunorubicin with DNA[J]. Applied Surface Science, 2014, 316: 194-201.

[3] BORDAT A, BOISSENOT T, NICOLAS J, et al. Thermoresponsive polymer nanocarriers for biomedical applications [J]. Advanced Drug Delivery Reviews, 2019, 138: 167-192.

[4] OROOJALIAN F, BABAEI M, TAGHDISI S M, et al. Encapsulation of thermo-responsive gel in pH-sensitive polymersomes as dual-responsive smart carriers for controlled release of doxorubicin [J]. Journal of Controlled Release, 2018, 288: 45-61.

[5] CHEN W S, OUYANG J, LIU H, et al. Black phosphorus nanosheet-based drug delivery system for synergistic photodynamic/photothermal/chemotherapy of cancer[J]. Advanced Materials, 2017, 29(5): 1603864.

[6] MARPU S B, KAMRAS B L, MIRZANASIRI N, et al. Single-step photochemical formation of near-infrared-absorbing gold nanomosaic within PNIPAm microgels: candidates for photothermal drug delivery[J]. Nanomaterials, 2020, 10(7): 1251.

[7] ZHANG W L, AI S L, JI P, et al. Photothermally enhanced chemotherapy delivered by graphene oxide-based multiresponsive nanogels [J]. ACS Applied Bio Materials, 2019,2(1): 330-338.

[8] QI X F, PENG J, TANG D Y, et al. PEGMa modified molybdenum oxide as a NIR photothermal agent for composite thermal/pH-responsive p(NIPAM- co-MAA) microgels [J]. Journal of Materials Chemistry C, 2017, 5(34): 8788-8795.

[9] QI X F, XIONG L, PENG J, et al. Near infrared laser-controlled drug

release of thermoresponsive microgel encapsulated with Fe$_3$O$_4$ nanoparticles [J]. RSC Advances，2017，7(32)：19604-19610.

[10] YOHE S T，COLSON Y L，GRINSTAFF M W. Superhydrophobic materials for tunable drug release：using displacement of air to control delivery rates [J]. Journal of the American Chemical Society，2012，134（4）：2016-2019.

[11] GUALANDI C，VO C D，FOCARETE M L，et al. Advantages of surface-initiated ATRP(SI-ATRP) for the functionalization of electrospun materials[J]. Macromolecular Rapid Communications，2013，34（1）：51-56.

[12] NIU Q J，MA L L，GUO J X，et al. Preparation and characterization of PGS/PLLA@PNIPAM core-shell nanofiber membrane by electrospinning and surface ATRP grafting[J]. Journal of Engineered Fibers and Fabrics，2021，16：155892502198896.

[13] ZOU Y，ZHANG L，YANG L，et al. "Click" chemistry in polymeric scaffolds：bioactive materials for tissue engineering [J]. Journal of Controlled Release，2018，273：160-179.

[14] FU G D，XU L Q，YAO F，et al. Smart nanofibers from combined living radical polymerization，"click chemistry"，and electrospinning[J]. ACS Applied Materials & Interfaces，2009，1(2)：239-243.

[15] LAM C X F，HUTMACHER D W，SCHANTZ J T，et al. Evaluation of polycaprolactone scaffold degradation for 6 months in vitro and in vivo[J]. Journal of Biomedical Materials Research Part A：2009，90(3)：906-919.

[16] O'BRIEN J，SHEA K J. Tuning the protein corona of hydrogel nanoparticles：the synthesis of abiotic protein and peptide affinity reagents [J]. Accounts of chemical research，2016，49(6)：1200-1210.

[17] ROBERTS E G，RIM N G，HUANG W，et al. Fabrication and characterization of recombinant silk-elastin-like-protein （SELP） fiber [J]. Macromolecular bioscience，2018,18(12)：e1800265.

[18] XU Y，GUO J，LIU Y F，et al. Dual-stimuli responsive skin-core structural fibers with an in situ crosslinked alginate ester for hydrophobic drug delivery[J]. Journal of Materials Chemistry B，2023，11（12）：2762-2769.

[19] ŠTULAR D，KRUSE M，ŽUPUNSKI V，et al. Smart stimuli-responsive polylactic acid-hydrogel fibers produced via electrospinning[J]. Fibers and

Polymers，2019，20(9)：1857-1868.

[20] CHO K，KANG D，LEE H，et al. Multi-stimuli responsive and reversible soft actuator engineered by layered fibrous matrix and hydrogel micropatterns[J]. Chemical Engineering Journal，2022，427：130879.

[21] HU Z M，LI Y L，LV J A. Phototunable self-oscillating system driven by a self-winding fiber actuator［J］. Nature Communications，2021，12：3211.

[22] JURAIJ K，SHAFEEQ V H，CHANDRAN A M，et al. Human body stimuli-responsive flexible polyurethane electrospun composite fibers-based piezoelectric nanogenerators［J］. Journal of Materials Science，2023，58(1)：317-336.

[23] FENG J，PENG H. Responsive polymer composite fiber[J]. Chinese Journal of Chemistry，2022，40(14)：1705-1713.

[24] TANG J，MURA C，LAMPE K J. Stimuli-responsive，pentapeptide，nanofiber hydrogel for tissue engineering［J］. Journal of the American Chemical Society，2019，141(12)：4886-4899.

[25] LI L F，HAO R N，QIN J J，et al. Electrospun fibers control drug delivery for tissue regeneration and cancer therapy[J]. Advanced Fiber Materials，2022，4(6)：1375-1413.

[26] ZHAO J W，CUI W G. Functional electrospun fibers for local therapy of cancer[J]. Advanced Fiber Materials，2020，2(5)：229-245.

[27] SHI Y，CHEN Z. Function-driven design of stimuli-responsive polymer composites：recent progress and challenges［J］. Journal of Materials Chemistry C，2018，6(44)：11817-11834.

[28] WANG D C，YANG X G，YU H Y，et al. Smart nonwoven fabric with reversibly dual-stimuli responsive wettability for intelligent oil-water separation and pollutants removal[J]. Journal of Hazardous Materials，2020，383：121123.

[29] MAZIDI Z，JAVANMARDI S，NAGHIB S M，et al. Smart stimuli-responsive implantable drug delivery systems for programmed and on-demand cancer treatment：an overview on the emerging materials［J］. Chemical Engineering Journal，2022，433：134569.

[30] QU M Y，JIANG X，ZHOU X W，et al. Stimuli-responsive delivery of growth factors for tissue engineering[J]. Advanced Healthcare Materials，2020，9(7)：e1901714.

[31] LIU C Y, WANG Z Y, WEI X Y, et al. 3D printed hydrogel/PCL core/shell fiber scaffolds with NIR-triggered drug release for cancer therapy and wound healing[J]. Acta Biomaterialia, 2021, 131: 314-325.

[32] MA W J, HUA D W, XIONG R H, et al. Bio-based stimuli-responsive materials for biomedical applications[J]. Materials Advances, 2023, 4(2): 458-475.

[33] ZHANG S Q, YE J W, LIU X, et al. Dual stimuli-responsive smart fibrous membranes for efficient photothermal/photodynamic/chemo-therapy of drug-resistant bacterial infection[J]. Chemical Engineering Journal, 2022, 432: 134351.

[34] WANG Y, WANG Z, LU Z Y, et al. Humidity-and water-responsive torsional and contractile lotus fiber yarn artificial muscles[J]. ACS Applied Materials & Interfaces, 2021, 13(5): 6642-6649.

[35] BAGHERZADEH E, SHERAFAT Z, ZEBARJAD S M, et al. Stimuli-responsive piezoelectricity in electrospun polycaprolactone (PCL)/polyvinylidene fluoride(PVDF) fibrous scaffolds for bone regeneration[J]. Journal of Materials Research and Technology, 2023, 23: 379-390.

[36] CHEN M, LI P, WANG R, et al. Multifunctional fiber-enabled intelligent health agents [J]. Advanced Materials, 2022, 34(52):e2200985.

[37] KIM H, MOON J H, MUN T J, et al. Thermally responsive torsional and tensile fiber actuator based on graphene oxide[J]. ACS Applied Materials & Interfaces, 2018, 10(38): 32760-32764.

[38] KUREĈIĈ M, ELVEREN B, GORGIEVA S. Polysaccharide-based stimuli-responsive nanofibrous materials for biomedical applications[J]. Functional Biomaterials: Design and Development for Biotechnology, Pharmacology, and Biomedicine, 2023, 2: 419-444.

[39] YU Y, LI L L, LIU E P, et al. Light-driven core-shell fiber actuator based on carbon nanotubes/liquid crystal elastomer for artificial muscle and phototropic locomotion[J]. Carbon, 2022, 187: 97-107.

[40] KANIK M, ORGUC S, VARNAVIDES G, et al. Strain-programmable fiber-based artificial muscle[J]. Science, 2019, 365(6449): 145-150.

[41] YAO Y, XU Y, WANG B, et al. Recent development in electrospun polymer fiber and their composites with shape memory property: a review [J]. Pigment & Resin Technology, 2018, 47(1): 47-54.

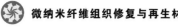

[42] SINGH B, SHUKLA N, KIM J, et al. Stimuli-responsive nanofibers containing gold nanorods for on-demand drug delivery platforms[J]. Pharmaceutics, 2021, 13(8): 1319.

[43] HAMEDI H, MORADI S, TONELLI A E. External stimuli responsive nanofibers in biomedical engineering[M]. Berlin: Springer, 2022.

[44] TENG D F, ZHAO T N, XU Y Q, et al. The zein-based fiber membrane with switchable superwettability for on-demand oil/water separation[J]. Separation and Purification Technology, 2021, 263: 118393.

[45] LI X L, HE Y, HOU J W, et al. A time-programmed release of dual drugs from an implantable trilayer structured fiber device for synergistic treatment of breast cancer[J]. Small, 2020, 16(9): e1902262.

[46] LI H Y, LIU K L, WILLIAMS G R, et al. Dual temperature and pH responsive nanofiber formulations prepared by electrospinning[J]. Colloids and Surfaces B: Biointerfaces, 2018, 171: 142-149.

[47] DONG Y P, ZHENG Y Q, ZHANG K Y, et al. Electrospun nanofibrous materials for wound healing[J]. Advanced Fiber Materials, 2020, 2(4): 212-227.

[48] SHANG S L, ZHU P, WANG H Z, et al. Thermally responsive photonic fibers consisting of chained nanoparticles[J]. ACS Applied Materials & Interfaces, 2020, 12(45): 50844-50851.

[49] XI J X, SHAHAB S, MIRZAEIFAR R. Qualifying the contribution of fiber diameter on the acrylate-based electrospun shape memory polymer nano/microfiber properties [J]. RSC Advances, 2022, 12 (45): 29162-29169.

[50] SHANG L R, YU Y R, LIU Y X, et al. Spinning and applications of bioinspired fiber systems[J]. ACS Nano, 2019, 13(3): 2749-2772.

[51] TYO K M, MINOOEI F, CURRY K C, et al. Relating advanced electrospun fiber architectures to the temporal release of active agents to meet the needs of next-generation intravaginal delivery applications[J]. Pharmaceutics, 2019, 11(4): 160.

[52] JEAN S, FABIAN I, KARIN W K, et al. pH-responsive electrospun nanofibers and their applications[J]. Polymer Reviews, 2022, 62(2): 351-399.

[53] TAKEUCHI N, NAKAJIMA S, YOSHIDA K, et al. Microfiber-shaped programmable materials with stimuli-responsive hydrogel [J]. Soft

Robotics，2022，9（1）：89-97.

[54] WANG C M, WU B H, SUN S T, et al. Interface deformable, thermally sensitive hydrogel-elastomer hybrid fiber for versatile underwater sensing [J]. Advanced Materials Technologies，2020，5（12）：2000515.

[55] LI J C, REDDY V S, JAYATHILAKA W A D M, et al. Intelligent polymers, fibers and applications[J]. Polymers，2021，13（9）：1427.

[56] ZHANG J, CHENG C, CUELLAR J L, et al. Thermally responsive microfibers mediated stem cell fate via reversibly dynamic mechanical stimulation[J]. Advanced Functional Materials，2018，28（47）：1804773.

[57] TSENG L F, MATHER P T, HENDERSON J H. Shape-memory-actuated change in scaffold fiber alignment directs stem cell morphology [J]. Acta Biomaterialia，2013，9：8790-8801.

[58] KAHOLEK M, LEE W K, LAMATTINA B, et al. Fabrication of stimulus-responsive nanopatterned polymer brushes by scanning-probe-lithography[J]. Nano Letters，2004，4（2）：373-376.

[59] SAHNEH F D, SCOGLID C, RIVIERE, J. Dynamics of nanoparticle-protein corona complex formation：analytical results from population balance equations[J]. Plos One，2013，8（5）：1-10.

第6章

微纳米纤维载体与药物递送

6.1 引　言

纳米技术应用在医学领域习惯上称为纳米医学。在医学治疗中,无论病人患有何种疾病几乎都需要用药物来治疗,根据药物本身的性质,常见的给药方式通常分为口服、肌肉注射、静脉滴注、手术植入、皮肤吸收等。医药领域目前面临的挑战之一是对疾病诊断治疗的高敏感性和高效性,尤其是针对癌症、艾滋病以及一些变异性疾病的诊断和治疗更是如此。其最基本的要求是尽量用最小剂量的药物达到最佳的治疗效果,而且不对患者身体产生毒副作用。尤其一些慢性疾病,如癌症和艾滋病,其治疗的药物大多含有毒性成分,理想的给药方式是定向、定点给药,而且不对身体其他部位造成影响,从而达到治疗的目的。此外,为保护药物的活性和提高其生物利用度,大部分药物需要在载体的作用下传递到人体内,通过将聚合物制备成纳米胶束、纳米粒子、纳米凝胶等来传递活性物质(药物、基因、蛋白质或 DNA)。

载体药物递送系统(carrier drug delivery system,CDDS)包括微纳米颗粒、水凝胶、微胶囊和电纺纤维类等。由于纳米尺度下材料表现出的多种特性,将药物制备成纳米药物或者用纳米材料负载药物制备成纳米药物传递系统,可以在用药剂量、降低副作用、发挥最大疗效等方面发挥明显的作用。作为需要保持活性的药物在制备成药剂时,需要选择不会影响药效的制备方法,制备条件温和、方法简单方便、成本低廉往往是需要考虑的因素。静电纺丝法因其设备简单、成本低廉、操作便捷以及高效可行,被视为制备纳米药物载体的有效方法之一。

6.2　微纳米纤维药物制剂

随着科学技术的日益发展,药剂学的发展已进入一个全新时代,各类新型药物剂型在朝着稳定储藏、纳米微粒、控释缓释方向发展,以便定速释放、定位释放和定时释放,既能有效治疗疾病又可减轻患者痛苦、降低药物毒副作用。纳米纤维载体可满足医用功能性、生物相容性的要求,其既可以延缓、控制释放药物,提高疗效;又可以掩蔽药物的毒性、刺激性和苦味等不良性质,减小对人体的刺激;还可以使药物与空气隔离,防止药物在存放过程中的氧化、吸潮等不良反应,增加储存的稳定性,使生物医用高分子材料有广阔的发展前景。

6.2.1　速释制剂

药物快速起效的关键之一是药物的快速释放和溶解。然而,许多快速起效的药物的水溶性较差,体现出缓慢的溶解特性。因此,将这些药物结合到递送系统中,可以确保其快速润湿或崩解,从而迅速且及时地释放药物。纳米纤维递送系统可用于难溶性药物的快速溶解和释放。但此时嵌入纳米纤维中的药物颗粒的尺寸通常小于纳米纤维本身的直径,因此与较大尺寸的颗粒相比,可有效促进药物的快速溶解。

表 6.1 所示为常用微纳米纤维速释制剂的聚合物及药物。由此类聚合物形成的纳米纤维可以实现药物的立即释放;电纺纤维的高比表面积和高孔隙率有助于难溶性药物的分散,具有将结晶药物转化为无定形态的能力(通常认为,非晶结构药物具有更快的溶解速率)。纳米纤维载体选择和制备的关键,是筛选出合适的水溶性聚合物作为纳米纤维基质,其能够快速润湿、崩解和溶解药物。

表 6.1　常用微纳米纤维速释制剂的聚合物及药物

聚合物	药物
聚氧乙烯	洛伐他汀
聚己内酰胺－聚乙酸乙烯酯－聚乙二醇接枝共聚物	美洛昔康
醋酸纤维素	熊果苷
羟丙基－β环糊精	阿昔洛韦
聚乙烯吡咯烷酮	环丙沙星
壳聚糖	多奈哌齐

例如,将聚己内酰胺—聚乙酸乙烯酯—聚乙二醇接枝共聚物(SP)添加到当归提取物(AGN)负载的聚乙烯醇(PVA)纳米纤维中,用于局部口服药物递送。结果表明,纳米纤维可更快地润湿和崩解,提取物的释放速率增加,如图 6.1 所示。

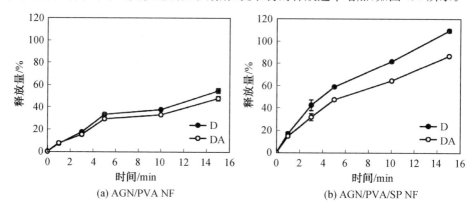

(a) AGN/PVA NF (b) AGN/PVA/SP NF

图 6.1　AGN 在 PVA/SP 纳米纤维中的体外释放数据

D—紫花前胡素;DA—紫花前胡素当归酸酯

6.2.2　缓释制剂

缓释制剂是指用药后能在较长时间内持续释放药物以达到长效作用的制剂。与速释制剂不同,缓释制剂旨在通过延长或延迟药物递送来实现所需的药理作用,从而可以避免一般制剂频繁服用后,血药浓度起伏过大,而出现有效血药浓度的忽高忽低。缓释制剂药物释放主要是一级反应速率的过程。对于注射型制剂而言,其药物释放可以持续数天到数月;对于口服剂型,持续时间则根据在消化道内的停留时间而有所不同,一般以小时计。为了延长药物释放,由生物可降解或可溶胀聚合物制成的纳米纤维通常是非常理想的选择,这些聚合物在释放环境中会逐渐地发生分解并溶胀。该类电纺纤维可以实现药物的缓慢释放的重要因素是所选择聚合物的疏水性,以及所纺制的微纳米纤维的厚度等;此外,组装成具有核壳结构的微纳米纤维也可以有效延长药物的释放。表 6.2 给出了几种常见缓释制剂的电纺聚合物及所负载药物。

表 6.2　常用微纳米纤维缓释制剂的聚合物及药物

聚合物	药物
明胶	两性霉素 B
聚乳酸—羟基乙酸共聚物	盐酸环丙沙星
聚乙烯醇	5 氟尿嘧啶
醋酸纤维素	肉桂酸
聚己内酯	甲硝唑

6.2.3　控释制剂

控释制剂是指药物能在预定时间范围内以预定速度释放,使血药浓度可以长时间恒定维持在有效的浓度范围内的制剂。狭义而言,控释制剂一般是指在预定时间内,以零级或接近零级反应速率释放药物的制剂;广义而言,控释制剂则包括控制释药的速度、方向和时间。因而,靶向制剂等也都可以属于广义的控释制剂范畴。也因此,缓释制剂与控释制剂的主要区别在于缓释制剂是按一级反应速率规律释放药物,即释药是按时间变化,先多后少的非恒速释药;而控释制剂是按零级反应速率规律释放,即释放是不受时间影响的恒速释药,可以得到更为平稳的血药浓度,即"峰谷"波动更小,直至基本吸收完全。

控释制剂在癌症治疗中可以对原位肿瘤细胞进行靶向锚固,防止肿瘤细胞发生转移和侵袭。东华大学研制的功能化载药纤维微球,可实现长期药物控释和靶向治疗,通过电喷雾含有静电纺短纤维的分散液制备多孔微球,如图 6.2 所示。相较于纳米纤维膜,短纤维不但没有改变纤维膜固有的理化性质,而且在原有功能基础上还赋予纤维的可注射性能,打破了二维结构的传统静电纺纤维膜在治疗和应用中长久作为外侵入植入体的缺陷;同时,通过电喷雾技术创造的三维立体球状结构,进一步拓宽了静电纺技术在组织工程中的应用。微球中的钆(Gd)赋予微球 MR 成像功能;透明质酸(HA)可与肿瘤的高表达受体 CD44 结合,赋予微球对肿瘤细胞的靶向锚固功能;微球释放的阿霉素(DOX)能精准作用于肿瘤细胞,发挥更强的化疗效果。

6.2.4　双相制剂

双相制剂是指一种具有两个不同释放相的双相释药系统。其可针对药物的特殊理化性质及生物药剂学性质、疾病发作的时间节律性及复杂性,通过特定的处方设计或工艺技术,以期同时实现速释和缓释、双相控释、速释和定时释放的作用,为临床提供更加灵活的给药方案。刺激响应聚合物可以用作基质型纳米纤维或核壳纳米纤维层,以在 pH、水、CO_2 和电响应等环境中产生的刺激激活药物释放。在暴露于适当的刺激后,响应性聚合物可以显示其物理化学特性的变化。在双相药物释放系统中,突释后持续释放。

单一的基质和核壳纳米纤维结构可用于双相药物释放。核壳纳米纤维的核层含有盐酸万古霉素、聚乙烯吡咯烷酮和氧化石墨烯,壳层有聚(ε-己内酯),这种核壳结构纤维可显示出典型的双相药物释放;氧化石墨烯与盐酸万古霉素发生相互作用,氧化石墨烯的含量控制了药物的释放。此外,还可以使用多层纳米纤维毡(即夹层结构)实现双相药物释放;负载酮洛芬的玉米醇溶蛋白纳米纤维作为外层,加载酮洛芬的聚乙烯吡咯烷酮/氧化石墨烯纳米纤维作为内层,采用

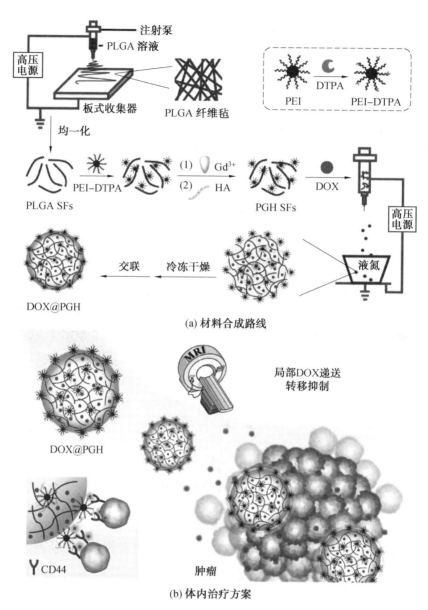

图 6.2　通过电喷雾含静电纺短纤维的分散液所制备的多孔微球功能化
载药纤维微球示意图

静电纺丝技术按照顺序制备多层纤维毡。

　　双相药物释放对局部给药是有利的。例如,在癌症治疗中,抑制恶性肿瘤生长需要初始药物迅速释放,而持续释放剩余剂量可确保长期治疗。

6.3　微纳米纤维载药方式

　　无论是抗菌药、抗癌药,还是蛋白、DNA、RNA、生长因子,也包括活细胞等,都可以通过静电纺丝方式被搭载入微纳米纤维中;微纳米的纤维形态使得载体具有较高的载药能力和包裹效率,且可以同时输送多种不同的药物,还能够实现诸如速释、缓释、脉动释放、双相释放等多种药物释放动力学行为。电纺方式是载药微纳米纤维中药物分子存在状态的决定性因素之一。基于目前的电纺类型,药物分子主要有 4 种存在状态:①药物与基质混合,以无定形态分散在基质中;②药物处于核层,被壳层基质包裹在纤维中;③药物既分散在壳层基质,又被包裹在核层基质中;④药物与基质形成纳米粒或纳米乳,再分散在纤维中。

6.3.1　混合电纺载药

　　多数研究者通过将药物和聚合物溶液混合电纺,成功地将药物负载到电纺纤维载体上,包括亲脂性药物和亲水性药物的多种低分子量药物可在纤维基体中均匀分散。最早利用静电纺丝技术制备纳米纤维药物载体的是 Kenawy 等人,他们以盐酸四环素为药物模型,聚乙烯醋酸乙烯共聚物(PEVA)、聚乳酸(PLA)以及二者混合物的电纺纤维作为药物载体。研究结果表明,电纺纤维膜中的药物释放效果优于在流延膜中的效果,而静电纺丝的材料多样性将使电纺纤维在控制释放领域中具有广泛的应用价值。Brewster 等以水不溶性药物伊曲康唑为药物模型,以水溶性羟丙甲基纤维素为药物载体;电纺纤维大的比表面积扩大了药物的分散程度,提高了药物的传递和扩散能力;该研究为传递难溶性药物提供了方法。还有研究报道了利用静电纺丝技术以聚氨酯(PU)为载体,以硝苯地平(NIF)为药物模型,详细考察了 PU 电纺纤维中药物的释放行为。

　　研究中通过紫外－可见分光光度法定量考察了 NIF 在释放介质中的释放量。首先,测试释放液的吸光度,然后根据浓度－吸光度标准曲线换算得出 NIF 的释放浓度和累积释放量,结果如图 6.3 所示。从图 6.3(a)可以看出,沉浸在 PBS 中的未加 NIF 的 PU 电纺纤维膜,其对释放液进行吸光度测试的结果几乎为零,说明释放液中由聚合物的降解对测试造成的干扰较小,可忽略。因此,图中曲线显示随电纺纤维中 NIF 含量增加,实时释放浓度增大。统计分析的结果表明,在显著性水平 $P<0.05$ 时,纤维膜浸入 PBS 的相同时间后,NIF 在纤维膜中的含量不同,其释放量明显不同。NIF 质量分数为 4.2% 时,其在 24 h 的释放浓度为 13 $\mu g/mL$;而 NIF 质量分数为 2.7% 时,其释放浓度为 8 $\mu g/mL$。这一结果说明,NIF 的含量高,其释放也相应快。NIF 在某点的释放量与总量的比值

称为这一点的累积释放量,图 6.3(b)对比了纤维膜中不同 NIF 质量分数所对应的累积释放量。统计分析结果表明:在显著性水平 $P<0.05$ 时,NIF 质量分数为 2.7% 和 4.2% 的纤维膜,其释放曲线上只有少数几点的累积释放量不同,其他各点则无显著差异。在释放 72 h 后,累积释放量虽未达 100%,但根据 NIF 在水中的溶解度计算得知,同样质量的 NIF 在无载体作用下的最高释放量不超过 20%,而 NIF 借助于载体则增加了其在水溶液中的释放量。但因为 NIF 为水不溶性药物,其释放是随共纺纤维中 PU 组分的降解,药物分子从 PU 分子链上脱离从而实现的释放,因此 NIF 的释放不会是完全释放。虽然微纳米纤维大的比表面积可以增加 NIF 在介质中的分散程度,增强其在水性介质中的释放量,但由于 PU 基体的疏水性,降解后的 PU 不溶于水性介质,即使 PU 纤维完全降解,也会有不溶解 NIF 粒子残留于未完全降解的 PU 基体中,从而不能完全分散到水性介质中。

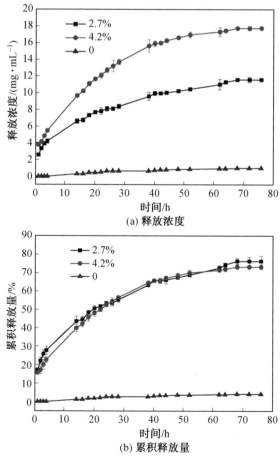

(a) 释放浓度

(b) 累积释放量

图 6.3　NIF 的释放量与其在纤维中含量的关系曲线

该研究进一步在 PU 纺丝液中加入可纺性好的 PVP 组分。PVP 复合后,纤维中 NIF 的累积释放量测试结果如图 6.4 所示。可以看出,有无 PVP 的纤维中,NIF 的释放量均无突然增加的现象。但在 PVP 加入后,虽然 24 h 后的药物释放量只从 50% 提升至 53%,但 72 h 后的释放量可达 90%。即 PVP 的加入,能够增加 NIF 在介质中的累计释放量。这是因为 PVP 在水溶液中具有较好的溶解性,PU 基体中引入 PVP 后,分散在 PVP 基体中的 NIF 会伴随 PVP 的溶解分散于介质中。该研究结果也表明,在不影响水不溶性药物性能的情况下,可通过适量加入水溶性聚合物以提升药物的释放量,一定程度上解决难溶性药物释放差、利用率低的问题。

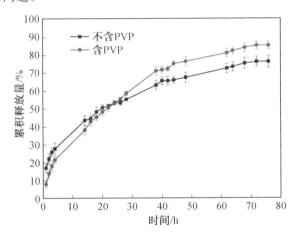

图 6.4　PU 纤维及 PVP 与 PU 复合纤维中的硝苯地平累计释放量曲线

以旋涂法成膜并与静电纺丝膜进行对比,比较了不同类型膜中硝苯地平的释放行为,结果如图 6.5 所示。可以看出,旋涂法所制备的复合膜中 NIF 分散完全,无小颗粒出现,膜呈现黄色透明状态,薄膜之下的文字清晰可见;而相同 NIF 含量的静电纺丝膜在整体上为不透明的白色膜片。

相同质量的旋涂膜和电纺膜在 72 h 后的 NIF 释放量基本相等,如图 6.6 所示。在 7~72 h 之间,旋涂膜中的 NIF 累积释放量均大于静电纺丝膜中的 NIF 释放量;至 24 h,旋涂膜和电纺膜中的 NIF 释放量分别为 70% 和 53%。这主要是因为不同类型的载体中的 NIF 分散程度不同:旋涂膜中的 NIF 在释放初始阶段会出现释放量增加较快的现象;而静电纺丝膜由纳米纤维组成,药物分子分散在纤维基体中,借助于纤维大的比表面积可有效提升其在基体中的分散程度;此外,在纤维结构慢慢破损的同时,NIF 逐步释放出来,因此整体的释放过程平稳,有利于药物的控制释放。作为口服药物的给药方式,药物的"突释"现象往往会对胃肠道产生较大刺激,也容易引起血药浓度波动较大,病人会有头晕、心跳加快等不良反应。研究表明,与旋涂膜相比,静电纺丝膜为较理想的药物载体材料。

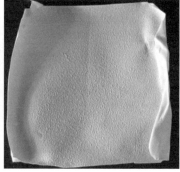

(a) 旋涂膜   (b) 电纺膜

图 6.5　含有 NIF 的 PVP 复合 PU 的旋涂膜与电纺膜的光学照片

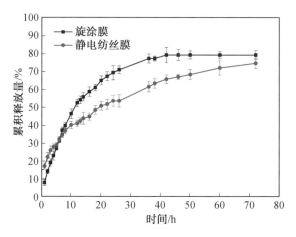

图 6.6　旋涂膜和电纺膜中 NIF 的累计释放量曲线

　　药物与聚合物载体之间的作用方式通常有两种：一种是化学作用，即聚合物和药物分别带有反应官能团，通过官能团之间形成的化学键将两者连接起来，药物由于化学键断裂而被释放出来；另一种是物理作用，即药物与聚合物之间不发生反应，而是溶解、分散、包埋在聚合物中，聚合物基体对药物的释放起到阻碍和控制作用。聚合物和药物之间的这种物理作用可以是范德瓦耳斯力、极性作用力或氢键的作用。所制备的 PU 与 NIF 共纺纤维是采用溶液共混的方法将两种物质进行混合，然后利用静电纺丝技术得到药物与聚合物的共混物，药物与聚合物之间的相容性对药物的释放速率具有影响。该研究考察了以乙醇为释放介质下的电纺纤维膜中 NIF 的释放行为。根据释放介质的不同，PCL 基 PU 可以或快或慢地发生断裂和出现破损而体现不同的降解程度，所以 PU 电纺纤维会在释放介质中呈现对药物不同的释放速率。图 6.7 所示为 PU 电纺纤维膜与乙醇接触的 SEM 照片，可以看出，PU 电纺纤维与乙醇的接触加快了纤维载体的降解速度;在 PU 纤维降解的同时,所负载的药物硝苯地平的释放过程自发地进行。

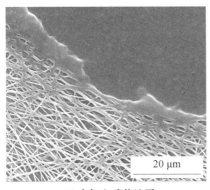

(a) 未加入硝苯地平

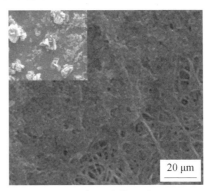

(b) 加入硝苯地平

图 6.7　PU 电纺纤维膜与乙醇接触的 SEM 照片

((b) 中的插图是释放物质的照片)

电镜分析结果表明,纤维表面和内部均无粒子,说明 NIF 良好分散于纤维基体中,形成了宏观均匀的纤维材料。另外,Six 指出药物在聚合物中的分散状态与药物的浓度有关,当药物浓度超过一定量时,会与聚合物基体发生相分离,出现药物的玻璃态聚集体。这些玻璃态聚集体不受聚合物的保护,因此会趋向于重结晶,最终导致药物溶解速率的降低。而以分子分散的药物受到相邻聚合物分子的保护具有较高的物理稳定性,避免了重结晶。在共纺纤维中药物 NIF 的最大质量分数为 4.2%,远远小于 Six 得出的极限质量分数(40%),在该质量分数下,药物均匀分散在聚合物纤维载体中。

药物在不可降解聚合物中的释放利用的是扩散机制,与载体的厚度和渗透率有关,而药物在可降解聚合物中的释放除了利用扩散机制外,还可以伴随着聚合物的降解而释放。NIF 分子中的氮氢键可与 PU 分子中的氮氢键或羰基间产生氢键,又根据 PU 电纺纤维中的 NIF 累积释放量与时间的曲线可知,在释放72 h 后的累积释放量可以达到 76%。由此,药物的释放不仅仅依靠聚合物的降解来实现,还包含扩散机制,其扩散过程通常可以用以下几个步骤来描述:释放介质渗透进入聚合物基质,使分散在聚合物中的药物溶出;由于浓度差的存在,药物分子扩散并通过聚合物屏障达到聚合物表面;药物从聚合物载体上解吸附;药物扩散进入释放介质或人体体液。结合释放曲线的检测结果可以看出,药物释放过程中,表面药物首先释放,内部药物需逐渐扩散到表面进行释放。随着扩散距离的增加,传质阻力也在不断增加,释放速率随时间的增加而呈下降趋势。综上,在介质中,可降解 PU 电纺纤维中的 NIF 释放过程可以用图 6.8 的示意图来描述。载体负载药物的过程及药物的释放过程为:①如图 6.8(a)所示,NIF 与PU 混合成均匀纺丝溶液;从各组分的结构角度分析,NIF 分子和 PU 分子间存在氢键作用。②如图 6.8(b)所示,制备 NIF 与 PU 共纺纤维,NIF 分子可分散在 PU 基体中,共纺纤维表面无粒子析出,因而形成了均匀体系。③如图 6.8(c)所示,当载药共纺纤维膜浸入到介质中,由于组分间氢键的取代作用,NIF 分子可从 PU 分子链上分离出来;随着 PU 逐步降解,释放的 NIF 越来越多,水不溶性 NIF 首先在纤维表面自发聚集成纳米粒子。④如图 6.8(d)所示,PU 大分子链断开缠结,因而纤维破碎成数条小分子链段,自发聚集的 NIF 纳米粒子则被释放到介质中。

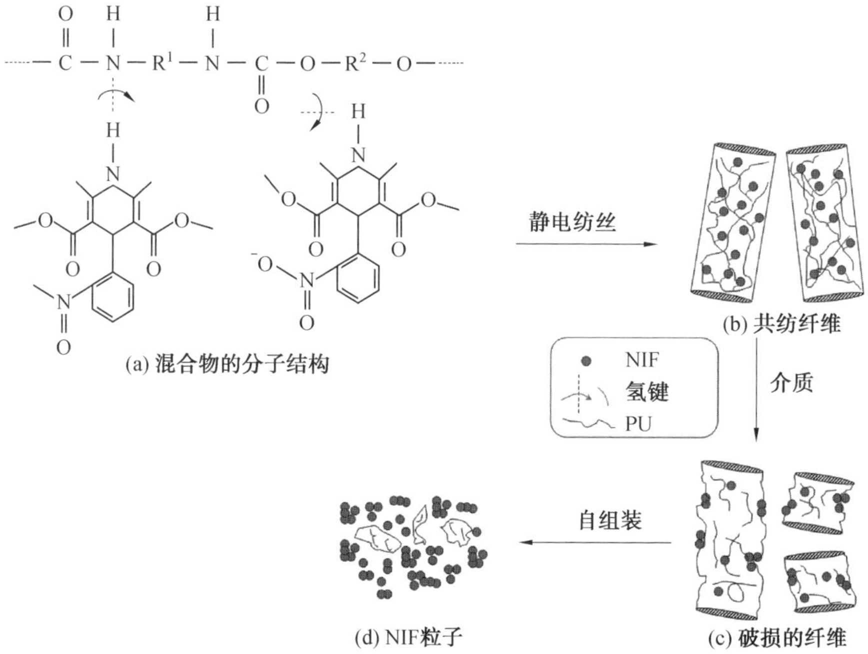

图 6.8 PU 电纺纤维中的 NIF 释放过程示意图

根据图 6.7 的 SEM 观察结果并结合图 6.8 对可降解 PU 纤维载体中 NIF 释放行为的描述,PU 电纺纤维中水不溶性 NIF 的释放过程可视作"降解—释放"的过程,即 PCL 基 PU 电纺纤维在释放介质中发生降解,伴随载体降解而出现疏水性硝苯地平的释放;由于 NIF 为疏水性药物,其在水性释放介质中会自发聚集成纳米粒子。PCL 基 PU 电纺纤维中的 NIF 释放过程的研究,为研究可降解电纺纤维中水不溶性药物的释放行为提供了参考。总体上,难溶性药物的吸收一般都可通过药物在聚合物载体中的分散来达到提高溶解度和控制释放的目的。聚合物载体的存在使得药物在电纺纤维中形成良好的分散体。理想情况下,药物以分子水平分散在聚合物中,即形成"固体溶液"。NIF 与 PU 基体具有良好的相容性,PU 电纺纤维中的 NIF 释放机理是扩散和降解的共同结果。

此外,人们还研究了聚合物纤维内封装生物活性大分子或者蛋白质。Chew 等将人的 β－神经生长因子与聚合物混合电纺,电纺纤维材料的体外释放测试结果表明,电纺纤维载体可有效保护神经生长因子的生物活性。Zhang 等考察了蛋白质样品在纤维中的封装情况,通过荧光异硫氰酸酯结合牛血清蛋白与 PEG 一起封装入 PCL 的纤维内;对材料的相关测试发现:5 d 内,蛋白质从电纺纳米纤维中以相对平稳的方式释放,且蛋白质的性质未发生变化。

采用电纺纤维作为抗癌药物载体的研究表明,纤维载体可以一定程度地克服其他部分药物剂型(如微胶囊、脂质体)的载药量不足的缺点。Xu 等利用静电纺丝技术将抗癌药物卡莫司汀(BCNU)和 PEG－PLLA 载体材料同时溶解于氯仿中进行混合电纺,得到载有 BCNU 的 PEG－PLLA 电纺纤维膜,药物可以均匀地分散在相对光滑的纤维中;对材料的体外药物释放测试发现,药物在初始阶段的突释量随药物含量的增加而增加。此外,负载 BCNU 的 PEG－PLLA 电纺纤维对老鼠神经胶质瘤 C6 细胞生长有显著影响,在 72 h 内表现出明显的抗癌活性;而没有电纺纤维负载作用的药物,则已在 48 h 后失去抗癌活性。因此,药物在电纺纤维的作用下,能有效保持药物活性,这对生物活性高、易分解的药物在人体内的释放起了良好的保护作用。Weldon 等还利用静电纺丝技术,以 PLGA 为载体,与药物布比卡因复合,制备了手术缝合线。研究结果表明,电纺 PLGA 缝合线与商业缝合线相比,在缓解疼痛效果上和力学性能上相当;相较而言,静电纺丝的方法简单,可以制备多种类型聚合物的缝合线,可更有效地应用到麻醉类药物的负载。

将混合电纺方式结合其他成膜方式也可以获得具有纤维状的载体体系。Zeng 等首先将 BSA 与 PVA 混合电纺制备 BSA－负载 PVA 纳米纤维,然后利用化学气相沉积法在载药纳米纤维表面覆盖 PPX,得到 BSA－负载 PVA/PPX 复合纳米纤维。与 PVA 纳米纤维相比,BSA 在 PVA/PPX 纳米纤维中的释放速率较平稳,没有出现"突释"现象,可通过调整外层 PPX 的覆盖厚度来控制药物的释放量。Martin 等利用电化学沉积法在地塞米松－负载 PLGA 混合纳米纤维的表面覆盖导电聚合物聚乙撑二氧噻吩(PEDOT)。PLGA/PEDOT 复合纳米纤维中的药物累积释放量在 54 d 时只有 25%,当对载药纳米纤维施加 1 V 电压时,释放量在几天内就可达到 75%。这是因为对载药纤维施加电压时,在复合纳米纤维内部会产生机械力作用,在力的作用下,药物的扩散能力增加,聚合物 PLGA 的降解速度加快,从而使地塞米松的释放量增加。

6.3.2　乳液电纺载药

多数情况下,亲水性药物与水溶性聚合物混合电纺所制备的纳米纤维,会使药物在初始阶段的释放量相对较高,药物随着聚合物载体在血液或者组织液中的溶解迅速释放,即药物的"突释"现象较为明显,较难实现药物的控制释放。研究发现,水溶性药物在疏水性的可降解聚合物纳米纤维载体中的释放符合零级反应释放动力学。因此,人们提出乳液电纺的方法进行药物封装。对稳定的、均一的 W/O 乳液进行静电纺丝,从而将亲水性药物封装到脂溶性聚合物纳米纤维内部,形成核壳结构的包裹型,或者是层层包裹型,又或是均匀分散型。这些药物封装形式都可以有效避免药物的瞬间释放。乳液静电纺丝设备与混合静电纺丝的基本相同,其主要涉及两种不混溶的溶液同时纺丝(图 6.9)。

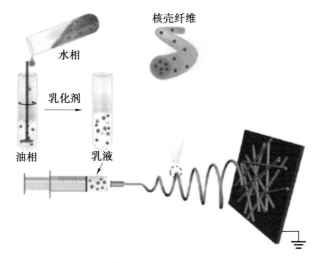

图 6.9　载药体系的乳液静电纺丝示意图

由可生物降解聚合物形成的纤维,在有机溶剂中溶解形成连续相(如使用 W/O 乳液,则其为油相),生物活性物质在水溶液中溶解形成水相,因此消除了有机溶剂对生物活性物质的影响。静电纺丝过程中,连续相蒸发迅速,导致体系黏度增加,由于黏度梯度的存在,含有活性成分的水相液滴则会迁移到射流中心。在电场存在的情况下,由于相互介电电泳,促使液滴统一形成柱状结构。当生物活性物质的分子量较低时,其分布在电纺纤维内;生物活性物质的分子量较高时,最终获得核壳结构电纺纤维。与同轴静电纺丝相比,由于乳液静电纺丝液的水相和有机相之间存在界面张力,这种技术仍有可能损坏生物活性成分。

　　静电纺丝纤维的一个主要应用领域是用于高血压、高血糖和抗肿瘤药物等的输送。Hu 等使用乳液静电纺丝法,将聚 ε—己内酯(PCL)或聚羟基丁酸—co—羟基戊酸(PHBV)与两种治疗心血管疾病的亲水性药物盐酸二甲双胍(MH)或酒石酸美托洛尔(MPT)混合制备载药纳米纤维。PCL 和 PHBV 的物理化学性质的差异,导致其释放速率和药物在纤维中的分布出现显著的差异。相较而言,PHBV 负载的纤维有更高的猝发释放,这可能是由于 PHBV 的结晶度较高

（60%～80%），药物多在纳米纤维中的表面位置；PCL 的结晶度较低（45%～60%），导致药物的扩散较慢。通过体外细胞毒性检测的结果表明：载药纳米纤维无细胞毒性作用，纤维与组织细胞具有良好的生物相容性；所形成的支架中，活细胞数量与培养时间呈正相关，MPT－PCL 的活细胞数最高。Xu 等将乳化剂 SDS 和 PEG－PLLA 共聚物混合溶解在氯仿溶液中，然后滴入药物的水溶液，通过静电纺丝纺法进行 W/O 乳液电纺，成功地将水溶性抗癌药物道诺霉素包裹到聚合物电纺纤维中，制备出核壳结构的纤维。其药物释放结果表明，初期药物释放缓慢，依靠的是药物在纤维载体中的扩散机制；后期，随着外层纤维的降解，药物缓慢释放出来，依靠的是纤维的降解机制。细胞毒性实验的研究结果证实，从纳米纤维载体中释放出来的道诺霉素不会产生毒性。Liu 等利用模型药物盐酸四环素（TCH）水溶液作为"水相"，疏水聚合物溶液作为"有机相"，通过乳液静电纺丝制备了核壳纳米纤维膜。其力学性能研究表明，核壳纳米纤维膜比混纺纳米纤维膜更为柔软、更有弹性；其体外药物释放研究表明，TCH 可以连续释放 34 d。在药物负载效率较低的情况下，纳米纤维的释放机制遵循 Fickian 扩散；而当药物负载效率增加时，药物扩散更符合一级动力学模型。Li 等利用乳液电纺的方法制备了生物降解聚合物聚乳酸和聚己内酯共聚的纳米纤维，成功封装了人体神经生长因子（NGF）和水溶性牛血清白蛋白。研究结果证明，乳液电纺可以将蛋白质封装到纳米纤维载体中并释放出来，NGF 保持了生物活性。Hu 等选择生物相容性和力学强度较好的聚合物 PLGA 作为载体材料，利用乳液电纺的方法将头孢菌素和 5－氟尿嘧啶封装到 PLGA 纳米纤维中，天然蛋白质明胶引入到纤维载体中可以增加纤维对细胞的黏附性，同时增加纤维载体的亲水性。其体外药物释放实验显示，药物在初始阶段的释放量较小；细胞毒性实验证实，乳液电纺纤维载体对细胞的毒性较低，细胞在纤维载体上的黏附和增殖状况较好。总体上讲，乳液核壳纳米纤维可以作为一种有希望的药物储存库，用于持续和连续的药物释放行为；同时，药物释放动力学的研究与模型药物的性质结合起来，可以开发类型更为广泛的纳米纤维载体和生物医用材料。

6.3.3 同轴电纺载药

将静电纺丝设备中的针头换成具有双层结构的同心针头，电纺出具有核壳结构的纤维，可使得药物或者载药纤维的外层包裹聚合物，其内层可以是蛋白质、DNA 等生物大分子或者是药物/聚合物混合纳米纤维，又或者可以是无机物；其外层是可生物降解聚合物或功能性聚合物，也可以是无机物。卢杭诣等采用同轴静电纺丝法制备了以盐酸四环素作为药物模型的载药玉米醇溶蛋白（Zein）/聚乙烯醇－苯乙烯基吡啶盐缩合物（PVA－SbQ）复合纳米纤维，并进行了紫外光照处理。其药物释放实验表明，同轴载药纳米纤维膜在初始 5 min 内，仅释放了 8%;25 min 后,药物释放速率逐渐平缓,释药曲线总体较为平滑;85 min后,药物的释放较为缓慢,进入了药物释放稳定区。同轴方式所获纤维载体有效缓解了水溶性盐酸四环素的初期突释现象。He 等采用同轴静电纺丝技术制备具有核壳结构的双载药纤维毡,其以柚皮苷负载的聚乙烯吡咯烷酮为核纤维,以甲硝唑负载的聚乳酸－乙醇酸为壳纤维,并考察纤维对细菌的抑制作用。体外实验结果表明,甲硝唑有短期释放行为,而柚皮苷有长期释放行为。Lu 等利用同轴电纺技术制备 PCL/明胶核壳结构,PCL 为纤维内层,可以增加明胶纤维的力学强度;纤维能够吸附牛血清白蛋白和肝内磷脂,内皮细胞生长因子(VEGF)被成功封装到负载有蛋白质的纳米纤维中。释放测试实验发现,15 d 后,VEGF 仍旧能持续释放,且可保持其生物活性。Wang 等以 PDLLA 为内层材料,PHB 为外层材料,二甲基草酰甘氨酸(DMOG)为药物模型,制备了核壳结构纳米纤维,研究了内层流速对内外层纤维直径的影响,外层纤维层越厚,则药物释放得越慢。Nguyen 等利用同轴电纺技术制备了 PEG/PLA 核壳结构纳米纤维,内层为 PEG 与水杨酸(SA)的混合物,外层为 PLA;通过调整内外层流速,可以制备多孔纳米纤维。SA 在多孔纳米纤维中持续释放,而在无孔纳米纤维中的释放量较低。

此外,有研究报道了以温敏聚合物 PNIPAM 为核层、PU 为壳层的核壳结构电纺纤维。所使用的静电纺丝设备是在单轴电纺的基础上增加一台微量推进泵,用于外层溶液的推进;两台推进泵分别控制内外层溶液的流速,可以保证其体现不同的流速。实验设计的同轴针头的内部针头内径为 0.51 mm、外径为 0.82 mm;外部针头内径为 1.55 mm,针头采用不锈钢材质。该核壳结构纳米纤维负载 NIF 的体外药物释放结果如图 6.10 所示。为对比,采用 PNIPAM 与 PU 共纺方式的 NIF 载药纤维膜,在介质中的释放曲线也列于图 6.10 中。二者均有少量 NIF 会因与水溶性组分 PNIPAM 以共纺纤维形式存在,而在纤维膜放入释放介质后产生少量的即时释放;但因核壳结构纤维的外层是 PCL 基 PU,耐水性良好,在介质中的降解相对较慢,因而内层包裹的 NIF 扩散到释放介质中所需时间会较共纺纤维中所需时间略长。由图可见,核壳结构纤维中的药物释放量增加到 43% 后基本维持不变,即以 PCL 基 PU 为壳层的核壳电纺纤维作为 NIF 载体,可以减慢 NIF 的释放速率。PNIPAM/PU 混纺纤维中,3 h 后的 NIF 释放量大于核壳结构电纺纤维中的 NIF 释放量,其在 24 h 时释放量达到 56%;而核壳电纺纤维中的 NIF 释放量在 24 h 后为 43%。因此,核壳结构电纺纤维可以控制 NIF 的释放,更有效体现药物的控制释放作用。

通过改进同轴装置,可以将可纺性差的低浓度聚合物溶液作为同轴外层溶液,以此制备具有核壳结构的微纳米纤维。此外,改进同轴装置还可以实现对疏水性药物的控释作用。Yu 等采用改良同轴静电纺丝装置制备了载药纤维膜:以

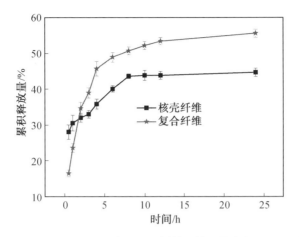

图 6.10　PNIPAM/PU 混纺纤维和同轴电纺纤维中的 NIF 释放曲线

1%(质量浓度)不溶性玉米醇溶蛋白溶液为壳层溶液,核层装载水溶性差的药物模型酮洛芬(KET)(改良的装置图如图 6.11 所示)。玉米醇溶蛋白包被的纳米纤维不产生任何初始爆破状的释放效应,并能通过扩散机制使药物在 16 h 内呈现出线性释放的特性。

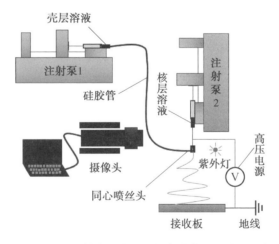

图 6.11　改良同轴静电纺丝法制备载药纤维膜的示意图

6.3.4　三轴电纺载药

　　三轴电纺是在同轴电纺基础上进行改进的一种电纺技术,其所制备的核壳结构纳米纤维可为构建新型的纳米功能材料提供有效的策略。相较于同轴电纺,三轴电纺具有三层结构,药物一般置于中间层和最内层,壳层使用不可纺的溶液(如醋酸纤维素(CA)溶液)。三轴电纺纤维的壳层不仅能提供扩散屏障,减少初始释放;且能控制中间和核层的药物浓度,使药物呈现梯度分布;还能够固定药物的释放速率从而消除拖尾释放现象。Wang 等以阿昔洛韦(ACY)为药物模型,醋酸纤维素为聚合物基质,以乙醇、丙酮和二甲基乙酰胺(DMAc)为溶剂,以溶剂体积比 1∶4∶1 的比例制备了三种工作液,分别为壳层溶液质量分数为 2% CA、中间层溶液质量分数为 12% CA +3%ACY 以及核层质量分数为 20% ACY,并运用三轴电纺工艺制备了三层载药纳米纤维,三轴电纺制备三层载药纤维过程示意图如图 6.12 所示。由于该壳层溶液不具有电纺性能,且 ACY 作为小分子也使得核层药物溶液不具有可纺性,故电纺时壳层和核层溶液会与中间的可纺溶液同时凝固形成纺丝纤维。药物释放研究结果表明:三轴电纺纤维中,ACY 在 1 h 内的释放量(1.1%±0.6%)小于同轴电纺纤维(11.5%±2.3%),并且能提供超过 28 h 的线性药物缓释效果;在拖尾释放中,三轴电纺纤维中质量分数为 20% 的 ACY,仅在 8 h 内释放完毕;而同轴纤维在相同的实验条件下,则需要 22 h,长拖尾的释放效果对精确给药是不利的。

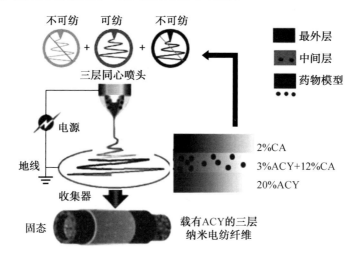

图 6.12　三轴电纺制备三层载药纤维过程示意图

Wang 等以枸橼酸他莫昔芬(TAM)为负载药物,壳层溶液为乙醇、丙酮和 DMAc 的混合溶液(体积比为 1∶4∶1),中间层则在壳层体系中加入聚合物醋酸纤维素,核层分别选取纯药物 TAM 溶液、药物 TAM 和 PVP 混合溶液,通过三轴电纺技术分别制备了载药纤维 D1 和 D2。由于 D1 的核层溶液为纯药物溶液,纺制得到的纤维中 TAM 主要以结晶态形式存在;D2 核层溶液中加入的 PVP 在一定程度上起到了抑制药物 TAM 结晶的作用。D1 和 D2 在 1 h 的药物释放量分别为 4.3% 和 3.6%,均小于 5%,表明消除了药物的暴释现象。但二者在拖尾释放性能方面表现出显著差异:载药纤维 D2 在 60 h 的溶出试验后释放了 97.8%±

4.4%的载药,并需要大约 12 h 来排出整个药物;相比之下,D1 在 60 h 的溶出试验后释放出 90.7%±4.2%的载药,并需要大约 36 h 来排出所有药物;这主要归因于 D2 核层药物溶解不需要克服晶格能。无论是拖尾释放时间还是拖尾释放量方面,D2 都表现出比 D1 更好的应用性能。

6.3.5　纳米颗粒包埋药物

研究表明,一些无机纳米材料,如埃洛石纳米管(halloysite nanotubes,HNTs)、碳纳米管(carbon nanotubes,CNTs)、羟基磷灰石、锂皂石、介孔二氧化硅等,都具有高的比表面积、高的表面活性和良好的生物相容性,对多种化学物质及生物活性大分子有着较强的吸附能力,可以作为药物的良好载体材料。但这些纳米材料载药后多以粉末形式存在,易发生团聚,无法实现器件化,且其大多存在比较明显的药物突释现象。将载药纳米颗粒与高分子纺丝液混合电纺,可制备一系列的新型有机/无机杂化纳米纤维双重载药体系。一方面,双重载药体系可有效地延长药物的扩散历程;另一方面,负载的无机成分可有效提高纤维的机械性能。

Pan 等引入介孔二氧化硅作为药物载体,将萘普生(NAPs)药物负载到介孔二氧化硅中,与 PVA 进行静电纺,并与纯 PVA 电纺载药纤维膜作对比,以考察药物的释放性能丝。包覆介孔二氧化硅的电纺纤维膜的制备流程示意图如图 6.13 所示。研究结果表明,PVA 载药纤维膜中的药物在释放初期出现了突释现象,释放率达到 90%;而载药介孔二氧化硅掺入纳米纤维后,其突释现象被有效抑制。

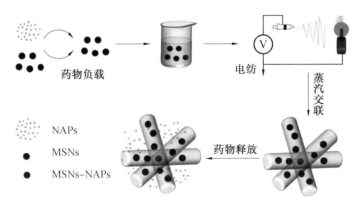

图 6.13　包覆介孔二氧化硅的电纺纤维膜的制备流程示意图

6.3.6　电纺串珠载药

大多情况下,静电纺丝所获微纳米纤维是表面光滑、直径均匀和无串珠的外观形态。串珠纤维往往被视为低质量的电纺纤维,但在某些特殊要求和应用需求研究的前提下,也存在有意制备串珠纤维来作为药物沉积的载体的情况。串珠电纺纤维具有微米级珠粒和纳米级纤维间隔分布的特点,可以完全包覆水溶性药物或固体颗粒,能有效改善电纺光滑纤维材料可能存在的药物外漏的问题,实现药物的缓释效果。此外,有研究表明,串珠纤维具有相对更强的疏水性。与光滑纤维相比,其所具有的独特微珠结构的串珠纤维,在药物负载和缓释方面表现出更好的应用前景。Xi 等制备了丝素蛋白平滑纤维、串珠纤维和同轴串珠纤维,纤维的 SEM 照片如图 6.14 所示。以盐酸阿霉素为药物模型,比较了纤维在不同 pH 下的药物释放行为。研究结果表明:具有串珠结构的电纺纤维的药物释放速率比光滑纤维的慢;尤其是在同一释放量下,同轴串珠纤维的药物释放速率明显低于串珠纤维。

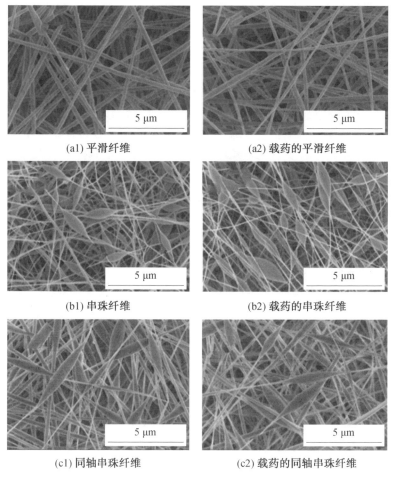

图 6.14　静电纺丝纤维的 SEM 照片

Ma 等将含有喜树碱(CPT)的串珠状静电纺丝纤维制备在针织丝素(SF)网格布表面,纤维的 SEM 照片如图 6.15 所示。负载串珠电纺纤维的 SF 网格(CPT－SF 网格)具有优异的力学性能;更重要的是,它能够在无突发释放的情况下持续释放 CPT。体外细胞毒性试验进一步表明,CPT－SF 与 SF 和串珠 SF 网格布相比,具有更强的抗癌活性,即 CPT－SF 网格布作为局部给药系统在癌症治疗方面具有巨大的潜力。

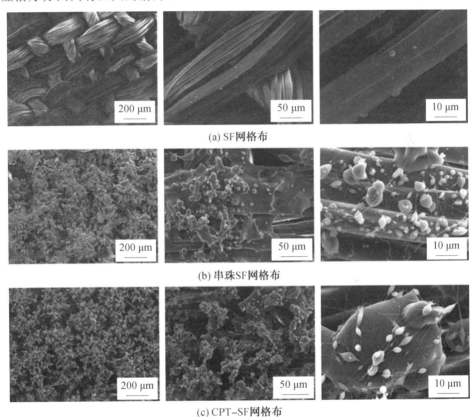

图 6.15　SF 网格布和表面覆盖串珠纤维及载有 CPT 串珠纤维的 SF 网格布的 SEM 照片

6.4　微纳米纤维的释药机制

　　在药物缓释体系中,药物本身与药物载体材料对药物的释放过程都起着非常重要的作用,不同性质的药物也具有不同的药物释放行为。释放行为可能受到纳米纤维的孔隙率、纤维形态和几何形状等的影响。从药物传递学的角度,药物的释放机制可分为扩散释药和溶解释药;从药物分子的存在状态和基质性质角度,药物的释放机制为表面解吸附释药。

6.4.1　扩散释药

扩散释药是指药物分子通过纳米纤维的间隙或纳米孔隙释放的过程。扩散释药受纳米孔隙或水吸附形成的间隙距离所限制,并取决于这些释药通道与外部介质的浓度梯度。这一类以扩散为主的缓控释制剂中,药物首先溶解成溶液后再从制剂中扩散出来进入体液,其释药速率受扩散速率的控制。

药物的释放以扩散为主的有:①水不溶性高分子膜包衣制剂:其释放速率与膜的面积、药物浓度差成正比,与膜厚成反比。②水不溶性骨架型制剂:其药物释放是通过骨架中许多弯曲孔道扩散进行的;疏水性药物的传递机制通常是扩散,由于聚合物纤维具有一定的孔隙率,药物会从孔隙中扩散到缓冲液里,因此想要实现药物缓释,就需要从聚合物纤维膜的孔隙率入手。

6.4.2　溶解释药

溶解释药可使包裹于基质中的药物随着基质的降解而逐渐释放。事实上,体系中的实际释药机制往往要复杂得多,较少为单一方式进行释药。例如,对于某些骨架系统,不仅药物可从骨架中扩散出来,骨架本身也处于溶解的过程;而当聚合物溶解时,药物扩散的路径长度发生改变,这一复杂性则形成移动界面扩散系统。此类系统的优点在于材料不会形成空骨架;其缺点则是由于影响因素较多,因此此类骨架系统的释药动力学较难控制。

亲水性药物的传递机制主要为溶解。在药物释放过程中,缓冲液会渗透到纤维膜内部,纤维溶胀,水溶性药物会溶解到缓冲液中。相比较而言,亲水性聚合物载体可以实现药物的快速释放,而疏水性聚合物释放所负载药物则通常较为缓慢,这是由于疏水性聚合物会减少其在水溶液体系中的溶胀效应,但也因此可以有效地进行药物控释。

6.4.3　表面解吸附释药

表面解吸附是指由于纤维表面吸附的药物与介质是直接接触的,药物分子可从纤维表面实现快速解吸附。通常,单轴混纺的纳米载药系统多以解吸附的方式进行释药,所以多有突释现象发生。虽然突释在载药系统中发挥着药物速效传递的作用,也是控释给药系统必不可少的组成部分;但高程度的突释则不利于长效制剂的持久释药。所以,为克服单轴混纺普遍存在的突释严重的问题,陆续出现了多层电纺、同轴电纺以及乳液电纺等纺丝方式,以力求控制突释部分的药物比例。

载药纳米纤维中的药物释放通常是多种方式综合呈现的结果,例如,生物降解基质所构建的纳米纤维,通常的释药机制相对复杂,既有表面解吸附和扩散释药,又有基质溶解释药。载药系统设计时,需要根据医疗目的选择合适的基质与载药方式,以体现预期的释药特征。

6.5　基于刺激响应效应的控释系统

药物的药效受细胞非特异性吸附和药物在体内分布的影响较大,一些药物在体内会快速代谢并排出体外。为提高疗效和减少或避免不必要的副作用,药物须以规范的方式输送到目标区域,则往往要求药物载体对病变部位具有靶向性。基于刺激响应的药物控释系统在靶向给药方面具有巨大的潜力。刺激响应聚合物作为药物载体材料,其可根据外界环境的变化做出相应的响应,具有传感、处理和执行等功能;加之,纳米尺度的载体材料有利于药物在人体内的传递和吸收,尤其纳米纤维以其大的比表面积、高的孔隙率、强的吸附性等优异性能,使其在药物传递领域的应用越来越广泛。将静电纺丝方法与刺激响应材料相结合,以产生刺激响应性微纳米纤维药物载体一直是研究的热点。通过混合电纺、化学连接或在聚合物主链上进行修饰等方式,一些刺激响应系统已整合到电纺纳米纤维递送载体中。刺激信号可导致递送载体的体积变化或发生载体分解,从而使得药物有效释放。表 6.3 是常见刺激响应聚合物和其刺激类型以及释放药物的部分例子。

表 6.3　常见刺激响应聚合物和其刺激类型以及释放药物的部分例子

刺激类型	聚合物	药物
温度响应	聚(N-异丙基丙烯酰胺-丙烯酰胺-乙烯基吡咯烷酮)	阿霉素
pH 响应	醋酸纤维素,胶原蛋白 聚氧乙烯 聚乳酸-羟基乙酸共聚物 聚己内酯,明胶	甲氧耐普酸 普拉克索 布洛芬 环丙沙星
机械响应	聚偏二氟乙烯三氟乙烯	结晶紫
光响应	聚乙二醇,聚(3-羟基丁酸-co-3-羟基戊酸酯), 纤维素纳米晶	肉桂酸 盐酸四环素

6.5.1 单一响应系统

1. 温度响应控制释药

发烧是多种疾病的症状,包括传染病、免疫疾病、癌症和代谢失衡。发烧导致的体温升高,或其他疾病引起的体温过低都是偏离正常体温的情况,可以使用外部源来控制局部组织加热或冷却。这意味着可以调控温度并将其用作改变药物释放的触发器。温度响应性药物负载电纺纤维可由温敏聚合物制备,这是基于聚合物链上亲水和疏水基团之间竞争导致的溶解度变化。

通常情况下,药物多通过物理吸附负载于温敏类载体上,如负载于水凝胶、纳米粒子、纳米纤维等。温敏材料在温度高于其 LCST 时,发生收缩、体积变小,凝胶内部溶剂被大量挤出。挤出的溶剂可以携带药物成分,造成药物的突然释放。而将材料加工为高比表面积的微观形貌,可以避免大流量溶剂携带药物的情况。另外,高的比表面积使得相当比例的材料位于表面,亲水与疏水的转变造成了材料表面吸附能力的转变,从而实现一定程度的可控释放。静电纺丝是高效制备高比表面积纳米尺度微观结构的技术,近年来有较多文献将其用于药物控释的温敏材料进行静电纺丝加工,并取得了避免药物突释的效果。

常温下,温敏聚合物 PNIPAM 的耐水性较差,遇水极易溶解和扩散,这个特点在一定程度上限制了它的应用。常见的是 PNIPAM 和其他非水溶性聚合物的共聚物或者共混物,又或者是 PNIPAM 和其他组分的交联聚合物。Tran 等报道了一项关于可控制和可切换的布洛芬(IBU)从温度响应型纳米纤维载体实现控制给药的研究。其使用 PNIPAM 和疏水性 PCL 混合电纺制备微纳米纤维,在室温和超过其临界共溶温度(LCST)的温度下均无突释现象,可以控制 IBU 的释放。为对比,也考察了温度对 PCL/IBU、PNIPAM/IBU 两种单独的载药纤维中的药物释放行为。研究发现,温度对 PCL/IBU 纳米纤维中的 IBU 扩散速率的影响可忽略不计;而对于 PNIPAM/IBU 电纺纤维,在 22 ℃时实现了相当大的突释现象,但在较高温度下,扩散速率和突释则显著降低。二者复合后作为载药体系的 PNIPAM/IBU/PCL 纳米纤维,其在 22 ℃和 34 ℃时的突释都显著降低。在 22 ℃时,扩散速率比 34 ℃时高 75%。这样的受控和可切换的递送系统在药物和医学科学中具有实际应用价值。微纳米纤维可用于经皮给药,以大大提高药物的有效性。PNIPAM/IP/PCL 复合纳米纤维减少突释效应的机制图如图 6.16 所示。

通过将温敏聚合物 PNIPAM 和生物相容性聚合物 PU 共混,可制备 PU/PNIPAM 复合电纺纤维,进一步通过负载 NIF 药物考察了电纺纤维中的 NIF 释放行为。相关的研究结果表明,PU/PNIPAM 电纺纤维中 NIF 释放行为不同于

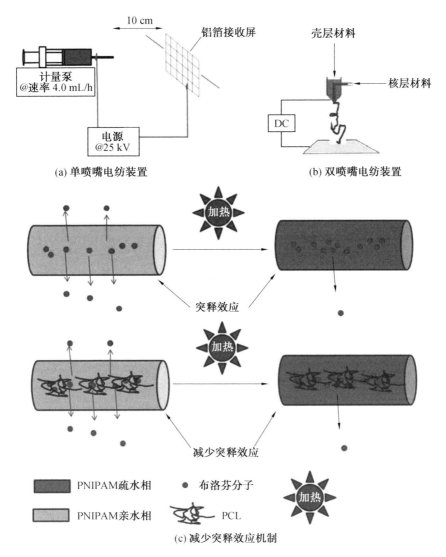

图 6.16 不同电纺设备及 PNIPAM/IP/PCL 复合纳米纤维减少突释效应机制示意图

PNIPAM 电纺纤维中：当温度在 PNIPAM 的 LCST 以下时，PU/PNIPAM 电纺纤维呈现亲水但不完全溶解的状态，在 25 ℃下和 9 h 后的 NIF 释放量为 29%（图 6.17），该值小于 PNIPAM 电纺纤维中 NIF 的释放量（62%）；而当温度高于 PNIPAM 的 LCST 时，虽然纤维呈现疏水状态，但会有部分纤维发生降解，NIF 的释放量增加缓慢，说明 PU 的加入调整了 PNIPAM 电纺纤维中 NIF 的释放行为。

通过对温敏聚合物 PVCL 的共聚以及共聚物的静电纺丝工艺研究，也可以获得有效的温敏类载药纤维，实现温度信号刺激下的药物控释和缓释效果。例

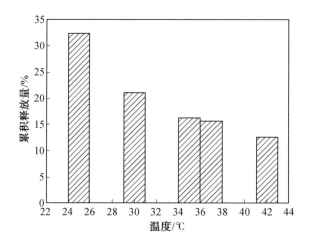

图 6.17　PU/PNIPAM 电纺纤维中 NIF 在不同温度下的释放量

如,将 0.1 g 抗肿瘤药物厄洛替尼混合在 1.0 g PVCL−co−MMA(MMA 质量分数 10%)溶液中进行静电纺丝,将获得的纤维置于超纯水中并使用振荡器振荡,以 UV−Vis 检测厄洛替尼的紫外特征吸收峰强度,分别测试药物在 25 ℃ 和 39 ℃ 的温度条件下的释放量,所得关系曲线如图 6.18 所示。图中显示,载有药物的纤维在 25 ℃ 时释放速率较高。将获得的释放曲线进行线性拟合,得到方程 $c=0.025\ 6t+0.119\ 89$,相关系数为 0.92。该方程符合 $-\mathrm{d}c/\mathrm{d}t=kc$ 的形式,表明厄洛替尼在 25 ℃ 下(曲线 A)的释放遵循近似零级函数;在 39 ℃ 时(曲线 B),厄洛替尼的释放较慢。分析其原因,PVCL−co−MMA(MMA 质量分数 10%)的体积相转变温度(VPTT)约为 29 ℃,当温度低于其 VPTT 时,聚合物链处于溶胀状态,厄洛替尼分子可从溶胀聚合物网络的间隙扩散出来;而当温度高于 VPTT 时,聚合物链处于塌缩状态,同时分子链转变为疏水性,则对疏水分子的吸附能力增强,厄洛替尼释放停止。

蛋白质通常在 280 nm 左右有归属于肽键(酰胺官能团)的紫外吸收,这一吸收可以用来对蛋白质进行定量分析。如,首先配制溶菌酶系列浓度溶液,以溶菌酶浓度为 x 轴,吸光度为 y 轴,可以绘制溶菌酶的标准曲线,如图 6.19 所示。其中,图 6.19(a)为不同浓度溶菌酶的紫外光谱,从图中可以看出,溶菌酶在280 nm处有最大吸收,该吸收的强度与溶菌酶的浓度正相关;图 6.19(b)为在溶菌酶浓度为 0~0.3 mg/mL 的范围内,280 nm 处的紫外吸收吸光度与溶菌酶的浓度的关系图,图中显示 280 nm 处的吸光度与溶菌酶的浓度呈良好的线性关系。线性拟合得线性方程 $y=0.003\ 64x+0.003\ 71$,拟合度好;经计算,其皮尔逊(Pearson)相关系数(R)达到 0.999,确定系数(R^2)达到 0.999。

进一步,利用 PVCL−co−MMA(MMA 质量分数 10%)纤维对溶菌酶进行

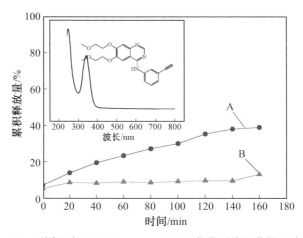

图 6.18　不同温度下 PVCL－co－MMA 载药纤维的药物释放曲线

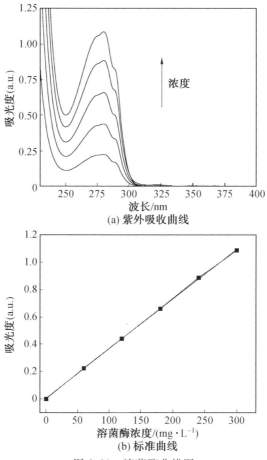

(a) 紫外吸收曲线

(b) 标准曲线

图 6.19　溶菌酶曲线图

吸附实验。取 1 mL 溶菌酶溶液,置于 1.5 mL 离心管中;向离心管中投入不同质量 PVCL－co－MMA 纤维,分别在 15 ℃ 与 35 ℃ 下充分振荡;离心分离出纤维,使用微量移液器吸取上层清液,检测上清液中溶菌酶的含量,考察 PVCL－co－MMA 纤维投入量与溶液中剩余溶菌酶含量的关系。按照公式 $Q=(c_0-c_t)V/m$,计算吸附容量,其中,c_0 为溶菌酶起始浓度,c_t 为时间为 t 时溶菌酶的浓度,V 为溶菌酶溶液的体积,m 为投入纤维的质量。以投入 PVCL－co－MMA 纤维的质量浓度为 x 轴,纤维吸附溶菌酶的质量为 y 轴作图,所得折线图如图 6.20 所示。

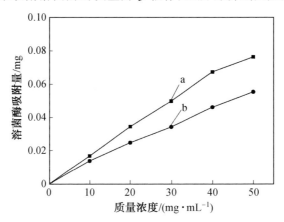

图 6.20　不同温度下 PVCL－co－MMA 纤维投入量与溶菌酶吸附量的关系曲线

　　PVCL－co－MMA(MMA 质量分数 10%)纤维膜投入量与溶菌酶吸附量的关系图中显示,当温度为 15 ℃ 时,PVCL－co－MMA 纤维对溶菌酶吸附容量约为 1.18 mg/g(曲线 b);当温度为 35 ℃ 时,PVCL－co－MMA 纤维对溶菌酶的吸附容量约为 1.55 mg/g;即 15 ℃ 与 35 ℃ 时的吸附容量差值为 0.37 mg/g,温敏聚合物亲水与疏水转变贡献的吸附量占吸附总量的约 24%。

　　在理想的温度响应药物控释模型中,温敏载体在正常的生理温度(约 37 ℃)下保有药物,在局部发热的肿瘤部位(40～42 ℃)则可快速给药以避免药物随着血液循环被带出肿瘤部位。除将载体形态组装为纳米纤维类型外,通常用于载药体系的温度敏感体系还包括脂质体、温敏聚合物胶束和温敏聚合物(如 PNIPAM、PVCL 等)基纳米粒子等。

　　药物在溶胀的温敏水凝胶上负载后的释放符合 Fickian 定律,这是由水凝胶的溶胀程度所控制的:当温度上升到 LCST 以上时,温敏水凝胶发生收缩,并迅速在表面形成一层致密的厚膜,这一现象往往导致药物释放初期发生突释,随后药物停止释放;当温度低于 LCST 点时,温敏水凝胶处于溶胀状态,其分子链舒展、体积变大,材料的渗透系数较高,与其在高于 LCST 点的情况相反。这一温敏特性及其材料对应的不同状态,使得温敏聚合物所组装的药物控制释放系统通常在温度较高的病变部位释放较慢,而在温度较低的正常部位释放较快,即形成药物释放对的负向(即"负响应")释放。已有文献提及,可利用温敏聚合物的体积变化,设计正向(即"正响应")释放的微观结构。正响应释放结构有多种形式,如采用温敏凝胶封堵多孔载体,凝胶收缩时导致载体的孔露出,形成药物释放的通道;再如采用温敏胶囊包覆纳米药物颗粒,在高于 LCST 点时,胶囊在凝胶收缩与粒子膨胀的共同作用下因发生应力屈服而破裂,喷射出所包覆的粒子;再如采用温敏多孔膜包覆药物,在凝胶收缩时多孔膜的孔径变大,药物经过孔道实现释放。温敏载体中药物的正/负响应释放过程示意图如图 6.21 所示。

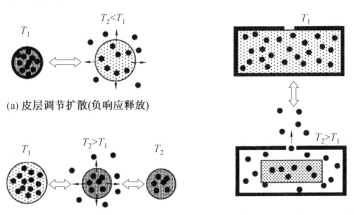

(a) 皮层调节扩散(负响应释放)

(b) 挤压机制(正响应释放)　　(c) 扩散面积调节(正响应释放)

图 6.21　温敏载体中药物的正/负响应释放过程示意图

2. pH 响应控制释药

pH 响应型聚合物可以通过可控聚合技术得到嵌段或者接枝共聚物,然后在特定 pH 下自组装成聚合物胶束、囊泡、胶囊、膜、分子刷等多种形态,各类形态的构筑过程相对耗时较多、工序相对复杂,且对所得 pH 响应型聚合物的要求较高。相较而言,通过静电纺丝技术在一定程度上可有效降低对聚合物的要求;加之电纺纤维膜的尺寸可达纳米尺度,具有大的比表面积等特点,使纳米纤维表面能和活性增大,产生小尺寸效应、表面或界面效应、量子尺寸效应、宏观量子隧道效应等,使其在化学、物理(热、光、电磁等)性质方面表现出特异性。因此,pH 响应型聚合物的合成及其纳米化载体体系的研究,一直受到研究者们的关注,研究的热点集中于其在医药领域,特别是在载药、敷药、产业用纺织品等领域的应用。雷颖等以甲基丙烯酸二乙氨基乙酯(DEAEMA)与甲基丙烯酸甲酯(MMA)为反应原料,丙烯酰氧基二苯甲酮(ABP)为光交联剂,偶氮二异丁腈(AIBN)为引发剂,通过自由基聚合制备 $P(DEAEMA-co-MMA-co-ABP)$ 无规共聚物(PDMA)。乙氨基的引入使该无规共聚物能够进行质子化、去质子化,从而使聚合物具有较好的 pH 响应性能;主链季碳原子上空间位阻较大的 MMA 有助于调节共聚物的玻璃化转变点,使聚合物的使用温度及刚性有所提高,有利于后续纳米化成纤维。采用高压静电纺丝将 P(DEAEMA－co－MMA－co－ABP)聚合物纳米化并通过紫外引发 ABP 交联,形成在 pH 改变的条件下可逆溶胀和收缩的三维纳米纤维。聚合物 PDMA 纳米纤维的 pH 响应性能及纤维 SEM 照片如图 6.22 所示。该研究可望获得在纳米反应器、药物运输和组织工程以及药物载体等领域应用的 pH 响应型三维网络纳米纤维。

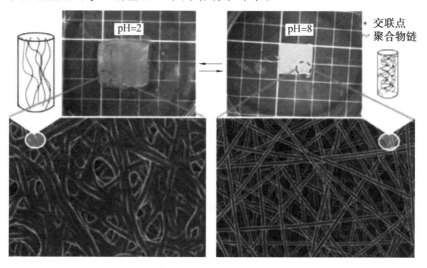

图 6.22　聚合物 PDMA 纳米纤维的 pH 响应性能及纤维 SEM 照片

3. 电响应控制释药和机械响应控制释药

电响应控制释药是通过纳米纤维响应电场变化实现药物的释放。比如,通过静电纺丝制备包含 PVA、聚丙烯酸和多壁碳纳米管(用作导电剂)的纳米纤维,该纳米纤维的溶胀和酮洛芬的释放都可以通过施加电压的变化来精确控制。而具有压电效应的压电材料可以将机械力转换为电势,压电材料可以为电信号控制药物递送系统提供优越的平台。当压电材料受到动态应变时,它们会重新排列偶极矩,并在其表面产生电势,从而绕过外部电连接的需要。许多无机材料,包括锆钛酸铅(PZT)、氧化锌(ZnO)和钛酸钡(BaTiO$_3$),具有高的压电性能,需要低幅度的机械扰动来得以激活。然而,其在水性条件下表现出细胞毒性或不稳定性,使得它们不适合体内药物递送应用。相比之下,聚偏氟乙烯(PVDF)及其衍生物,即在最佳处理时能够表现出压电性的有机材料,具有目前用作血管缝合线的优异生物相容性。聚合物的机械柔软性质还减少了包裹植入物的纤维组织的形成,并影响药物释放动力学。

PVDF 的负表面电荷容易诱导阳离子分子的吸附,且可根据药物分子特性提供易于实施表面修饰的机会。然而,与无机压电材料相比,其本质上表现出相对弱的压电性,需非常高的机械力来激活材料,从而降低了其对于体内药物递送平台的应用价值。Jariwala 等开发了基于压电纳米纤维的机械刺激响应药物递送系统,并证明了其在体外控制药物释放的能力。外源性机械驱动引起的表面电位变化,可触发药物分子的释放。聚(偏二氟乙烯三氟乙烯)纳米纤维的药物释放特性,可以通过调节其压电特性(通过纤维尺寸控制)进行微调,从而提高材料对施加力的大小和频率的敏感性。使用不同的模型药物来证明药物释放动力学受所施加的机械扰动和表面电势的机电转换控制,从而调节静电黏附药物分子的吸附和/或释放。上述研究均证实了压电纳米电纺纤维在机械响应控制药物释放方面的效用。

6.5.2　多重响应系统

对两个或多个信号做出反应的电纺微纳米纤维被广泛研究,以有效扩大药物释放和作用的可调节性。这些多重响应可能同时发生,也可能顺序发生。如,当局部 pH 或温度偏离正常值时,负载药物的双刺激响应电纺微纳米纤维可以触发药物释放到感染部位。多重刺激响应电纺微纳米纤维可由单刺激响应聚合物混合成电纺纤维,或在电纺纤维表面负载多种刺激响应涂层而得。

近年来,温敏药物载体的制备热点也在由单响应材料转向由温敏与其他响应信号结合的多重响应材料研发。例如,研究中多将温敏材料与 pH 敏感材料共聚,制备兼具温度、pH 响应性的药物载体。由于病灶部位的 pH 较正常组织低 1～2,而温度较正常组织高 1～2 ℃,因此结合 pH 和温度的双重响应药物释放体系将在靶向给药中具有一定的应用价值。目前常见的 pH 敏感材料有 AAC(其 pH 为 2～4)、PAC(其 pH 为 5.5～6.5)、PCL、叶酸脂质体等。

Xu 等通过自由基聚合法合成了 P(NVCL－co－MAA)的 pH/温度双敏感聚合物,然后用静电纺丝法制备了 P(NVCL－co－MAA)纳米纤维,并以 NIF 为药物模型获得载药共纺纳米纤维。通过水接触角试验和紫外－可见分光光度法对纳米纤维的双响应性和药物释放性能进行研究,结果表明:与纯 PNVCL 纳米纤维相比,P(NVCL－co－MAA)共聚物纳米纤维具有更好的水稳定性;由于纳米纤维在水介质中的稳定性是其用于药物释放的条件之一,故 NIF 在 P(NVCL－co－MAA)/NIF 纳米纤维中的释放行为更加稳定;载药 P(NVCL－co－MAA)/NIF 纳米纤维在 37 ℃ 和 pH 为 1.99 的条件下,可有效控制药物 NIF 的释放,实现缓释效果,缓释时间达 150 min 以上,显示了该纳米纤维在药物释放体系中潜在的应用前景。

Tiwari 等报道了一种用于癌症治疗的多功能定位平台的设计和制备研究,其使用多刺激响应性聚多巴胺(PDA)对负载盐酸阿霉素(DOX)的电纺聚己内酯

(PCL)纤维进行表面改性,对载药体系的药物释放行为进行了研究。药物释放的测定结果显示:PDA 涂覆的 PCL－DOX 纳米纤维毡表现出 pH 和近红外光(NIR)的双重响应行为,负载 DOX 的微纳米纤维毡在酸性介质中的释放量高于生理环境下(pH＝7.4)的释放量;而且,在 808 nm 波长的近红外激光照射下,药物的释放量会进一步增加。NIR 介导的高温和化学释放的联合作用,导致了癌细胞死亡数量的变化。多巴胺改性 PCL－DOX 纳米纤维毡的制备流程及其刺激信号作用下的药物释放和杀灭癌细胞的机制如图 6.23 所示。

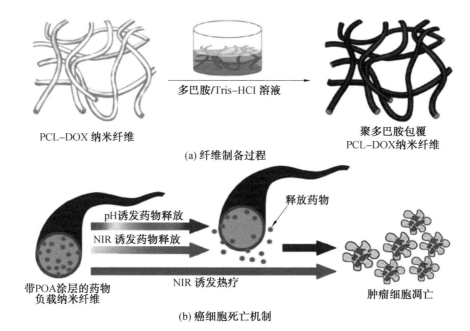

图 6.23　纳米纤维毡形成和在刺激信号作用下杀灭癌细胞的示意图

本章参考文献

[1] 母朝静,吴庆生. 间歇式静电纺丝制备纳米纤维药物控释系统[J]. 同济大学学报(自然科学版),2018,46(3):406-415.

[2] 贾伟,高文远. 药物控释新剂型[M]. 北京:化学工业出版社,2005.

[3] 梅兴国. 微载体药物递送系统[M]. 武汉:华中科技大学出版社,2009.

[4] 叶佩雯,WEI S Y,魏凤环,等. 静电纺丝载药纤维及其在经皮递药系统中的研究进展[J]. 中国药学杂志,2019,54(24):2034-2042.

[5] 劳丽春. 药物缓释载体材料类型及其临床应用[J]. 中国组织工程研究与临床康复,2010,14(47):8865-8868.

[6] KENAWY E R,BOWLIN G L,MANSFIELD K,et al. Release of

tetracycline hydrochloride from electrospun poly(ethylene-co-vinylacetate)，poly(lactic acid)，and a blend[J]. Journal of Controlled Release，2002，81 (1/2)：57-64.

[7] BREWSTER M E，VERRECK G，CHUN I，et al. The use of polymer-based electrospun nanofibers containing amorphous drug dispersions for the delivery of poorly water-soluble pharmaceuticals[J]. Die Pharmazie，2004，59(5)：387-391.

[8] CHEW S Y，WEN J，YIM E K F，et al. Sustained release of proteins from electrospun biodegradable fibers[J]. Biomacromolecules，2005，6(4)：2017-2024.

[9] ZHANG Y Z，VENUGOPAl J，HUANG Z M，et al. Crosslinking of the electrospun gelatin nanofibers[J]. Polymer，2006，47(8)：2911-2917.

[10] XU X L，CHEN X S，XU X Y，et al. BCNU-loaded PEG-PLLA ultrafine fibers and their in vitro antitumor activity against Glioma C6 cells[J]. Journal of Controlled Release，2006，114(3)：307-316.

[11] LIN X L，TANG D Y，DU H F. Self-assembly and controlled release behaviour of the water-insoluble drug nifedipine from electrospun PCL-based polyurethane nanofibres[J]. Journal of Pharmacy and Pharmacology，2013，65(5)：673-681.

[12] ZENG J，XU X Y，CHEN X S，et al. Biodegradable electrospun fibers for drug delivery[J]. Journal of Controlled Release，2003，92(3)：227-231.

[13] XU X L，YANG L X，XU X Y，et al. Ultrafine medicated fibers electrospun from W/O emulsions[J]. Journal of Controlled Release，2005，108(1)：33-42.

[14] NIKMARAM N，ROOHINEJAD S，HASHEMI S，et al. Emulsion-based systems for fabrication of electrospun nanofibers：food，pharmaceutical and biomedical applications[J]. RSC Advances，2017，7 (46)：28951-28964.

[15] HU J，PRABHAKARAN M P，TIAN L L，et al. Drug-loaded emulsion electrospun nanofibers：characterization，drug release and in vitro biocompatibility[J]. RSC Advances，2015，5(121)：100256-100267.

[16] LIU Y，HUANG Y F，HOU C，et al. The release kinetic of drug encapsulated poly（L-lactide-co-ε-caprolactone）core-shell nanofibers fabricated by emulsion electrospinning[J]. Journal of Macromolecular Science，Part A，2022，59(7)：489-503.

［17］LIN X L，TANG D Y，LYU H T，et al. Poly（N-isopropylacrylamide）/polyurethane core-sheath nanofibres by coaxial electrospinning for drug controlled release［J］. Micro & Nano Letters，2016，11(5)：260-263.

［18］王哲，史向阳. 静电纺有机/无机杂化纳米纤维载药体系的构建及其生物医学应用［J］. 中国材料进展，2014，33(11)：661-668.

［19］卢杭诣，崔静，王清清，等. 载药同轴静电纺玉米醇溶蛋白/聚乙烯醇－苯乙烯基吡啶盐缩合物复合纳米纤维的制备及性能［J］. 高分子材料科学与工程，2016，32(8)：131-136.

［20］HE P，ZHONG Q，GE Y，et al. Dual drug loaded coaxial electrospun PLGA/PVP fiber for guided tissue regeneration under control of infection［J］. Materials Science and Engineering：C，2018，90(0)：549-556.

［21］SULTANOVA Z，KALELI G，KABAY G，et al. Controlled release of a hydrophilic drug from coaxially electrospun polycaprolactone nanofibers［J］. International Journal of Pharmaceutics，2016，505(1/2)：133-138.

［22］YU D G，WEI C A，WANG X，et al. Linear drug release membrane prepared by a modified coaxial electrospinning process［J］. Journal of Membrane Science，2013，428(0)：150-156.

［23］YANG G Z，LI J J，YU D G，et al. Nanosized sustained-release drug depots fabricated using modified tri-axial electrospinning［J］. Acta Biomaterialia，2017，53：233-241.

［24］WANG M L，HOU J S，YU D G，et al. Electrospun tri-layer nanodepots for sustained release of acyclovir［J］. Journal of Alloys and Compounds，2020，846：156471.

［25］WANG K，WANG P，WANG M L，et al. Comparative study of electrospun crystal-based and composite-based drug nano depots［J］. Materials Science and Engineering：C，2020，113(8)：110988.

［26］XI H J，ZHAO H J. Silk fibroin coaxial bead-on-string fiber materials and their drug release behaviors in different pH［J］. Journal of Materials Science，2019，54(5)：4246-4258.

［27］MA P，GOU S Q，WANG M，et al. Knitted silk fibroin-reinforced bead-on-string electrospun fibers for sustained drug delivery against colon cancer［J］. Macromolecular Materials and Engineering，2018，303(5)：1700666.

［28］PRICE R R，GABER B，LVOV Y. In-vitro release characteristics of tetracycline HCl，khellin and nicotinamide adenine dineculeotide from halloysite: a cylindrical mineral[J]. Journal of Microencapsulation, 2001, 18(6): 713-722.

[29] LEVIS S R, DEASY P B. Characterisation of halloysite for use as a microtubular drug delivery system [J]. International Journal of Pharmaceutics, 2002, 243(1): 125-134.

[30] LVOV Y M, SHCHUKIN D G, MÖHWALD H, et al. Halloysite clay nanotubes for controlled release of protective agents[J]. ACS Nano, 2008, 2(5): 814-820.

[31] KELLY H, DEASY P, ZIAKA E, et al. Formulation and preliminary in vivo dog studies of a novel drug delivery system for the treatment of periodontitis[J]. International Journal of Pharmaceutics, 2004, 274(1/2): 167-183.

[32] ABDULLAYEV E, PRICE R, SHCHUKIN D, et al. Halloysite tubes as nanocontainers for anticorrosion coating with benzotriazole [J]. ACS Applied Materials & Interfaces, 2009, 1(7): 1437-1443.

[33] LIU Z, TABAKMAN S, WELSHER K, et al. Carbon nanotubes in biology and medicine: in vitro and in vivo detection, imaging and drug delivery[J]. Nano Research, 2009, 2(2): 85-120.

[34] PORTNEY N G, OZKAN M. Nano-oncology: drug delivery, imaging, and sensing[J]. Analytical and Bioanalytical Chemistry, 2006, 384(3): 620-630.

[35] ALI-BOUCETTA H, AL-JAMAL K T, MCCARTHY D, et al. Multiwalled carbon nanotube-doxorubicin supramolecular complexes for cancer therapeutics[J]. Chemical Communications, 2008(4): 459-461.

[36] LIU Z, SUN X M, NAKAYAMA-RATCHFORD N, et al. Supramolecular chemistry on water-soluble carbon nanotubes for drug loading and delivery[J]. ACS Nano, 2007, 1(1): 50-56.

[37] BIANCO A, KOSTARELOS K, PRATO M. Applications of carbon nanotubes in drug delivery[J]. Current Opinion in Chemical Biology, 2005, 9(6): 674-679.

[38] KAM, N W S, DAI H J. Carbon nanotubes as intracellular protein transporters: generality and biological functionality [J]. Journal of the American Chemical Society, 2005, 127(16): 6021-6026.

[39] SHI KAM N W, JESSOP T C, WENDER P A, et al. Nanotube molecular transporters: internalization of carbon nanotube-protein

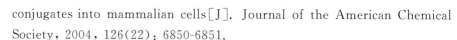
conjugates into mammalian cells[J]. Journal of the American Chemical Society，2004，126(22)：6850-6851.

[40] FEAZELL R P，NAKAYAMA-RATCHFORD N，DAI H J，et al. Soluble single-walled carbon nanotubes as longboat delivery systems for platinum（Ⅳ）anticancer drug design［J］. Journal of the American Chemical Society，2007，129(27)：8438-8439.

[41] ZHANG J，WANG Q，WANG A. In situ generation of sodium alginate/ hydroxyapatite nanocomposite beads as drug-controlled release matrices [J]. Acta Biomaterialia，2010，6(2)：445-454.

[42] MIZUSHIMA Y，IKOMA T，TANAKA J，et al. Injectable porous hydroxyapatite microparticles as a new carrier for protein and lipophilic drugs[J]. Journal of Controlled Release，2006，110(2)：260-265.

[43] JUNG H，KIM H M，BIN CHOY Y，et al. Itraconazole-laponite：kinetics and mechanism of drug release[J]. Applied Clay Science，2008，40(1/2/3/4)：99-107.

[44] VISERAS C，CEREZO P，SANCHEZ R，et al. Current challenges in clay minerals for drug delivery［J］. Applied Clay Science，2010，48（3）：291-295.

[45] JIFFRIN R，RAZAK S I A，JAMALUDIN M I，et al. Electrospun nanofiber composites for drug delivery：a review on current progresses [J]. Polymers，2022，14(18)：3725.

[46] NAM S，LEE J J，LEE S Y，et al. Angelica gigas Nakai extract-loaded fast-dissolving nanofiber based on poly(vinyl alcohol)and Soluplus for oral cancer therapy[J]. International Journal of Pharmaceutics，2017，526(1/ 2)：225-234.

[47] KAJDI Č S，PLANINŠEK O，GAŠPERLIN M，et al. Electrospun nanofibers for customized drug-delivery systems［J］. Journal of Drug Delivery Science and Technology，2019，51：672-681.

[48] SINGH B，KIM K，PARK M H. On-demand drug delivery systems using nanofibers[J]. nanomaterials，2021，11(12)：3411.

[49] TRAN T，HERNÁNDEZ M，PATEL D，et al. Controllable and switchable drug delivery of ibuprofen from temperature responsive composite nanofibers[J]. Nano Convergence，2015，2(1)：15.

[50] 张蓓蕾. 功能化载药纤维微球的制备及其肿瘤局部化疗应用[D]. 上海：东华大学，2022.

［51］雷颖，葛冲冲，冯瑾，等. pH 响应型三维纳米纤维的构建及其性能研究
　　　［J］. 材料导报，2021，35(S2)：508-512.

［52］JARIWALA T，ICO G，TAI Y Y，et al. Mechano-responsive piezoelectric
　　　nanofiber as an on-demand drug delivery vehicle［J］. ACS Applied Bio
　　　Materials，2021，4(4)：3706-3715.

［53］TIWARI A P，BHATTARAI D P，MAHARJAN B，et al. Polydopamine-based
　　　implantable multifunctional nanocarpet for highly efficient photothermal-
　　　chemo therapy［J］. Scientific Reports，2019，9：2943.

第7章

微纳米纤维与组织工程

7.1 引 言

组织工程(tissue engineering)是一门以细胞生物学和材料科学相结合,进行体外或体内构建组织或器官的较为新兴的学科。其旨在能够制备出具有与人体组织相似性质的替代物,经过多年的发展,已从"组织替代"升级到"组织再生"。可以说,组织工程学的发展提供了一种组织再生的技术手段,为缺损组织的修复和再生提供了有效途径,其将改变外科传统的"以创伤修复创伤"的治疗模式。

组织工程包括种子细胞、生物材料、细胞与生物材料的整合,以及植入物与体内微环境的整合。与药物载体相类似,组织工程支架、伤口敷料等都可为细胞提供生长场所,并且可为组织再生或自愈合提供稳定的微环境。因此,作为组织工程支架,要求其结构与性能须与原有组织匹配,即具有与天然组织相似的机械性能,可承受身体生理条件下所受的力,可为周边组织提供最佳支撑等;支架的强度还要在再生的过程中随组织的形成而降低,直至降解退出。故而,组织再生的关键是利用生物材料为缺损组织提供临时支架,用以诱导细胞的生长和新组织的形成;待新组织形成后,支架应在体内降解。为模拟人体真实组织,组织工程涉及很多问题,如材料、种子细胞、力学性能、组织重建和移植等。

静电纺丝微纳米纤维为组织工程支架的制备提供了新思路和新方法,使组织工程支架的发展进入了一个新的阶段。静电纺丝法制备工艺简单、可调控性强,并且纤维多孔结构和细胞外基质(ECM)结构相似。电纺纤维基底可以为细胞的增殖、迁移和分化提供良好的活动环境,纤维的孔结构可以进行营养物质和细胞间信息交换,促进组织修复和再生;生物基质的支架可以解决多种器官修复和组织替换。

7.2　组织工程细胞

组织由细胞和细胞外基质构成。损伤组织的完全再生愈合是组织工程学的目标,用以达成此目标而在体外设计和构建预制组织模块的核心材料,即为细胞。因此,组织工程材料由功能细胞复合可降解材料组成,最终由细胞活动自行产生 ECM 逐渐代替降解的支架材料,从而形成活性材料。可以认为,无论是在组织工程的研究中,还是组织工程材料的构建过程中,对细胞的研究是组织工程学研究中最基础的步骤,细胞始终是研究中被关注的焦点。

7.2.1　种子细胞

应用组织工程的方法再造组织和器官所用的各类细胞统称为种子细胞。种子细胞具有特定的分化表型或定向分化潜能,不引发移植免疫排斥反应。种子细胞来源可靠,其来源有自体细胞、同种异体细胞、异种细胞。

自体细胞是指取自患者本身正常组织的功能细胞,将这种细胞取材后,经体外原代培养、纯化传代后可获得有限的扩增。这种来源的细胞不会发生免疫排斥反应,细胞的相容性好,无伦理学障碍,是较理想的细胞来源。但自体来源的细胞有限,对取材部位也会有不同程度的损伤,在疾病状态或老年患者体内获得的细胞往往状态不好或增殖能力较差,形成新组织的能力低,因此不易做移植。

同种异体细胞可在胚胎新生儿或成年人的人体组织中获得,其来源相对广泛,取材相对较易;可将该类细胞经过基因改造,建立无瘤倾向的标准细胞系,以储存备用。其中,早期胚胎因其免疫原性较低,细胞生命周期长,分裂能力强而受到重视。事实证明,胚胎来源的多种生物制品和细胞具有很好的治疗效果。与成人个体相比较,在构建组织工程产品中,胚胎来源的同种异体细胞优于成体细胞。一方面,由于受到伦理学限制,胚胎干细胞尚未得到广泛应用;另一方面,其抗原性仍需进一步降低(如,应用免疫隔离技术等)。

异种细胞是从动物身上的组织和器官中获取的细胞。随着异种器官移植相关研究的不断进展,提出异种细胞可能用于构建组织工程化。目前世界各国主要是以猪为研究对象,主要基于其为大型哺乳动物,加之其体型、基因表型等方面的综合考虑。异种细胞来源广泛、成本较低,相对少的伦理学限制,适应大规模生产需要等。但由于异种移植存在超急、急性和慢性排斥反应,需要对其进行改造。如能够基本克服异种细胞的免疫反应及人畜共患疫病,异种细胞有可能成为组织工程的种子细胞。

7.2.2 细胞培养

组织工程学研究的大量工作在于细胞培养。因此,掌握细胞在体内和培养状态下的形态、功能和增殖等非常重要。同时,掌握细胞分离、培养、传代技术和生长调控以及建立标准细胞系,都是组织工程学研究的基本需要和重要内容。

人和动物都是由其基本单元细胞构成的。各种不同的细胞通过特定的方式集合成为组织,再构成器官及机体。每一个细胞在这一体系中均受到统一的神经体液调节和细胞间的相互作用。虽然绝大多数细胞均可在体外培养,但由于对体内环境了解程度的不足,同时,由于体外模仿技术尚不十分完善,因此目前体外培养细胞与体内细胞仍然存在着差异。细胞的增殖和分化是细胞生命进程中所获得的基本属性,增殖使细胞数量增多,分化使机体结构和功能多样化,表现在细胞与细胞之间呈现高度的相互依存性和个体细胞相对失去独立性。细胞的增殖和分化过程中,每个细胞的生命活动均在外源信号作用下,通过细胞内相关的基因调控,从而发生相应的增殖或分化的表达。然而,当细胞分化到一定程度后,细胞的增殖和分化便呈现出一定的矛盾,表现在高分子的细胞呈现低增殖潜能,而高增殖细胞往往是低分化细胞。细胞由体内移至体外培养,在适宜的条件下,其增殖能力得以提高,同时,由于人为控制条件,细胞的分化功能得以保留,这是组织工程构建活材料的基础。要细胞保持其功能就必须尽可能地模仿体内环境,在保持细胞功能的基础上,为了适应组织工程的需要,还需不断摸索新的培养方法,使细胞增殖更快,并且在应力等物理条件下实现三维生长,以达到构建材料的目的。

理想的组织工程细胞是按多种组织需要,培养多种能适用于任何人的功能细胞。例如,培养一种理想的肌腱细胞,它与材料复合构成活性肌腱,这种肌腱可以植入修复任何人的肌腱缺损。但是,目前技术条件尚难满足这一要求。组织工程迫切需要一种标准细胞,其具有同类细胞的所有功能特性。目前技术条件下,标准细胞可由细胞转化产生,细胞发生转化后其性状可以代代相传,且细胞系能长期维持和存在。

7.3 微纳米纤维与细胞培养

组织工程的核心是建立由细胞和生物材料支架构成的三维空间复合体,而种子细胞的体外培养是组织工程的主要内容之一。与组织细胞最先接触也是直接接触并发生作用的是材料表面,表面特性对于细胞黏附起重要作用;而材料对组织细胞的黏附特性还将影响细胞的增殖、分化和凋亡等一系列生理过程。可以说,组织工程支架作为细胞、生长因子和基因的生物载体,需要具备较高的孔隙率和内部连通的网状结构,便于营养物质和代谢废物的运输;需要具备一定的力学性能,结构上能够加强缺损部位的强度,阻碍周围组织的侵入;需要具有良好的生物相容性、可控的降解性和可吸收性;需要具有适当的表面化学性质,以利于细胞的黏附、增殖、分化。

电纺纤维的特点是比表面积大、表面能和表面活性高,可产生小尺寸效应、表面或界面效应,进而具有调节与其相接触的细胞黏附、伸展和增殖的能力,以及具有提高细胞活性的作用等。目前,已有多种纤维制造方法,如纤维拉伸、模板合成、温度诱导相分离、分子自组装和静电纺丝法等可获得纤维形态材料。其中,静电纺丝技术是生产各种聚合物微纳米尺度纤维材料的最为有效的方式,其能够连续制备纳米级或亚微米级超细纤维,所制备的支架材料具有独特的微观结构和适当的力学性能,可模拟天然细胞外基质的纳米网状结构,因而在组织工程支架制备方面具有独特的优势。采用静电纺丝方式获得的组织工程支架的基本特性指标如图 7.1 所示。

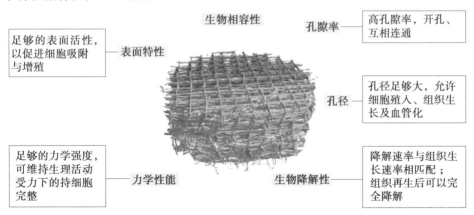

图 7.1　采用静电纺丝方式获得的组织工程支架的基本特性指标

7.3.1　细胞外基质

组织工程研究的基本思路是在体外分离、培养细胞,将一定量的细胞接种到具有一定空间结构的支架上,通过细胞之间的相互黏附、生长繁殖和分泌细胞外基质,从而形成具有一定结构和功能的组织或器官。生物体都是由细胞组成的,细胞外面围绕着 ECM,其作为填充于细胞间的物质,成分上除了水、电解质、少量液相成分外,主要包括胶原、糖蛋白和蛋白多糖等,共同构成了细胞生长的微环境。传统观点认为，ECM 是一种组织内、细胞外单纯的支持结构；伴随科技发展和认知水平提升，才对这种稳定而大量存在的细胞外物质有了新的认识，开始发现和建立这些物质在现代生物学上的重要地位；现代观点认为，ECM 具有直接支持细胞、组织的作用，可以影响细胞的形态，可以调控细胞的正常代谢、迁移、增殖、分化以及信息传递。

7.3.2　细胞外基质与组织工程

已有研究结果显示，功能性组织的发育需要可溶性生长因子和非可溶性 ECM 分子。其中，ECM 又起着决定性作用，它决定了在局部可溶性刺激因子作用下的单个细胞是否增殖、分化或死亡。对这些效应的细胞分子的基础分析，揭示了 ECM 分子通过生化和生物机械信号机制，改变细胞生长；ECM 分子通过整合蛋白等受体，刺激细胞内化学信号通路，刺激早期生长反应基因的表达；ECM 调节组织细胞的构型过程，既是化学性的又是机械性的。组织工程研究中，对人工 ECM 的设计须综合考虑上述因素。

人工合成的 ECM 具有生物相容性好、价廉、可大规模生产、化学性质稳定等特点，是颇具前途的组织替代物。

在替代物的研究中，须考虑以下因素：①需要避免引起炎症或排异反应的免疫应答。理想的状况是：在体外调控细胞使之更加"万能"，并因此而减少植入后的免疫应答，并使细胞在一个有助于表达适宜表型的环境中分化。②需要为细胞生存和分化创造一个合适的基质。可以使用含有自体或异体细胞的 ECM 分子与免疫抑制剂共同组成其生物相容性的植入物，并加入生长因子和促分化因子，以及对细胞－ECM 相互作用有利的同化剂和拮抗剂，以提高组织替换的成功率。如，大多数整合蛋白通过三肽 RGD 与其 ECM 配体结合，这一小段序列氨基酸已被用来作为同化剂，使其具有更好的生物相容性，或作为拮抗剂阻止或减轻不需要的细胞－ECM 相互作用。③需要创造一个合适的环境以维持阻止细胞的特殊功能。这尤其需要对细胞与 ECM 的相互作用、ECM 对组织重塑的影响，以及组织微环境的化学力学平衡等有更深入的了解。

7.3.3　微纳米纤维与细胞外基质

从 ECM 微结构仿生的角度考虑，利用静电纺丝纤维支架模拟 ECM 的微结构与功能，促进组织再生已成为研究的热点。静电纺丝纤维支架研究的侧重点是控制静电纺丝纤维的拓扑结构、化学组分及机械力学性质，促进细胞－ECM 之间的相互作用，改变细胞对 ECM 的反应性，从而调控细胞的黏附、铺展、迁移、增殖、分化及组织形成。需调控和重点关注的纤维形态与纤维性能包括：

(1)调控静电纺丝纤维的直径。

不同直径的静电纺丝纤维对细胞功能反应有着显著的影响。Lee 等认为静电纺丝纳米纤维易于促进伤口愈合早期阶段的细胞增殖与基质的合成,而微米级的纤维则更利于晚期阶段的组织重塑。

(2)调控静电纺丝纤维的拓扑结构。

近期研究显示,取向拓扑结构的电纺纤维支架能够有效模拟皮肤、骨、神经、血管、肌肉、跟腱及硬脊膜组织的 ECM 结构,指导细胞定向生长,促进组织形成。Xie 等报道了放射状取向的 PCL 电纺纤维,能够加快细胞由四周向组织中心部位的迁移,促进组织的愈合。静电纺丝纤维的取向性有利于调控细胞的表型分化。而有学者认为,定向的纳米纤维能够促进结缔组织自然愈合,防止瘢痕愈合。近期有研究显示,电纺纤维的表面拓扑结构能够调控脂肪源性 MSCs 的旁分泌功能,增强 MSCs 的抗炎、促血管化的作用。

(3)调控电纺纤维的密度与孔径。

纤维的密度对黏附细胞的骨架重塑发挥了重要作用,控制电纺纤维密度及孔径能够改变细胞在支架上的黏附状态。无规电纺纤维的孔径减小,黏附于支架细胞由拉长的形态变成球形,影响细胞的增殖。

(4)调控电纺纤维的微结构。

含有取向和无规的双层纳米混合纤维支架,能够增加支架的渗透性与弥散性,有着利于促进细胞的生长及血管化形成的功能。

(5)调控电纺纤维的基质刚度。

电纺纤维的软硬度对细胞黏附生长也起到重要作用。Baker 等认为:刚度较大的纳米纤维网络结构能够抑制成纤维细胞的黏附与增殖。

(6)调控静电纺丝纤维的化学性质。

除了纤维支架的物理拓扑结构,调控电纺纤维的化学性质,对细胞的功能反应也具有重要的作用。增加电纺纤维的细胞识别序列,例如 RGD,整合素受体的集聚,能够促进细胞在支架的黏附、增殖与表型分化。采用 PCL 与氧化镁纳米粒子及角蛋白混纺,可以获得与天然的细胞外基质更为相似的静电纺丝纤维毡。该纤维直径在 $0.2 \sim 2.2~\mu m$ 之间,将该材料在 PBS 缓冲溶液中浸泡后,材料仍然能保持原有的结构,这为组织工程研究提供了一种新的构建类细胞外基质的思路。

在组织工程中,细胞外基质的亲水性是影响细胞黏附的重要因素之一。为提高 PCL 纳米纤维支架的细胞相容性,通过用生物相容、两亲的聚 N—乙烯基吡咯烷酮—b—聚己内酯(PVP—b—PCL)嵌段共聚物对 PCL 静电纺丝,从而提高了 PCL 纳米纤维支架和细胞界面的亲水性。随着 PVP—b—PCL 嵌段共聚物含量的增加,PCL/PVP—b—PCL 纳米纤维支架的表面的亲水性变得更好。支架无细胞毒性,表现出更好的黏附性。相比 PCL 支架,更是提高了原始成纤维细胞的生存能力;同时,在细胞发育过程中也不会失去原有的结构特性。特别是,PCL/PVP−b−PCL(90/10,质量比)纳米纤维支架上的细胞,具有优异的细胞活性及良好的细胞形态,该研究表明,具有一定亲水性的细胞支架对于增强细胞活性十分必要。

7.4　组织工程支架材料

生物医用材料在组织工程中占据非常重要的地位,组织工程又为生物医用材料的研发提出问题和指明方向。由于传统的人工器官(如人工肾、肝)不具备生物功能(代谢、合成),只能作为辅助治疗装置使用,研究具有生物功能的组织工程人工器官已在全世界引起广泛重视。由于干细胞具有分化能力强的特点,将其用作种子细胞构建人工器官成为热点。组织工程相关研究已在人工皮肤、人工软骨、人工神经、人工肝等方面取得了一些突破成果。例如,软组织工程材料的研究和发展主要集中在新型可降解生物医用材料上,具体包括:研究用物理、化学和生物方法以及基因工程手段改造和修饰原有材料;研究材料与细胞间的反应和信号传导基质以及促进细胞再生的规律和原理;研究细胞机制的作用和原理等,以及研制具有选择通透性和表面改性的膜材料等,发展对细胞和组织具有诱导作用的智能高分子材料等。硬组织工程材料的研究和应用发展,主要集中在高分子材料和无机材料(生物陶瓷、生物活性玻璃)的复合研究上。

7.4.1　组织工程支架材料的基本要求

组织工程支架材料是指能与组织活体细胞结合并能植入生物体的材料。组织工程支架材料最基本的特征是与活体细胞直接结合。此外,与生物系统结合也是组织工程支架材料的基本特征,如植入生物体的软骨、肌腱、肝、肾等组织与机体的结合等。除了应该满足各种理化性质要求,组织工程支架材料毫无例外都必须具备细胞相容性和组织相容性,这是组织工程支架材料区别于其他功能材料的重要特征。

能够满足作为组织工程支架材料的性状包括:

(1)良好的生物相容性。

材料无毒,即为化学惰性材料;一般采用化学结构稳定、纯净的材料。材料无热源反应,无致癌性,不致畸。材料对细胞和周围组织无刺激性,不干扰机体的免疫机制,不引起免疫排异反应。材料植入组织后不引起溶血、凝血反应,不破坏或改变体液、血液成分。

（2）足够的力学性能和良好的生物机械性能。

用作负荷组织（如软骨、骨、肌腱和韧带等）的支架材料必须具备足够的力学性能（强度、弹性、黏弹性等），以便有效地发挥功能。同时，支架材料植入生物体后，必须与机体组织有良好的生物机械适应性，要求植入体与相邻组织的弹性模量匹配；要求材料耐疲劳、耐磨损、耐老化；能长期保持机体运行功能所需的物理性能。

（3）良好的生物稳定性。

对非吸收材料的耐腐蚀、不降解性的要求是：支架材料长时间在体内埋植可形成稳定的结构状态，在其周围发生成纤维细胞为主的增殖反应，再随纤维组织的增厚而形成具有良好生物相容性的生物组织被膜，组织反应极弱。对生物可吸收性材料的降解性和化学结合性的要求是：支架材料植入机体后缓慢降解，逐渐被宿主组织所取代。支架材料与宿主组织接触部分发生化学结合，能长期发挥功能，而不至于在界面处发生松动与破坏。

（4）溶出物及可渗出物含量低。

支架材料在制作和加工成型过程中，不可避免会残留一些添加物、中间产物、残余单体等小分子杂质，成为体液中的溶出物、渗出物（除降解材料的降解产物外），其中有些会引起严重的生理反应。例如，高分子材料中残留的甲醛会引起皮炎；聚氯乙烯单体具有麻醉作用，从而引起四肢血管收缩，产生疼痛感；甲基丙烯酸酯单体进入人体血液循环，则会引起肺功能障碍等。

（5）材料便于加工、灭菌和消毒。

材料能经彻底灭菌而不致变性；用于口腔内的材料无不良气味和味道等。

7.4.2　组织工程支架材料的种类

1.高分子材料

用作组织工程支架的高分子材料，分为人工合成高分子材料和天然高分子材料；按其性质可分为非生物降解型高分子材料和生物降解型高分子材料。

（1）非生物降解型高分子材料。

非生物降解型高分子材料包括聚乙烯、聚丙烯、聚丙烯酸酯、聚硅氧烷、聚氨酯及聚四氟乙烯等，要求其在生物环境中能长期保持稳定，不发生降解、交联或物理磨损等，并且具有良好的机械性能。材料本身对机体不产生明显的毒副作用；同时，材料不致发生结构上的破坏，主要用于制作组织中的软、硬组织，作为人工器官、人造血管等的支架材料。

（2）生物降解型高分子材料。

生物降解型高分子材料也称生物可吸收型高分子材料，可以在体温下的一定时间内分解为小分子化合物,由体内代谢排出体外。这类高分子材料的特点是在体内不断降解,因此,常被用作暂时支架材料。生物降解型高分子材料包括胶原、甲壳素、纤维素、聚氨基酸、聚乳酸、聚己内脂、聚乙交酯、聚乙丙交酯、聚—β—羟丁酸(聚 3—羟基丁酸酯,PHB)、聚乙二醇等。

2. 陶瓷材料

组织工程中采用的陶瓷材料是直接与活性细胞、机体组织和体液相接触的,其在复杂的体内外生物环境下,须与机体组织有良好的生物亲和性,即组织相容性,而不被机体所排斥;须具有长期的和良好的化学稳定性,在与体液接触时能经受氧化、水解、腐蚀等作用;并具备优良的力学性能,能长期承受持续的负荷、磨损等,以能够长期稳定地行使其支架材料功能。

(1)生物惰性陶瓷。

生物惰性陶瓷材料主要分为氧化物陶瓷和非氧化物陶瓷,以及其他类型的陶瓷。氧化物陶瓷主要是 Al、Mg、Ti、Zr 等的氧化物,非氧化物陶瓷主要是硼化物、氮化物、碳化物、硅化物等;其他类型的陶瓷则主要是指由多种氧化物构成的长石、石英、高岭土等原料制成的陶瓷材料。生物惰性陶瓷材料的特点是结构比较稳定,具有较高的机械强度和耐磨损性及化学稳定性;但普遍缺少生物活性作用。

(2)生物活性陶瓷。

生物活性陶瓷不仅具有优良的组织相容性,而且能与机体组织有选择性地发生化学反应,从而形成界面处的化学结合。生物活性陶瓷植入机体后,由于其本身的理化性能和生物学性能,以及受机体内环境的影响,材料表面的晶体会发生变化,形成钙、磷的丰富层,并与机体组织的黏多糖、糖蛋白和胶原等结合,从而产生无定形的凝胶层,该层物质可促进胶原纤维的附着,使成骨细胞向其趋近,分泌骨基质。

陶瓷材料,通常因具有较高的强度和耐磨性,且弹性模量接近骨骼,还可制成多孔状,故而在骨组织工程中得到广泛应用。

3. 有机/无机复合材料

人们在修复材料的研究过程中发现,单一成分或者单一结构的生物材料很难满足实际需求。结合"第三代生物材料"所提出的理想生物活性修复材料应能够刺激材料与细胞之间以及细胞与微环境之间的相互联系,刺激细胞生长因子的表达,促进细胞的黏附、增殖、分化和迁移,从而促进组织再生和修复等理念,人们着力于研发有机/无机复合材料。有机/无机复合材料在加工的过程中能够将粉末形式难以加工的无机生物活性颗粒复合到高分子支架上,弥补了无机生物材料难加工的缺点,也拓展了无机生物活性材料的应用领域。另外,无机生物活性材料的加入弥补了高分子材料表面疏水、惰性以及缺乏生物活性位点等缺陷，提高了高分子材料的细胞亲和力。

例如，有机/无机复合材料在模拟人体皮肤结构、材料成分和性能等方面有单一材料不可比拟的优势。人体的皮肤结构高度复杂，是由许多天然高分子物质组成的复合体。理想的皮肤组织工程支架除了需要高度模拟人体天然的ECM结构以外，还需要具备一定的生物活性和生物可降解性，能促进细胞黏附、增殖和分化诱导皮肤再生。所以，人们设想将一种或者多种生物可降解高分子材料与无机生物活性材料复合，协同促进皮肤创伤修复。再比如，有机/无机复合材料在当前的骨修复领域的应用研究也比较多，并取得了不错的治疗效果。

4. 金属材料

金属材料作为生物医用材料的研发相对比较缓慢，但由于金属材料具有其他材料不能比拟的高机械强度和优良的抗疲劳性能，目前仍是临床应用中最广泛的承力植入物类型。常用的金属生物材料有 316L 不锈钢、钛合金、钴铬合金、镍钛形状记忆合金等，都属于永久性金属支架，均由惰性金属材料制备而成。永久性金属支架具有足够的力学性能，能够提供足够的径向支撑力，有效地解决了组织的回缩问题，在临床试验中表现出显著的优势。但是，永久性金属支架也存在明显的缺点，主要包括：永久性支架是长期留存于血管内的，支架材料会引起异物反应，局部慢性炎症反应等，需长期服用抗炎药物；支架材料会延迟内皮化进程，导致内皮细胞功能紊乱，影响血管舒缩和自适应切应力的恢复；有晚期血栓和再狭窄率，永久性支架还限制了病变部位再次治疗时可选择的方法；支架材料会释放出对人体有害的金属离子（如 Ni^{2+}）。因此，永久性支架材料不是组织修复的理想选择。

元素周期表中约有 70% 为金属元素，但考虑到毒性和力学性能等方面的原因，适合用于生物医用材料的金属很少，多为贵金属元素或过渡金属元素。可选择作为人体植入材料的金属应具有良好的生物相容性，无不良刺激、无毒害，不引起毒性反应和免疫反应或干扰免疫机制，不致癌和致畸，无炎症反应，不引起感染，不被排斥。生物医用金属材料植入人体后，一般希望能在体内永久或半永久地发挥生理功能。对于金属人工关节来说，半永久是指在 15 年以上。在这样一个相当长的时间内，金属表面或多或少会有离子或原子因腐蚀或磨损而进入周围生物组织，因此，材料对生物组织无毒就成为选择材料的必要条件，也可采用表面保护层和提高光洁度等方法，提高金属的抗腐蚀性能。金属形成合金后可一定程度消除毒性并增强耐腐蚀性，因此，合金的研制对开发新型的金属支架材料有重要意义。常用的可降解合金支架材料有镁合金支架、铁合金支架、锌－镁合金、锌－钴合金、锌－银合金等。

7.5 微纳米纤维与组织工程支架

细胞在体内生存的微环境大多是由胶原纤维及其他细胞表面构成的纳米支架结构，除蛋白质是调节细胞生命活动的重要因素外，纳米级的支架结构界面是另一重要因素。组织工程支架材料的制备方法包括相分离法、真空冷冻干燥法、超临界流体发泡法、颗粒浸出法和静电纺丝法等。

相分离法中的热诱导相分离过程是将聚合物在较高的温度下溶解在适当的溶剂中，即在临界共溶温度以上形成聚合物均相溶液，然后在可控的条件下冷却导致相分离，形成富聚合物和富溶剂的双连续相；将溶剂以适当的方式脱除（比如，冷冻干燥或溶剂萃取等）后，则可得到开孔的聚合物多孔材料。该方法所得聚合物多孔材料较为纯净；在旋节线（spinodal）相分离条件下所得多孔膜各向同性，表面开孔且孔间相互连通。该方法曾是制备组织工程支架材料的首选方法之一。而相分离技术中的非溶剂诱导相分离是通过配制一定组成的均相聚合物溶液，成膜后放入非溶剂凝固浴中。随着非溶剂扩散到聚合物溶液中，其热力学平衡被破坏，均相的聚合物溶液发生相分离，体系中形成富聚合物相和贫聚合物相两相。富聚合物相固化形成多孔骨架；贫聚合物相经萃取处理后形成孔。与其他方法相比，非溶剂诱导相分离法无须高温高压，对设备的要求简单，有利于实现大规模工业化应用。

真空冷冻干燥法是将湿物料或溶液在较低的温度下冻结成固态，然后在真空下使其中的水分不经液态直接升华成气态，最终使物料脱水的干燥技术。其主要优点是干燥后的物料保持原来的化学组成和物理性质，如多孔结构、有胶体性质等。因其工艺简单并可获得很高的孔隙率，通常很多天然多糖类聚合物的多孔支架都是用这种工艺来制备的。但一般来说，冷冻干燥工艺的时间较长、能耗较大，较难广泛采用。

超临界流体（supercritical fluid，SCF）发泡法与超临界流体相分离法及其他以 SCF 为辅助手段的方法都是组织工程支架的制备方法。通过控制参数的设定，能够用 SCF 方法制备可控形貌的三维组织工程支架。在不影响力学强度的条件下，支架孔隙率与贯通性逐步提高且可成功复合多种生物活性物质。超临界 CO_2 气体发泡法中，因超临界 CO_2 的临界点低（31.1 ℃，7.38 MPa）、传质性强，可以大幅缩短发泡工艺时间；且 CO_2 无毒廉价，不易引起机体产生炎症反应；此外，其还可以克服传统制备工艺中有机溶剂难以去除、制备条件不利于保持生物分子活性等问题。但是，泡孔密闭、孔隙率低，以及致孔剂沥滤导致药物及生物活性因子流失，依旧是超临界流体发泡技术需要面对的难题。

颗粒浸出法大多与其他方法(如相分离法、发泡法等)联合使用。该方法用无机盐粒子、冰晶粒、石蜡等不溶于有机溶剂的颗粒作为致孔剂制备多孔支架。其能够通过改变致孔剂的量调节孔隙率,改变致孔剂粒子的尺寸以改变孔隙大小。颗粒浸出技术的明显优势是制备的组织工程支架的孔隙率和孔径可控,方法简单、易操作;其缺点是无法控制孔隙形状、孔隙间的关联性不高。

静电纺丝法通过制备纳米纤维作为组织工程支架,有利于细胞的植入、贴附,以及营养物质的渗入及代谢废物的排出等,可为细胞的生长、增殖提供良好的微环境,从而可以增强细胞黏附、迁移、增殖及分化功能,这主要是由于纳米纤维的尺寸和形态与细胞外基质的结构具有相似性(图 7.2)。因此,通过设计电纺纤维的结构和形貌以及调控纤维的性状,包括直径、孔隙率、对齐方式、堆叠化、图案化、表面官能团类型、机械特性和生物降解性等,可以实现多种类型的 2D 和 3D 支架的制备,以控制细胞迁移和干细胞分化,增强各种类型组织(例如,神经、皮肤、心脏、血管和肌肉骨骼系统)和组织界面的修复或再生。此外,电纺微纳米纤维已被积极探索用于癌症诊断,以及构建用于癌症研究的体外 3D 肿瘤模型;通过将药物掺入到微纳米纤维体系中,实现药物的控制释放。电纺微纳米纤维也被用作植入物涂层、屏障膜和过滤膜等,以有效改进或开发生物医学设备。综上,虽然静电纺丝的超细纤维比表面积大、纤维直径分布均匀、孔隙率高、孔间贯通性好、孔尺寸可控,能够最大限度地模仿天然组织 ECM,但是,为了满足多种组织对支架结构的需求,还需对静电纺丝技术进行改造,制备多种结构的微纳米纤维支架。

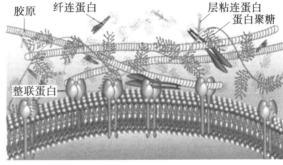

图 7.2　纤维与细胞外基质示意图

7.5.1　有序结构微纳米纤维支架

传统的静电纺丝一般使用静止平板作为接收装置,纤维在接收板上无序沉积,由此制得的纤维支架多数不具有各向异性,不满足人体某些组织对支架材料各向异性的需求。许多研究集中于如何将静电纺丝纤维进行有序化排列,可通过机械、磁性或静电手段等实现纺丝纤维的有序化。其中,机械方法通常包括使用旋转芯轴,使纤维沿旋转方向对齐;磁性方法是在磁场存在下,将少量磁性纳米颗粒添加到聚合物溶液中,然后电纺形成有序纳米纤维。Liu 等在研究中总结了部分获取静电纺丝有序纤维的方法,如改变静电纺丝过程中的射流轨迹、抑制射流弯曲部分的不稳定性等,也可以通过在静电纺纤维接收时对纤维施加额外的机械力作用,或者在接收装置中引入电场或磁场方式等。控制纤维有序排列的静电纺丝方式及其对应纤维的 SEM 照片如图 7.3 所示。有研究证明,与无序化排列的纤维支架相比,有序结构的纺丝纤维支架可显著提高支架的力学性能,促进了内皮细胞的黏附、增殖,引导细胞沿着纤维排列的方向生长。

(a) 使用旋转辊筒机械力　　　(b) 使用金属订书钉　　　(c) 使用一对永磁铁

图 7.3　控制纤维有序排列的静电纺丝方式及其对应纤维的 SEM 照片

7.5.2　图案结构微纳米纤维支架

静电纺丝过程中,利用图案化的接收装置可获得特定微结构的静电纺纤维支架。有研究表明,这种图案化的装置有利于促进组织再生中的生物学响应,增强蛋白吸收,促进细胞黏附和增殖。Kim 等使用微机械加工的人体皮肤图案模具作为静电纺丝装置中的收集器,将图案复制到静电纺丝垫的表面,图案化模具的光学照片及微纳米纤维支架的 SEM 照片如图 7.4 所示。为了验证所制备的图案化纤维的形态对伤口愈合的适用性,将纤维垫材料用于进行 14 d 的体外细胞培养。研究结果表明,纤维垫不仅诱导了与传统电纺垫相当的细胞活力,而且显示出沿着皮肤图案的细胞引导,不会显著破坏图案几何形状的特性。

7.5.3　三维结构微纳米纤维支架

静电纺丝作为制备一维纳米材料简单而高效的方法,其传统的装置中主要是以金属平板或辊筒作为纤维的接收装置。由于在注射针头与接收板之间存在电势梯度,所以纺制的纤维会优先沉积于距离针头较近的位置,也因此,纤维会

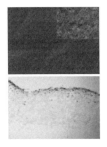

图 7.4 图案化模具的光学照片及微纳米纤维支架的 SEM 照片

层层堆叠从而形成结构致密、孔尺寸相对较小的聚集体,且其孔通常只存在于二维(2D)平面上,因而较难获得正交截面上相互贯通的三维(3D)多孔结构支架材料。

在组织工程应用中,要获得能够为细胞生长提供良好仿生环境的静电纺丝支架,需要对传统的静电纺丝过程中的纺丝液、纺丝装置等进行改进,或对纺出纤维进行后处理等。目前,改进方式或者后处理方法主要包括颗粒/聚合物析出、控制接收装置电场分布、静电纺丝多孔材料后处理等,以及采用水浴接收、低温静电纺丝、激光/紫外烧蚀等方法。

1. 控制纺丝过程

在传统静电纺丝过程获得二维结构纳米纤维基础上,通过延长静电纺丝时间,使二维结构纳米纤维厚度不断增加,可得到有一定厚度、在空间上达到三维的纤维结构。除调控纺丝时间外,可调控的纺丝条件还包括溶液浓度、接收距离、纺丝电压等,可得到不同厚度的微/纳米纤维层,以及微米尺度纤维层和纳米尺度纤维层交替排列的分层支架。

利用静电纺丝技术将生物材料制备成纳米/微米尺寸的纤维支架,能够从结构上最大程度地对天然组织 ECM 结构进行仿生,从而增加支架和植入组织结构之间的相似性。其次,静电纺丝纤维各向异性排列的支架可以实现对人体特殊组织 ECM 结构,如心脏、神经、血管等的仿生,与无规排列纤维支架相比,各向异性排列纤维支架具有更精确引导细胞生长和组织再生的功能。另外,与微米纤维支架相比,纳米纤维支架与 ECM 胶原蛋白纤维网络更相似、比表面积更高,可以为细胞提供更多的黏附位点,因此对促进细胞的黏附和生长有利。然而,纳米纤维支架的孔结构更为致密,会抑制细胞向支架内部的渗透生长;微米纤维支架中较大的孔结构允许细胞向内部渗透,但其提供的细胞黏附位点较少。所以,将纳米纤维和微米纤维结合的多尺度纤维支架在组织工程中则显得更为理想。

为获得更符合实际应用需求的三维结构微纳米纤维支架,人们还开展了静电纺丝设备的改进研究,如改进推进器、喷丝头或接收装置等。其中,在静电纺丝的收集设备改进中采用模板辅助收集的方式,具有操作简单、结构可控的特点,还可按照目标需求自行设计多种类的接收装置。部分改进的纺丝纤维接收装置示意图如图 7.5 所示。通过控制接收装置的几何结构和支架三维结构,可以控制细胞附着和分化,从而调整它们以更好地适应再生过程中的特殊组织需求。Zou 等使用导电金属网作为纺丝纤维接收装置,选择具有优异细胞黏附性能的再生柞蚕丝素蛋白(RASF)为原料,制备了 RASF 静电纺丝支架。静电纺丝制备 RASF 纤维及其沉积于金属网状接收装置的示意图如图 7.6 所示。与传统的平板接收装置相比,该网状接收装置具有适当的间隙尺寸(约 7 mm),可以显著改善 RASF 支架的孔径、孔隙率和机械性能。此外,纺丝支架显示出较高的细胞活力、更深的细胞渗透性能和更快的细胞迁移性能。

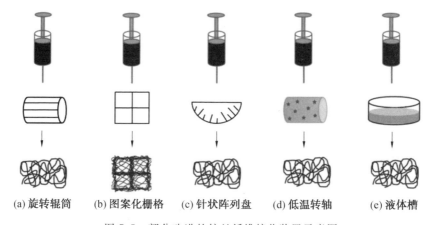

(a) 旋转辊筒　(b) 图案化栅格　(c) 针状阵列盘　(d) 低温转轴　(e) 液体槽

图 7.5　部分改进的纺丝纤维接收装置示意图

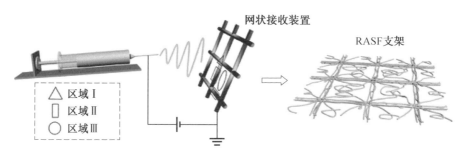

图 7.6　静电纺丝制备 RASF 纤维及其沉积于金属网状接收装置的示意图
(区域Ⅰ:金属线的交叉点区域;区域Ⅱ:金属线的非交叉点区域;区域Ⅲ:金属线间隙区)

2. 微纳米纤维的后处理

纺丝过程的调控以及纺丝设备的改进都对三维结构纤维支架的制备提供了有效的路径。但在某些情况下对纺丝设备的改动会受到限制,在一定程度上影响了三维结构支架材料的获得。因此,研究人员也试图对已纺制纤维支架进行后处理工艺和后处理方式等的研究,力求通过增强和控制纤维孔径和孔隙率达到扩展支架材料获得途径的目的。通过微纳米纤维的后处理方式制备三维结构纤维支架过程的示意图如图 7.7 所示。

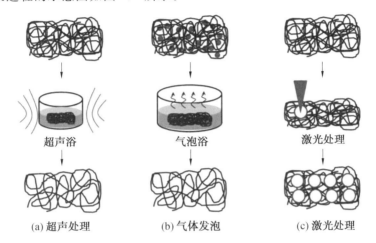

（a）超声处理　　　（b）气体发泡　　　（c）激光处理

图 7.7　微纳米纤维的后处理方式制备三维结构纤维支架过程的示意图

静电纺丝后处理可以使二维纤维毡转变为三维结构的组织支架,以进一步满足应用的需求。例如,通过超声对电纺支架进行后处理操作,可增加纤维的孔隙率和厚度,增强细胞的浸润效果。采用气体发泡的后处理方法可以提高纤维的孔隙率。Zhao 等首先通过电纺丝技术制造 2D 膜,然后使用硼氢化钠气体发泡工艺将 2D 膜扩展为 3D 组织工程支架。研究中发现,具有较小纤维直径和较高孔隙率的 2D 膜更容易实施气体发泡;所制造的 3D 支架具有良好的润湿性,其第 7 天的细胞吸收率(OD 值)比 2D 电纺纳米纤维支架增加了 25.34%。

3. 微纳米纤维的自组装

微纳米纤维的自组装是指在没有人为干扰的条件下由组元的自主装配形成的一种相对稳定系统或结构的方法。自组装过程在纳米材料的研究领域是一种较为常见的过程,也成为纳米技术的一个重要组成部分。纳米纤维的自组装过程一般是在收集板上收集的纳米纤维自发地形成具有一定空间结构的过程。在一些组织工程材料的应用中,往往需要制备具有大孔径且厚度在厘米范围的纳米纤维支架,这样能更充分地实现细胞的浸润和渗透;足够大的孔隙还能够有效保证细胞迁移和组织灌注,这在大尺寸缺损的组织工程中尤其重要。而静电纺丝法通常得到的是厚度为数百微米、孔径为数个微米的纤维支架,因此微纳米纤维的自组装成为需要的过程。

Ahirwal 等使用静电纺丝技术结合电纺纤维自组装,得到了生物可吸收的厘米级厚度的 PCL 纳米纤维支架,静电纺丝自组装三维结构支架的示意图如图 7.8 所示。该支架通过电纺纳米纤维动态自组装构筑为蜂窝状结构,形成了独特的柱状分层结构和具有上至几百微米尺寸的微孔和中孔。此外,由于蜂窝内部相邻部分之间相交的角度为 120°,因此该蜂窝结构支架具有很好的机械稳定性。Nam 等将氯化钠颗粒用作成孔剂,在静电纺丝过程中加入盐粒子,使其分散在PCL 聚合物纳米纤维网中,溶解后留下多孔空间。培养 3 周后,细胞浸润可达 4 mm。有研究报道将聚合物熔融沉积工艺与静电纺丝工艺相结合,制成由纳米纤维和超细纤维构成的双尺度支架,在超细纤维结构表面的每一层上形成静电纺丝纳米纤维层,重复该过程获得纳米-微纤维支架。其中,超细纤维作为多孔支架的框架,将静电纺丝纳米纤维膜形成纳米纤维网状微纤维支架,以有利于骨样细胞系和骨髓基质细胞在纳米纤维/微纤维支架的增殖和碱性磷酸酶的产生。该方法的优点是在微孔支架结构上产生纳米纤维形态,但其局限性是不易获得,且大规模的制备难度较大。此外,还可以使用导电模具收集电纺纳米纤维,形成三维支架网络;但该方法在生成厚的支架结构方面尚存在局限性。综上,使用三维复杂形状的厚纳米纤维基质仍然被认为是使用纳米纤维支架实现硬组织工程的一个挑战。

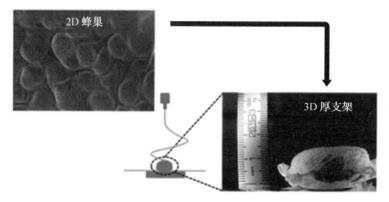

图 7.8　静电纺丝自组装三维结构支架的示意图

7.6　刺激响应微纳米纤维与组织工程

电纺微纳米纤维膜有着高的孔隙率和机械强度,内部孔隙相互贯通,很像细胞外基质,有利于细胞生长,因此适合用作细胞培养的基质或支架。将电纺技术与刺激响应材料相结合,可以有效控制或管理微纳米纤维中的药物释放;各种新型药物释放系统不断被研究出来,智能药物释放在医学治疗中的应用也越来越受到人们的重视。智能药物释放系统能够在适当的病灶位置释放活性分子或者药物,释放的剂量可根据疾病的进展情况或机体的某些功能/生物节律以及生理环境来进行调整。而将电纺刺激响应组织工程支架与药物载体的功能结合于一体,可以实现控释药物支架的多重功能。

7.6.1　刺激响应微纳米纤维与细胞培养

磁场响应性纳米纤维用作细胞培养的基质或支架,可加速骨细胞生长和分化的速度,这是因为生物组织有识别机械能与电能转化的能力,它能导致细胞繁殖更快,与骨细胞分化有关的基因表达水平更高。Lai 等将乙交酯与丙交酯形成的共聚物 PLGA 和磁性纳米粒子构建的磁场响应性电纺纳米纤维膜作为骨细胞培养的支架,可用于促进骨细胞增殖和缺损修复。研究发现,与单纯的 PLGA 纳米纤维支架相比,磁场响应性纳米纤维支架更有利于骨细胞黏附,从而加快骨细胞的增殖。Meng 等将含磁性纳米粒子的 PLA 纳米纤维膜放到兔子骨破裂处,通过外加磁场刺激可改善骨的愈合速度,这是由于纳米纤维中的磁性纳米粒子在外加磁场的作用下产生的大量微小磁力持续刺激造骨细胞增殖和分泌细胞外基质。

Cicotte 等直接用 PNIPAM 形成的电纺纳米纤维膜作为哺乳动物细胞的培养基质,在 37 ℃下细胞培养后,降温到 25 ℃后细胞就能很快地从纳米纤维膜上脱落下来。不过,纳米纤维中 PNIPAM 没有形成交联结构,相应的纳米纤维膜在水介质中的稳定性不高。为了提高纳米纤维膜在人体内的稳定性,通常要使纤维内聚合物形成交联结构。如果这种交联结构阻止纤维在体内发生降解,就会产生细胞毒性或炎症。用二硫键作为交联点的还原物质分子识别响应性纳米纤维膜就可解决这一问题,其中二硫键遇到体内谷胱甘肽或半胱氨酸等还原性物质就会发生降解。当然,也有研究恰利用 PNIPAM 在低于其 LCST 温度下溶解的特性来实现已培养细胞的分离,如 Allen 等用定向排列的 PNIPAM/PCL 复合纳米纤维膜作为 3T3 成纤维细胞的定向培养基质,结果发现只有纳米纤维中 PNIPAM 质量分数达到 90％时,才可以在冷水介质中通过溶解 PNIPAM 实现细胞从纳米纤维膜上脱落下来,如图 7.9 所示。

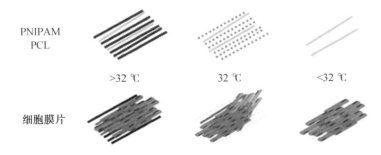

图 7.9　定向排列的 PNIPAM/PCL 复合纳米纤维支架的温度响应示意图

7.6.2 刺激响应微纳米纤维与组织工程

在载体和支架材料的制备过程中,将电纺纤维与刺激响应材料相结合可以控制药物和生物效应因子的释放,包括生长因子的释放。Xue 等构建了神经生长因子(NGF)控释温度响应性系统,通过将负载 NGF 的相变材料(PCM)微粒子夹在两层 PCL 电纺纤维之间构建智能药物释放系统,促进神经突生长。在这个支架中,沿单轴排列的纤维层被纤维化,以指导神经胶质排列并促进神经突和轴突的生长;随机纤维层保证了支架的机械强度。神经生长因子具有良好的生物活性,可促进近红外激光照射下神经突的生长,如图 7.10 所示。当通过光热提高局部温度以稍微超过支架中 PCM 微粒的熔点时,生物效应器以脉动模式释放,具有良好的生物活性。此外,脉动释放模式有助于为组织再生微环境提供新鲜的生物效应物。该方法为组织工程按需释放生长因子提供了一种新的途径。

导电高分子具有优异的导电性,可以通过电刺激促进聚合物－组织界面处的细胞生长、黏附和增殖,从而促进组织的生长。因此,导电高分子是极具发展潜力的组织工程支架制造材料。导电高分子,如聚苯胺、聚吡咯(PPy)和聚 3,4－乙烯二氧噻吩(PEDOT)等,作为新一代合成类导电高分子聚合物,在具有类似于金属和无机半导体材料的导电性的同时,还具有良好的生物相容性和易合成等优点。导电 PCL/PPy 纳米纤维在具有良好细胞相容性的同时,还可以促进神经细胞(PC－12)分化,且导电纳米纤维上的 PC－12 细胞存在神经突触向外生长的现象。此外,与无 PPy 涂层的 PCL 纳米纤维相比,PC－12 细胞在导电纳米纤维上能够发生显著迁移。这些结果表明了导电纳米纤维支架在神经组织工程中存在着巨大的潜力。

图 7.10 近红外光照射下 NGF 释放促进细胞生长示意图

Sadeghi 等使用静电纺丝法制备了含有聚己内酯、壳聚糖和聚吡咯(PCL/CS/PPy)的导电纳米纤维。该导电纳米纤维具有良好的亲水性,且纤维直径可通过壳聚糖浓度进行调节。使用 PC－12 细胞对其体外细胞生物相容性进行研究发现,PCL/CS/PPy 纳米纤维支架支持 PC－12 细胞附着、迁移,与纯 PCL 纳米纤维相比,PCL/CS/PPy 纳米纤维组的 PC－12 细胞增殖率高达 356%,且神经突触长度明显增长(图 7.11)。因此,该导电纳米纤维支架有希望成为神经组织替代物。

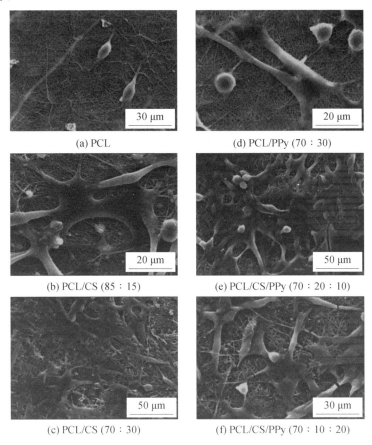

图 7.11 接种在纳米纤维支架上的 PC－12 的 SEM 照片

将形状记忆聚氨酯(SMPU)和羟基磷灰石(HA)混合制备 SMPU/HA 纤维膜支架,并用盐酸多巴胺对其进行表面改性,通过 DA 在溶液中发生氧化自聚合反应生成聚多巴胺(PDA),得到 PDA 附着于 SMPU/HA 表面的改性 SMPU/HA 复合电纺纤维膜。该研究考察了材料在红外光驱动下的形状记忆效应和细胞的黏附与增殖生长情况。图 7.12 为不同光强下 PDA/SMPU/HA 复合电纺纤维膜的形状回复率随时间的变化曲线。从图中可以看出,在 0.2 W/cm^2 的较低光强度的照射下,PDA/SMPU/HA 纤维膜没有发生形状回复,说明 0.2 W/cm^2 的光强无法使 PDA 产生足够的热量以发生光热效应,纤维膜表面温度未达到转变温度而无法发生形状回复。随着光强度的逐渐增加,PDA 发生光热效应产生的热量随之增加,能够使纤维膜表面的温度达到转变温度,所以回复率也随之增加。当光强增加到 1.0 W/cm² 时,形变的纤维膜会在极短的时间内回复到初始形状。这说明随着光强增加,加快了 PDA 的光热转换,单位时间内产生热量也随之增加,纤维膜表面温度迅速升高,当 PDA/SMPU/HA 纤维膜的整体温度接近或高于其转变温度时,触发膜的形状回复功能。在相同光强的照射下,延长浸泡时间,PDA/SMPU/HA 电纺纤维膜表现出的回复时间越短,回复能力越强。这一结果进一步证明了热是由纤维膜表面的 PDA 层通过光热转换而产生的。无 PDA 改性的 SMPU/HA 电纺纤维膜不产生光热转换,因而不会发生形变。浸泡时间较短时,PDA 生成量较少则光热转换能力较弱,所以回复时间长、回复率低;随着浸泡时间的增加,PDA 的量增加,光热转换能力增强,单位时间内产生的热量增加,表面温度迅速升高,回复时间变短,回复率随之增加。

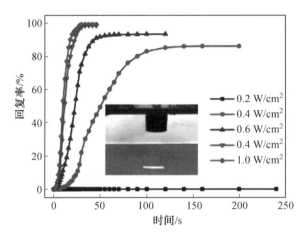

图 7.12　不同光强下变形 PDA/SMPU/HA 复合电纺纤维膜的回复过程曲线
（插图为光响应形状记忆性能测试方法示意图）

纤维膜中 PDA 的质量分数不同时,培养细胞 1 d 和 3 d 的细胞生长情况如图 7.13 所示。由图可见,PDA 改性的 SMPU/HA 电纺纤维膜的细胞数量相比于没有 PDA 改性的纤维膜均有所提高,但细胞的增殖量均不明显;其 $P>0.05$,表明 PDA 对细胞黏附的促进尚处于初级阶段。

已有研究结果大多证实了静电纺微纳米纤维促进细胞生长的作用。人工皮肤、血管、神经和软骨等组织所用微纳米纤维支架材料,往往要求具有适当的强度和弹性以及软组织相容性,在发挥其功能的同时,不对邻近软组织(如肌肉、肌腱、皮下等)产生不良影响,不引起严重的组织病变。

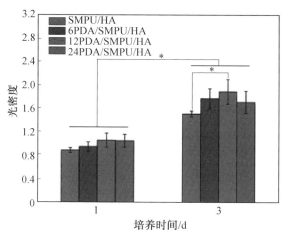

图 7.13　不同质量分数的 PDA 改性的电纺纤维膜上培养细胞 1 d 和 3 d 的细胞生长情况

本章参考文献

[1] 牛宗武. 小口径纳米纤维组织工程血管支架制备及性能研究[D]. 郑州：郑州大学，2019.

[2] 李佳，周家华，许茜. 静电纺丝纳米纤维组织工程支架的研究进展[J]. 中国组织工程研究，2012，16(47)：8847-8852.

[3] 杨志明. 组织工程基础与临床[M]. 成都：四川科学技术出版社，2000.

[4] 胡敏. 人体组织工程学[M]. 北京：人民军医出版社，2006.

[5] XIE J W，MACEWAN M R，RAY W Z，et al. Radially aligned, electrospun nanofibers as dural substitutes for wound closure and tissue regeneration applications[J]. ACS Nano，2010，4(9)：5027-5036.

[6] BAKER B M，TRAPPMANN B，WANG W Y，et al. Cell-mediated fibre recruitment drives extracellular matrix mechanosensing inengineered fibrillar microenvironments［J］. Nature Materials，2015，14（12）：1262-1268.

[7] BOAKYE M A D，RIJAL N P，ADHIKARI U，et al. Fabrication and characterization of electrospun PCL-MgO-keratin-based composite nanofibers for biomedical applications［J］. Materials，2015，8（7）：4080-4095.

[8] CHO S J，JUNG S M，KANG M，et al. Preparation of hydrophilic PCL nanofiber scaffolds via electrospinning of PCL/PVP-b-PCL block copolymers for enhanced cell biocompatibility［J］. Polymer，2015，69：

95-102.

[9] 许运. 细胞外基质模拟的仿生微纳米纤维膜调控硬脊膜再生修复的研究 [D]. 苏州：苏州大学，2018.

[10] 吕杰，程静，侯晓蓓. 生物医用材料导论[M]. 上海：同济大学出版社，2016.

[11] 吕方. 有机/无机复合电纺纤维膜用于皮肤创面修复的研究[D]. 上海：华东师范大学，2017.

[12] 孙天舒，范传杰，常瑶，等. 静电纺丝制备聚己内酯血管支架及其性能[J]. 工程塑料应用，2019，47(6)：14-19，31.

[13] 李玉梅. 静电纺聚己内酯复合纤维在血管组织工程中的潜在应用[D]. 长春：吉林大学，2019.

[14] 郑飐，周一凡，陈思远，等. 刺激响应性电纺纳米纤维[J]. 化学进展，2018，30(7)：958-975.

[15] CICOTTE K N, REED J A, NGUYEN P A H, et al. Optimization of electrospun poly(N-isopropyl acrylamide) mats for the rapid reversible adhesion of mammalian cells[J]. Biointerphases, 2017, 12(2): 02C417.

[16] ALLEN A C B, BARONE E, CROSBY C O, et al. Electrospun poly(N-isopropyl acrylamide)/poly(caprolactone) fibers for the generation of anisotropic cell sheets[J]. Biomaterials Science, 2017, 5(8): 1661-1669.

[17] LAI K L, JIANG W, TANG J Z, et al. Superparamagnetic nano-composite scaffolds for promoting bone cell proliferation and defect reparation without a magnetic field[J]. RSC Advances, 2012, 2(33): 13007-13017.

[18] MENG J, XIAO B, ZHANG Y, et al. Super-paramagnetic responsive nanofibrous scaffolds under static magnetic field enhance osteogenesis for bone repair in vivo[J]. Scientific Reports, 2013, 3: 2655.

[19] 程玮璐. 天然高分子基多功能止血复合敷料的制备及其性能研究[D]. 哈尔滨：哈尔滨工业大学，2016.

[20] ZHU W, MASOOD F, O'BRIEN J, et al. Highly aligned nanocomposite scaffolds by electrospinning and electrospraying for neural tissue regeneration[J]. Nanomedicine: Nanotechnology Biology and Medicine, 2015, 11(3): 693-704.

[21] SADEGHI A, MOZTARZADEH F, AGHAZADEH MOHANDESI J. Investigating the effect of chitosan on hydrophilicity and bioactivity of conductive electrospun composite scaffold for neural tissue engineering

[J]. International Journal of Biological Macromolecules，2019，121：625-632.

[22] 李勐，郭保林. 导电高分子生物材料在组织工程中的应用[J]. 科学通报，2019，64(23)：2410-2424.

[23] AMEER J M，KUMAR P R A，KASOJU N. Strategies to tune electrospun scaffold porosity for effective cell response in tissue engineering[J]. Journal of Functional Biomaterials，2019，10(3)：30.

[24] 李岩，张杰. 制备三维结构静电纺丝纳米纤维组织支架的方法[J]. 材料导报，2015，29(17)：1-5.

[25] LIU W Y，THOMOPOULOS S，XIA Y N. Electrospun nanofibers for regenerative medicine[J]. Advanced Healthcare Materials，2012，1(1)：10-25.

[26] KIM J H，JANG J，JEONG Y H，et al. Fabrication of a nanofibrous mat with a human skin pattern[J]. Langmuir，2015，31(1)：424-431.

[27] ZOU S Z，WANG X R，FAN S N，et al. Electrospun regenerated antheraea pernyi silk fibroin scaffolds with improved pore size，mechanical properties and cytocompatibility using mesh collectors[J]. Journal of Materials Chemistry B，2021，9(27)：5514-5527.

[28] ZHAO P，CAO M Y，GU H B，et al. Research on the electrospun foaming process to fabricate three-dimensional tissue engineering scaffolds[J]. Applied Polymer Science，2018，135(46)：e46898.

[29] AHIRWAL D，HÉBRAUD A，KÁDÁR R，et al. From self-assembly of electrospun nanofibers to 3D cm thick hierarchical foams[J]. Soft Matter，2013，9(11)：3164-3172.

[30] XUE J J，ZHU C L，LI J H，et al. Integration of phase-change materials with electrospun fibers for promoting neurite outgrowth under controlled release[J]. Advanced Functional Materials，2018，28(15)：1705563.

[31] QU M Y. Stimuli-responsive delivery of growth factors for tissue engineering[J]. Advanced Healthcare Materials，2020，9(7)：1901714.

[32] 张婷芳，刘志远，张瑜，等. 组织工程支架材料及制备方法研究现状[J]. 橡塑技术与装备，2022，48(3)：20-23.

[33] ZENINALI R，DE VALLE L J，TORRAS J，et al. Recent progress on biodegradable tissue engineering scaffolds prepared by thermally-induced phase separation(TIPS)[J]. International Journal of Molecular Sciences，2021，22(7)：3504.

[34] 吴鹏,李忠伦,余智,等. 利用非溶剂诱导相分离法制备低介电常数聚酰亚胺微孔薄膜[J]. 高分子材料科学与工程,2018,34(3):132-137.

[35] FERESHTEH Z. Freeze-drying technologies for 3D scaffold engineering：Functional 3D tissue engineering scaffolds[M]. Sawston Cambridge：Woodhead Publishing,2018.

[36] 马腾,陈爱政,王士斌. 超临界二氧化碳流体发泡技术制备组织工程支架及其泡孔形貌控制研究进展[J]. 中国生物医学工程学报,2014,33(4):467-474.

[37] COSTANRINI M,ANDREA B. Gas foaming technologies for 3D scaffold engineering：Functional 3D tissue engineering scaffolds[M]. Sawston Cambridge：Woodhead Publishing,2018：127-149.

[38] 赵娜,于佳禾,马志刚,等. 粒子沥滤法制备多孔 PLLA 组织工程支架及降解性能研究[J]. 湖北理工学院学报,2017,33(2):28-32.

[39] PRASAD A,SANKAR M R,KATIYAR V. State of art on solvent casting particulate leaching method for orthopedic scaffolds fabrication [J]. Materials Today：Proceedings,2017,4(2)：898-907.

[40] 曹志强,孙吉鹏,李欣阳,等. 3D 打印组织工程支架的构建研究进展[J]. 解放军医药杂志,2016,28(11)：1-5.

[41] 冯庆玲. 生物材料概论[M]. 北京：清华大学出版社,2009.

[42] 王正国. 再生医学：机遇与挑战[J]. 中国科学基金,2006,20(2)：72-75.

[43] LANZA R,LANGER R,VACANTI J,et al. Principles of tissue engineering[M].4th ed. Salt Lake City：Academic Press,2013.

[44] UYAR T,KNY T,ERICH K,et al. Electrospun materials for tissue engineering and biomedical applications：research,design and commercialization[M]. Sawston Cambridge：Woodhead Publishing,2017.

[45] 姚康德,尹玉姬. 组织工程相关生物材料[M]. 北京：化学工业出版社,2003.

[46] 崔志栋,李冬松,刘建国. 静电纺丝在组织工程的应用：距离临床转化还有多远？[J]. 中国组织工程研究,2014,18(12)：1951-1956.

[47] 员海超,蒲春晓,魏强,等. 组织工程细胞外基质材料研究进展[J]. 中国修复重建外科杂志,2012,26(10)：1251-1254.

[48] 刘阳,莫春香,贺艳,等. 组织工程支架材料研究进展[J]. 化工新型材料,2019,47(12)：37-40.

[49] HENCH L L,POLAK J M. Third-generation biomedical materials[J]. Science,2002,295(5557)：1014-1017.

［50］ COLLINS M N，REN G，YOUNG K，et al. Scaffold fabrication technologies and structure/function properties in bone tissue engineering ［J］. Advanced Functional Materials，2021，31(21)：2010609.

［51］ TATHE A，GHODKE M，NIKALJE A P. A brief review：biomaterials and their application ［J］. International Journal of Pharmacy and Pharmaceutical Sciences，2010，2(4)：18-23.

第 8 章

微纳米纤维与皮肤组织修复及再生简介

8.1 引 言

机体对组织损伤或缺损有着巨大的修补恢复能力,既表现在组织结构的不同程度恢复,也包括其功能的不同程度恢复。缺损组织的修补恢复可以是原来组织细胞的"完全复原",即由原有的实质成分增殖完成,一般称为再生;也可以是由纤维结缔组织填补原有的缺损细胞,成为纤维增生灶或结疤,即"不完全复原",一般称为修复。

对于皮肤的损伤而言,表皮损伤一般可以再生;损伤达到真皮或皮下组织,一般很难完全恢复。用于皮肤修复的材料为创伤敷料,用于皮肤再生的材料则多为人工皮肤。

8.2 皮肤修复

创面,也称为伤口或者创伤,是正常皮肤(组织)在外界致伤因子和机体内在因素作用下所导致的皮肤损害,常伴有皮肤完整性的破坏以及一定量正常组织的丢失,同时,皮肤的正常功能受损。引起皮肤创伤的因素很多,通常包括机械性的(如切割伤、火器伤等)、化学性的(如芥子气、硫酸等)、物理性的(如热烧伤、冻伤、放射损伤等)、炎性的(如脓肿等)、代谢性的(如糖尿病引起的皮肤溃疡等)

和血循环障碍性的(如下肢静脉曲张所致皮肤溃疡等)。其中,疾病、烧伤和机械损伤造成的皮肤损伤是常见的创伤形式,皮肤敷料作为暂时性皮肤替代物可起到保护创面、止血、防止感染、促进创面愈合等重要作用。传统的敷料如纱布、绷带等,使用简单、价格低廉,但功能单一,且在换药过程中可能会对创面造成损伤。理想的敷料应该既可维持局部潮湿环境,又能释放药物,并兼备抗炎杀菌、促进细胞增生和帮助皮肤重建的功能。聚合物纳米纤维膜在结构、化学组成和物理机械性能方面与天然的细胞外基质有很高的相似性,因此能很好地满足伤口敷料的要求。如果作为伤口敷料的纳米纤维膜具有刺激响应性等智能特性,还能满足一些特殊的使用要求。

8.2.1　皮肤创面及其愈合机制

创面愈合是个复杂而渐进的过程,包括受损组织的清除和各种细胞的聚集,局部产生大量胶原基质,最后形成瘢痕。病理学家认为,创面愈合是通过受损部位的同种或异种细胞的再生而得以修复的,最终达到创面封闭的目的。换言之,再生是创伤愈合的开始和基础,修复是创愈的过程,而愈合则是创愈的结果。本质上,创面愈合是机体对各种有害因素作用所致的组织细胞损伤的一种固有的防御性和适应性反应。这种再生修复表现于丧失组织结构的恢复上,也能不同程度地恢复其功能。综上,创面愈合是指由于创伤因子的作用造成组织缺失后,局部组织通过再生、修复、重建,进行修补的一系列病理生理过程。

8.2.2　皮肤创面愈合过程

尽管引起皮肤创伤的因素很多,皮肤损伤的程度(范围、深度等)也差异甚大,但均有相似或相同的皮肤创伤愈合过程。创伤修复的基本过程大致分为四个阶段,它们之间既有区别,又有相互交叉覆盖,构成了一个复杂而连续的生物反应过程。

1. 止血期

止血是愈合的第一阶段。在这个阶段,身体激活人体的紧急修复系统、血液凝固系统;该过程中,血小板会与胶原蛋白接触,导致激活和聚集,中央的凝血酶引发纤维蛋白网状物的形成,纤维蛋白网状物将血小板凝聚成稳定的血块,有效阻止出血。

2. 炎症反应期

炎症是机体和细胞对任何一种损伤的基本反应。炎症反应在损伤后立即发生,并将持续 $3\sim5$ d。在此期间,受创皮肤组织出现水肿、变性、坏死、溶解以及清除等,其基本要素包括血液凝固和纤维蛋白溶解、免疫应答及复杂的血管和细胞反应。该阶段的意义在于清除损伤的组织和外来物,如病原体等,以防止感染,为组织修复和再生打下基础。

3. 增生期

增生期为创伤修复的第二阶段,主要特征是通过细胞的迁移、分化、增殖而实现缺损组织的修复。浅表的损伤主要是通过上皮细胞的迁移、增殖使创面愈合;深度损伤的修复则通过肉芽组织的生成而实现。

4. 瘢痕形成期

瘢痕形成是软组织创伤修复的最终结果之一。瘢痕的形态学特征为大量的成纤维细胞与胶原纤维的沉积,是成纤维细胞产生胶原代谢异常所致。瘢痕的形成与消退常取决于胶原纤维合成与分解代谢之间的平衡。在创面愈合初期或纤维增生期,由于合成作用占优势,局部的胶原纤维会不断增加;当合成与分解代谢平衡时,则瘢痕大小无变化;当胶原酶对胶原的分解与吸收占优势时,瘢痕会逐渐变软、缩小。皮肤创面愈合过程示意图如图 8.1 所示。

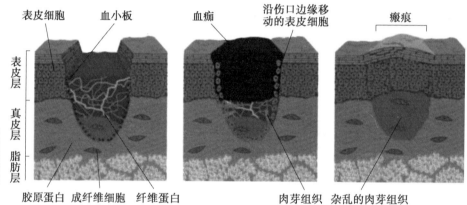

图 8.1　皮肤创面愈合过程示意图

根据皮肤伤口愈合时间及愈合过程,可以把伤口分为急性伤口和慢性伤口。急性伤口一般能够通过人体皮肤自身的组织重塑达到完全愈合,通常可以预见伤口恢复时间,一般是 8～12 周。慢性伤口通常起源于愈合缓慢(在 12 周内不愈合)且经常复发的皮肤组织损伤。伤口往往被严重感染且伴有明显的组织缺损,影响到骨骼、关节和神经等重要结构的功能。慢性伤口不能通过皮肤正常有序的愈合过程达到创面修复的目的,伤口一直处于未愈合状态。伤口部位分泌的组织渗出物能够浸润伤口周围健康的皮肤组织。此外,这类伤口还受到患者自身生理条件的影响,比如身患糖尿病,伤口持续反复感染等。如果不能得到及时有效的治疗,慢性伤口往往反复发作会增加患者痛苦甚至危及患者生命。

8.2.3　生长因子与皮肤创面愈合

皮肤创伤的修复涉及免疫细胞、皮肤的正常细胞以及多种酶和生长因子,使其共同配合、协调完成的复杂过程。生长因子又称生长激素,是生物体内对细胞生长及分化具有显著调节作用的多肽。生长因子包括成纤维细胞生长因子(fibroblast growth factor,FGF)、血小板源性生长因子(platelet－derived growth factor,PDGF)、转化生长因子β(transforming growth factor,TGF－β)、血管内皮细胞生长因子(vascular endothelial growth factor,VEGF)、表皮生长因子(epidermal growth factor,EGF)和肝细胞生长因子(hepatocyte growth factor,HGF)等。

目前已发现,生物体内许多基本的生命过程和疾病的发生与发展均与生长因子密不可分。对于创伤的修复,在不同阶段会受到许多因素的影响,每个环节的改变也都有可能影响到组织修复的整个进程。从已有的研究来看,在众多的影响因素中,生长因子既可直接又可间接地对组织修复产生影响。归纳起来,生长因子在创伤修复中的作用主要有以下几方面:在炎症反应阶段,生长因子参与各种细胞的趋化作用;增加细胞有丝分裂活性和促进细胞周期的转变;促进核酸、蛋白质以及其他细胞成分的合成;EGF 能促进小分子物质的跨膜运动,FGF 与 EGF 能增加肉芽组织中毛细血管的血流量作用。

8.3　皮肤创面敷料

皮肤受损后的自我修复通常是比较缓慢的过程,且在伤口愈合过程中还存在着继发感染的可能,继发感染又可能引起二次伤害从而影响愈合进程。为使皮肤受伤后能迅速止血、防止伤口感染并加速伤口愈合,可以使用医用敷料辅助创伤愈合。医用敷料是用来覆盖皮肤伤口、阻止伤口感染、加速创面愈合等的医用材料。

8.3.1　敷料的形式

创面敷料的形式在随着时代的发展而不断发展,常用的创面敷料有以下几种。

1.薄膜类敷料

薄膜类敷料是在普通医用薄膜的一面涂覆上压敏胶后制成的。制作薄膜的材料大多是一些透明的高分子弹性体,如聚乙烯、聚丙乙烯、聚氨酯、聚乳酸等。

其中,聚氨酯类材料制备而成的薄膜柔软、透明,具有弹性和透气性,是制备医用敷料的优良材料。薄膜类敷料几乎没有吸收性能,对渗出物的控制主要是靠其对水蒸气的传送,传送速度则主要取决于其分子结构和薄膜的厚度。

传统的透明薄膜类敷料,其优点是便于实时观察皮肤创面的愈合情况,缺点是该类敷料几乎没有水分吸收能力,容易造成渗液堆积,易造成伤口情况加重;主要适合作为轻度的烧烫伤、小面积伤口等渗透液少或较清洁的创面的外用敷料使用。而较为理想的透明敷料,其呼吸速度与正常人体皮肤的呼吸速度相当。随着材料科学的发展及制作工艺的改进,一些新型的贴膜类敷料不仅提高了其原有的通透性,还具有防菌、低致敏等特点。

2. 水凝胶类敷料

水凝胶是一种由亲水性组分吸收大量水分形成的三维网络结构,由溶胀交联的半固体物质构成,其聚合物网络体系的含水量高达 90% 以上。水凝胶敷料是类似于生命组织的高分子材料,也是一种发展较快的新型敷料类型。

水凝胶类敷料对低分子物质有较好透过性、有优良生物相容性,与伤口接触后可反复多次地进行水合作用,有效吸收伤口中的水分;敷料中的水凝胶还可以持续地吸取来自创面内的渗出液,即使在压力作用下水分也不会被挤出,更换时不会粘连造成二次伤害。水凝胶敷料的高弹性还可以使其能够与各种不平整或不规则的伤口创面紧密地黏合,抑制有害细菌的入侵,有效防止创面细菌感染,加速新生血管生成,并可以为新生的肉芽组织提供水分。水凝胶作为创面愈合敷料及其对伤口的愈合过程示意图如图 8.2 所示。

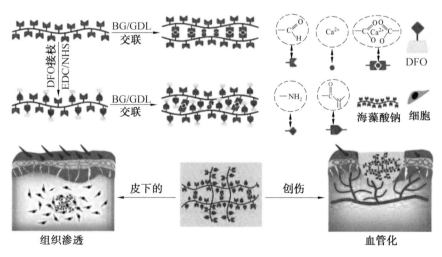

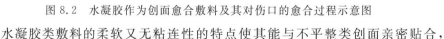

图 8.2　水凝胶作为创面愈合敷料及其对伤口的愈合过程示意图

水凝胶类敷料的柔软又无粘连性的特点使其能与不平整类创面亲密贴合,

有效阻挡细菌,减少创面细菌滋生,提供一个适合机体组织生长的愈合环境。其多用于坏死组织较多、黑痂较多的伤口,可加速坏死组织的溶解、促进伤口愈合。有研究表明,在磨削痂术后使用水凝胶敷料可减少粘连,减轻对新生组织损伤;减少瘢痕,加速创面愈合。

3. 泡沫类敷料

泡沫类敷料由高分子材料发泡而成,也称为海绵类敷料。新型泡沫类敷料主要由聚乙烯醇和聚氨酯等高分子材料发泡组成,其外层为疏水性材料,内层为亲水性材料。该类敷料的表面张力低,具备多孔性、高弹性,具有可塑性强、轻便的特点,还具有快速而强大的渗液吸收能力,可使渗液在吸水层均匀扩散,为创面提供湿润愈合环境,促进自溶清创;也可作为创面伤口填充物。

此类敷料对氧气和二氧化碳几乎完全通透,可作为药物载体,适用于中量至大量渗液的创面。泡沫类敷料在临床上常与其他敷料联合使用,表面常覆盖一层多聚半透膜。半透膜的阻隔性能可有效防止环境中异物(如微生物或灰尘等)的入侵,预防交叉感染。泡沫类敷料柔软、顺应性好、使用方便,适于身体各个部位,可起到隔热保温、缓冲外界冲力的作用;可以与清创胶、溃疡糊等协同使用。

4. 水胶体类敷料

水胶体类敷料由亲水性的高分子颗粒(水胶体)与橡胶弹性体、低过敏性医用黏胶等共同组成。其与创面渗液接触,可在创面表面形成类似凝胶的半固体物质,而附着于创面基部,为创面提供一个湿润密闭的愈合环境,促进细胞增殖和上皮细胞移动,加快创面愈合。

水胶体类敷料具有优越的吸收渗液能力,防水、透气,可阻隔外界细菌入侵,降低创面感染率。对渗出液优越的吸收功能,使得水胶体敷料有助于肉芽组织的快速生长。该类敷料又可分为溃疡贴、溃疡糊、透明贴以及水胶体油纱等类型,在临床治疗中主要应用于新鲜的浅平肉芽类伤口的愈合。

薄膜类、水凝胶类、泡沫类和水胶体类皮肤创伤用敷料形式的外观图片如图8.3所示。

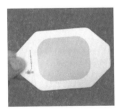   

(a) 薄膜类　　　　(b) 水凝胶类　　　　(c) 泡沫类　　　　(d) 水胶体类

图 8.3　皮肤创伤用敷料形式的外观图片

8.3.2　敷料的种类

创面敷料在使用过程中,与创面有明显的界面,敷料提供保护和促进创面愈合的作用;当创伤修复后,敷料即可去掉。敷料的种类除了包含传统类型的敷料,如纱布、棉垫、合成纤维等,其主要是以被动覆盖创面和吸收渗出物,为创面提供有限的保护作用,还陆续出现了相互作用型敷料、生物活性敷料,以及组织工程敷料和智能敷料等类型。

1. 相互作用型敷料

相互作用型敷料由一系列天然或者人工基质材料构成。这类敷料在使用过程中,与伤口之间存在多种形式的相互作用,因此被称为相互作用型敷料。研发人员通过对材料表面微观形态的控制,力求制造同细胞外基质相似的三维网状结构,使敷料可以引导组织细胞按照正确的顺序生长,促进皮肤的功能恢复,同时部分基质材料(例如海藻酸盐等)也具有止血、保湿、吸收渗出液、允许气体交换等多种功能,其阻隔性外层结构还能防止外部环境中的微生物侵入,有利于预防伤口交叉感染,从而为愈合创造出较为理想的环境。

2. 生物活性敷料

生物活性敷料是指能释放某些生物活性成分(如杀菌、抗炎、生长因子等)的复合材料。其通常由在创面愈合过程中起积极作用的材料构成,例如,壳聚糖、透明质酸、胶原等。与其他类型敷料相比,生物活性敷料促进伤口愈合的作用更强,且具有生物相容性高、可生物降解等优点,但目前存在的主要问题是在成本和价格方面,敷料更换所需费用偏高,如何降低其生产制造成本、减轻患者医疗负担,是该种类敷料今后研发的目标方向。

3. 组织工程敷料

组织工程敷料也被誉为"人造皮肤",是一类可以体现皮肤功能的敷料类型。其可以使皮肤大面积深度烧伤的患者,在自体皮源不足的情况下,进行修复治疗并使之恢复因皮肤创伤丧失的生理功能。简言之,该种敷料是能够促进皮肤的再生,作为损伤皮肤的替代物而使用的。

4. 智能敷料

智能敷料是一种高科技新型敷料。其将智能材料(对环境具有感知、可响应,并具有功能发现能力的材料)的传感器和控制元件等与生物敷料有机结合,使其不仅可以覆盖伤口,维持有利于伤口愈合的环境;同时,还可以监控伤口表面的情况(例如 pH、湿度、温度、微生物情况等),释放具有治疗和促进伤口愈合作用的因子或组分。

8.3.3　湿性敷料的作用机制

薄膜类、水凝胶类、泡沫类以及水胶体类敷料都是在湿润愈合理论的基础上发展起来的湿性敷料。润湿愈合理论是指在湿润环境下,对伤口坏死组织以及痂皮等进行溶解,促进皮肤创面皮化,有助于伤口愈合。湿性敷料多由亲水性材料构成,在伤口护理中能够吸收伤口渗液,提供创面愈合的密闭、湿润的微环境,加速创面坏死组织溶解和上皮细胞生长。湿性敷料创面治疗作用机制主要包括以下四个方面。

1. 有助于清除坏死组织、毒素,保持创面湿润而不浸渍

在创面治疗过程中,湿性敷料所含有的聚丙烯酸酯等成分可被林格氏液激活,进而对蛋白质类物质具有非常强的亲和力,可将病菌、毒素以及细胞碎屑等物质吸收到伤口敷垫中。相关研究表明,其清创能力可持续 $12\sim24$ h,通过不断吸收创面上的细胞毒素以及维生素而体现彻底清洗创面的效果。

2. 有助于降低局部氧张力,促进血管生成

湿性敷料在创面治疗过程中会形成闭合环境,透气而不透水,可有效阻止外界微生物的侵入,同时,其可以在创面中心与创面边缘间形成明显的氧浓度梯度,进而刺激白细胞介素的释放和毛细血管的生成,有助于改善局部微循环,促进局部组织的正常代谢。创面边缘与中心间的低氧梯度成为刺激毛细血管向氧气相对不足的创面中心生长的动力,毛细血管向内生长及整个创面修复过程一直持续至低氧状态消失。临床已证实,保湿性敷料能保持创面低氧张力,而不受原发病程的限制。

3. 有助于生长因子的释放

相关研究表明,在湿性敷料创面治疗过程中,首先促进血小板衍生的生长因子和转化生长因子,然后湿性敷料还可以促使表皮生长因子、白细胞介素以及纤维细胞生长因子等的释放,这些生长因子对于创伤组织的修复具有重要作用。生长因子发挥作用,需要一个近似生理状态的湿润环境,湿性敷料能保持创面湿润,提供生长因子与创面组织密切接触的机会,刺激细胞的增生。

4. 有助于减轻疼痛

湿性敷料在湿润环境下可以对创面暴露的神经末梢进行有效保护,并且可以防止创面与敷料之间形成粘连,有效缓解敷料更换过程中对创面造成的损伤;此外,湿性敷料具有一定的弹性,在肢体活动过程中不会对创面的延展产生限制,有助于缓解疼痛。

8.4　微纳米纤维创面敷料

　　微纳米纤维在生物医学领域的一个重要应用之一是作为伤口敷料。这是因为微纳米纤维敷料具有足够多的孔隙,能够确保其与外界的液体和气体交换,同时又可阻止细菌的侵入。微纳米纤维膜对潮湿创面有良好的黏附性,其较大的比表面积有利于液体的吸收以及药物在皮肤上的局部释放,进而使得这些材料适合于创面闭合止血。已有研究表明,如果在皮肤创伤处覆盖一层具有生物相容性、生物可降解的纳米纤维膜,伤口的愈合速度较快,不易引起并发症。

8.4.1　微纳米纤维敷料的特点

微纳米纤维创面敷料同传统的创面敷料相比,具有以下特点:

1. 吸收性好

微纳米纤维具有较高的比表面积和孔隙率,吸水率可达 17.9%～21.3%;而普通薄膜敷料的吸水率仅为 2.3%左右。

2. 可提供选择性渗透功能

微纳米纤维敷料的孔结构有利于细胞的呼吸,不会导致伤口干裂,能够很好保持伤口处的潮湿环境。同时,微纳米纤维敷料的孔径小,可阻挡细菌的入侵。微纳米纤维敷料还具有良好的透气性,能有效防止伤口感染和脱水。

3. 优良的贴合性(三维贴合)

对伤口轮廓的适应能力是临床上衡量弹性伤口敷料的重要参数。在医用纺织品领域,人们普遍认为敷料织物的贴合性与纤维的细度息息相关,较细的纤维织物更容易适应复杂伤口的三维轮廓。而由静电纺丝获得的微纳米纤维敷料具有优良的贴合性,可更好地严密覆盖伤口,使其免受感染。

4. 具有多功能性

通过静电纺技术可以较容易地将治疗伤口的药物(如抗感染药物、抗菌剂、血管舒张药物),甚至是角质细胞包覆于静电纺纳米纤维基体中,使单层纤维敷料具有多功能性,而不是通过多层才能完成。这样可以减少因频繁更换敷料而影响伤口处细胞的再生。

5. 具有可减小或不产生瘢痕的特点

微纳米纤维敷料为伤口的无瘢痕愈合提供了可能。现有研究表明,可生物降解的静电纺纳米纤维膜有利于伤口的愈合和皮肤的再生。纳米纤维作为创面敷料及其主要特点示意图如图 8.4 所示。

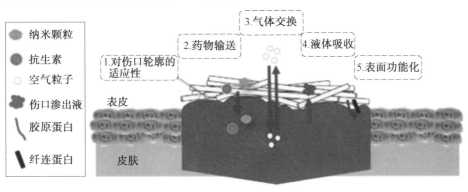

图 8.4　纳米纤维作为创面愈合敷料及其主要特点示意图

纤维膜作为伤口敷料,其传统的应用方法是先将功能性静电纺丝纤维膜制备出来,然后需要做进一步处理后贴合在伤口表面。为了使静电纺丝更容易获得,在医院和临床中心随时可用,并针对个性化的医疗保健,有研究报道了一种便携式静电纺丝装置。便携式静电纺丝设备的主要应用是伤口护理。不同于传统的台式静电纺丝设备,它们可以由非专业人员在紧急情况下操作。由于敷料可以实时生产,因此可以根据伤口状况和患者需要选择其化学成分和生物活性;此外,原位沉积确保了电纺毡与损伤区域的良好黏合,即使在曲面上也是如此。因此,采用该设备可以原位实现电纺纤维膜贴敷至皮肤表面且具有不易脱落的效果。如图 8.5 所示,通过便携式电纺设备实现的原位电纺,可将皮肤或者需要贴合纤维膜的地方作为接收端,形成的纤维膜具有与皮肤较为完美的贴合度。此外,带有自供电装置的便携式静电纺丝仪还可以对熔融聚合物进行电纺,熔体电纺纤维中无溶剂残留,可使得所纺制纤维更适合作为直接和原位的伤口敷料。

8.4.2　微纳米纤维敷料用材料

用于创面愈合的电纺纳米纤维敷料是与伤口区域直接接触的,因此纺丝纤维用聚合物的生物相容性和生物降解性尤为重要;加之,理想的敷料能够模拟细胞外基质并具有与伤口愈合相关的性能,因此,对天然蛋白质和多糖的研究越来越多。这些蛋白质和多糖容易被人体识别,以达到模拟细胞外基质的高标准,其中一些还具有抗菌、抗炎和止血的特性。

与天然聚合物相比,合成聚合物表现出更好的机械性能、可纺性和加工性能;此外,合成聚合物的结构可控,对溶剂的选择性较广、环境适应性强,更适用于静电纺丝;还可以包封药物贴合于创面,并促进细胞的增殖。因此,近年来由合成类聚合物组成的创伤修复材料发展迅速、品种繁多,适用范围也十分广泛。根据微纳米纤维敷料用材料来源与相关性质,其可分为三类(表 8.1)。

(a) 在手上纺丝

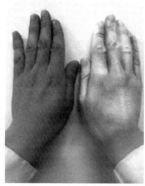
(b) 手表面覆盖均匀纤维毡

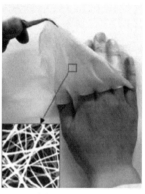
(c) 由镊子取下纤维毡

图 8.5　便携设备静电纺丝过程及原位形成纤维毡的光学照片

表 8.1　微纳米纤维创伤修复材料来源及分类举例

种类	举例
天然聚合物	胶原蛋白、纤维蛋白、丝蛋白;纤维素、甲壳素、壳聚糖;海藻、芦荟、土豆
合成聚合物	聚氨酯、硅橡胶、聚乙烯醇、聚甲基丙烯酸甲酯、聚四氟乙烯、聚己内酯、聚乳酸、聚乙二醇
其他类	生物活性玻璃、二氧化硅、石墨烯、羟基磷灰石

1. 天然聚合物

天然聚合物一般来源于自然界的动植物,具有良好的生物相容性和可降解性,通常也具有良好的亲水性,对环境友好。

壳聚糖(CS)作为甲壳素的衍生物,适于作为创面敷料,其微纳米纤维敷料具有诸如抗菌、止血、促愈和预防瘢痕形成等生物功能性。透明质酸(HA)具有特殊的生理性能、理想的流变性,无毒、无抗原性,以及高度的生物相容性和体内的可降解性,使其成为创面愈合敷料的理想材料之一。HA 的纳米纤维敷料可参与伤口愈合的不同阶段,能够激活细胞、调节炎症反应,促进角质形成细胞的迁移和增殖,减少瘢痕形成。胶原蛋白是天然细胞外基质的最主要成分,也是作为创面敷料的天然聚合物之一。已有研究使用胶原蛋白静电纺成纳米纤维,并使用细胞外基质蛋白涂层制成创面敷料;研究结果表明,胶原蛋白纳米纤维可有效促进早期伤口愈合,适用于作为伤口敷料。

2. 合成聚合物

PVA 为最常用的生物相容聚合物类型,其应用领域众多。PVA 作为创面敷料时,具有不吸附油脂渗出液的特点,从而有效防止与伤口及伤口组织粘连,减轻换药痛苦;并显著缩短创面愈合时间,提高创面愈合质量。但由于其缺少合适的弹性,因此其尚无法单独使用,通常是与其他聚合物一起联用。PLA 及 PCL 均为聚酯类聚合物,其酯键能够发生水解而使聚合物逐步降解,降解后的小分子能够通过肾脏丝球体细胞膜所代谢,或者能够作为生物体内的营养物质,如水或者葡萄糖等参与代谢过程。作为重要的医用高分子材料,聚乳酸与人体组织的生物相容性良好,不会引起周围炎症,无排异反应;更重要的是,其水解产物乳酸可以参与到人体内糖类代谢过程,不会引起任何残留和生物副作用。PU 是一种常用的医用高分子材料,属于较难生物降解的生物惰性聚合物,但其优良的弹性使其在敷料方面具有较多的应用。医用聚氨酯大多是嵌段聚醚型聚氨酯,由分子两端带有羟基的聚醚与二异氰酸酯缩聚而得。嵌段共聚的聚氨酯具有良好的生物惰性、生物相容性和抗凝血性。PU 通常以薄膜、泡沫、水凝胶等形式作为敷料使用;作为纳米纤维膜敷料的形式因具有负载生物分子和持续释放的能力,可用于受损皮肤细胞的再生。

3. 其他类

皮肤创面的修复需要复杂的过程,任何单一类型的材料所制备的敷料都难以满足伤口愈合各个阶段的需要。天然来源的材料一般具有生物相容性好、吸收液体能力强等优点,但其机械性能较差;而合成高分子材料的隔绝性较天然材料好,但其吸液性能却低于天然材料。所以,采用物理或化学方法对天然聚合物材料、合成高分子材料与无机材料等进行复合,可望获得同时具备各单一材料优势的医用创面敷料,则更有利于伤口愈合。如顾等通过静电纺丝技术制备了纯 PLLA、壳聚糖/PLLA、明胶/PLLA 纳米纤维。与纯 PLLA 纳米纤维相比,复合后的纳米纤维的微观形貌发生了变化,由纯 PLLA 纤维的圆柱状变为复合纤维的扁丝带状;而且,与纯 PLLA 纳米纤维相比,壳聚糖/PLLA、明胶/PLLA 复合纳米纤维的吸水性和保水性均有显著提高、水蒸气通透性有所下降;可见,复合后的纳米纤维敷料可作为较理想的创面敷料。研究表明,人类在胎儿时期的皮肤创面愈合程度相对高,甚至可以完成愈合而不留瘢痕;这是纤维连接蛋白在愈合过程中起着重要作用。受此启发,Chantre 等利用旋转喷气电纺技术生产出的高分子纤连蛋白纳米纤维,不仅加快了创面皮肤组织的重建,还重建了皮肤的附属器和脂肪组织;该类敷料作为一种临时性的皮肤代替品用来覆盖创面,已在临床应用方面取得了一定的作用效果,也由此可能在未来的"人造皮肤"方面发挥重要作用。

8.4.3　负载生物活性物质的纤维敷料

创面愈合是一个动态且复杂的过程,包括炎症细胞、修复细胞的聚集;受损组织的清除和产生细胞外基质;最后完成再上皮化或形成瘢痕。基于对创面愈合了解的逐渐深入,通过在纳米纤维敷料中装载各种生物活性物质以促进创面愈合的研究越来越多,如负载抗菌物质、生长因子以及针对治疗特定创面的其他生物活性物质等。

1. 负载抗菌物质

作为开放性创面则难免会伴有细菌感染,若感染得不到有效控制,其产生的内毒素和刺激各种细胞产生的炎症因子将会严重影响创面的愈合。因此,通过在纤维敷料中装载抗菌物质并使其缓慢释放于创面,可有效抑制细菌的生长、繁殖等。常用的抗菌剂有无机抗菌剂(金属 Ag、Cu、Zn 等纳米粒子)、有机抗菌剂(酰基苯胺类、咪唑类、噻唑类、异噻唑酮衍生物、季铵盐类、双胍类、酚类等),以及天然抗菌剂(甲壳素、芥末、蓖麻油、山葵等)。此外,为满足某些特殊疾病的治疗,复合抗菌剂也得到广泛应用。

利用静电纺丝技术将抗菌剂引入到静电纺丝微纳米纤维中,负载抗菌物质的纤维对金黄色葡萄球菌、表皮葡萄球菌、大肠杆菌和白色念珠菌等创面常见致病菌株表现出了较强的抗菌能力,并且能促进成纤维细胞和表皮细胞的增殖,促进表皮细胞的分化及细胞与细胞间建立连接,抑制单核细胞炎症因子的表达。Zhou 等使用静电纺丝方法成功开发了聚己内酯(PCL)复合壳聚糖(CS)负载槲皮素(Qe)/芦丁(Ru)电纺纳米纤维膜(ENMs),将其作为潜在的烧伤伤口愈合敷料,如图 8.6 所示。所合成的 ENMs 纳米纤维表面光滑,无交结或串珠;PCL－CS－Qe/Ru 的直径在 120 nm 左右。PCL 支架中适量复合 CS 可有效增加复合纤维的比表面积和膜的亲水性;Qe 和 Ru 的存在则使体系具有潜在的药理活性,包括抗氧化、抗炎和抗菌活性,保护血管和神经,以及疼痛管理等;研究表明其可能有促进伤口愈合的能力。测试载有 Qe/Ru 的纳米纤维膜的抗氧化和抗菌活性的结果表明,PCL－CS－Qe 膜在所有纳米纤维膜中的抗菌性能最优。这项研究中制备的具有生物相容性和抗氧化/杀菌活性的新型纳米纤维膜具有作为伤口敷料和伤口管理药物输送载体的潜力。Ahmadian 等成功地制备了一种乙基纤维素/聚乳酸/胶原(EC/PLA/胶原)负载磺胺嘧啶银(AgSD)的新型抗菌纳米纤维,其对芽孢杆菌和大肠杆菌表现出良好的抗菌性能;该纳米纤维是一种应用于伤口敷料的有效材料,可促进细胞增殖和黏附。

2. 负载生长因子

创面愈合需要多种生长因子(GF)的参与和调控,如表皮细胞生长因子(EGF)、成纤维细胞生长因子(FGF)、血管内皮细胞生长因子(VEGF)等。这些生长因子在肉芽组织的形成、炎症反应的调节中起着关键作用。然而,GF 的局部给药存在一些缺点,如其体内稳定性低、通过皮肤的吸收受限、在到达损伤区

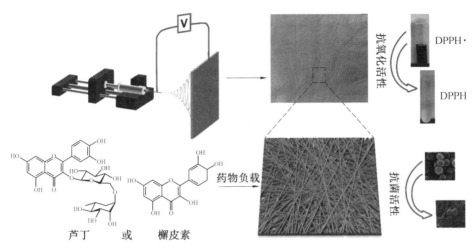

芦丁 或 槲皮素

图 8.6 静电纺丝制备负载抗菌物质的微纳米纤维的示意图

域前易被渗出物消除,以及会由于局部或全身用药水平高而产生不良副作用等。因此,将具有刺激细胞生长活性的因子装载于纤维敷料内,保持生长因子的生物活性,并使其缓慢、持续地释放于伤口创面,成为提高敷料疗效的重要途径。

临床上,EGF 已经在很多种皮肤疾病中得到了应用。有临床记录显示,EGF 能诱导皮肤角质形成细胞和成纤维细胞快速增殖,加厚角质层并刺激外周神经再生;EGF 的局部用药被证实能用来治疗糖尿病和静脉溃疡、辐射引起的溃疡、烧伤以及皮肤移植位点的创伤修复等。有研究表明,EGF 的作用效果具有剂量依赖性,其虽不具有细胞毒性,但过量使用会导致上皮组织畸形生长甚至癌变,也因此寻找一种包封 NGF 的有效载体成为必要。负载于载体能够防止生长因子的快速消除;又能在创伤修复相应的窗口期,以可预测的方式释放出适宜剂量的 NGF 刺激表皮细胞和促进创面愈合。Liao 等以聚乙烯醇(PVA)、碳纳米管(CNTs)和表皮生长因子(EGF)为主要原料,采用静电纺丝法制备了一种新型复合生物敷料。图 8.7 所示为碳纳米管/聚乙烯醇负载 EGF 的工艺流程示意图。该敷料的细胞毒性等级较低,表皮生长因子可维持一个持续的释放率,12 h 时最大累积释药率为 12.47%,48 h 后的释药率维持在 9.4%。大鼠体内实验结果表明,该敷料能加速大鼠皮肤损伤的愈合,7～10 d 的创面基本愈合。综上,CNTs/PVA/EGF 微纳米纤维敷料具有均匀的结构和持续释放 EGF 的能力,且具有良好的生物活性,对加速伤口愈合有积极的作用。

3. 负载其他生物活性物质

生物活性物质装载于纤维敷料内,往往能够提高对特定类型伤口创面的疗效。除了抗菌物质和细胞生长因子外,尚有很多生物活性物质能够通过间接的途径或不仅限于通过直接的途径发挥促进创面愈合的作用。将这些生物活性物

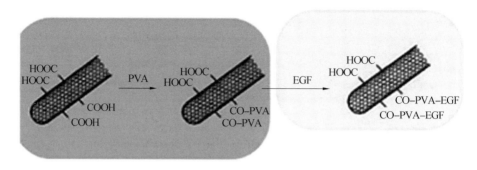

图 8.7　静电纺丝法制备碳纳米管/聚乙烯醇/表皮生长因子复合材料流程示意图

质装载于纤维敷料内,往往能够提高对特定类型创面的疗效。生物活性物质如胰岛素,其从微纳米纤维敷料中的释放可对细胞有明显的刺激作用,能够加速人永生化表皮细胞和人脐静脉内皮细胞的迁移和增殖;进一步,将纤维敷料用于糖尿病大鼠的全层皮肤创面修复时,显示出较高的创面愈合率、较快的血管新生速率和组织再生速率。为糖尿病足、褥疮等慢性和难愈性创面的修复治疗提供了一种具有应用前景的敷料类型。

静电纺丝技术负载活性物质的常见方式有混合电纺、同轴电纺、乳液电纺和表面修饰,如图 8.8 所示。表面修饰是先通过静电纺丝得到纳米纤维膜,再将纤维膜浸泡在含有生物活性物质的溶液中进行吸附。这种方式可以使用同一种纤维膜基体负载不同种类的活性物质,有效避免了活性物质直接与有机溶剂的接触。但是,大部分活性物质只是吸附在纤维的表面,活性物质释放较快,较易产生突释现象。混合电纺是将活性物质与高聚物溶液简单混合,通过静电纺丝得到纳米纤维膜,这是一种"传统"的静电纺纳米纤维负载方式。其优点是方法简便,可一次性得到载有活性物质的纳米纤维,并可以通过调节高聚物的降解速率调控活性物质的释放速率。但混合电纺的主要缺点是生物活性类大分子在被包埋的过程中可能遭遇失活和消除的问题;且与表面修饰方法一样,其同样面临严重的初期突释问题,最终会导致敷料有效使用周期减缩,尤其是所负载的为亲水性蛋白质时更是如此。这是因为,根据相似相容原理,亲水性物质和亲油性高聚物在静电纺丝过程中易发生相分离,故可导致大量的药物分子聚集到纤维的表面。所以,混合电纺法不适合用于制备载有水溶性活性分子或蛋白质类生物大分子的纳米纤维敷料体系。

同轴电纺可以将生物活性分子封存在电纺丝的芯部,而壳层则为具有保护作用的高分子聚合物层。这样,壳层物质可以有效防止芯部的生物活性物质暴露在环境中。芯壳结构电纺纤维还可以通过乳液电纺来制备,将药物分子组成的微小液滴均匀分散在高分子溶液中得到芯壳结构纤维;其芯部是由分散在高

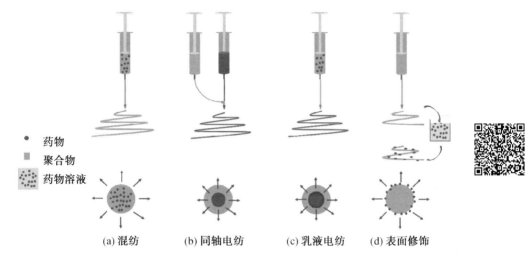

图 8.8　生物活性物质载入微纳米纤维的方法

分子溶液中液滴聚集形成的相。相较于混合电纺,乳液法纺丝技术可以将溶解性差异较大的药物与高分子通过形成芯壳结构纤维而制得。

8.4.4　基于刺激响应的智能敷料

1. 智能监测类型

(1)温度监测。

受"感染导致伤口温度升高"的启发,澳大利亚材料科学家制备了高敏感的温敏纤维,这种纤维由液态晶体构成,能够显示颜色的变化,可根据伤口温度自动变色,外观上产生由红到蓝的颜色变化。动物实验表明,这种智能绷带能感应创面内小于 0.5 ℃的温度变化,可望加入到慢性伤口患者的包扎织物和绷带中。为了获取更直观的温度数据,另有研究报道:将微型金属电阻传感器、银油墨型传感器及碳纳米管传感器等温度传感器,通过聚合技术、纳米技术或丝网印刷技术融入纤维敷料或聚 N－异丙基丙烯酰胺温敏水凝胶中,覆盖伤口后可以实时提供和绘制伤口区域的温度分布图,能够精确监测到皮肤温度 0.5 ℃的变化,在传感器设定的温度范围内(25～50 ℃)灵敏度高,对温度变化的感应时间短(30 s/ ℃),温度数据呈线性变化反应。动物皮肤上反复附着/剥离循环试验证明,该类产品温度检测功能稳定;人体受试者应用发现,温度监测能捕捉到创面附近的温度变化与对侧对照体温的最小变化,可早期提示炎症反应;揭开敷料后即可测得的创面平均温度为 32.6 ℃,略低于细胞增殖所需的 33 ℃阈值;包扎之前创面平均温度为 29.9 ℃,说明换药操作过程中创面一直处于低温状态。表皮电子传感器在不同的输入电流下,可以精确观察到温度升高至真皮层。推想如

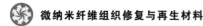

果使用加热器作为温度传感器,则可以精确地测量和控制这些温度,有效促进慢性创伤的愈合。

(2)pH 监测。

与 pH 试纸的颜色进行对比是明确伤口 pH 较为简单快捷的方法,但染料的毒性限制了 pH 试纸与创面的接触。为了防止染料在使用过程中泄漏,带 pH 变色染料的传感器需包埋在二氧化硅颗粒(孔直径 2~50 nm)中,再通过微流体纺丝法与透明水凝胶融合,则既可以肉眼观察 pH,也可以定期或连续显示 pH 数据。Tamayol 等将海藻酸盐纤维编织成 pH 感应器,可根据创面 pH 的不同产生颜色变化,酸性时纤维为黄色,碱性时则呈现黑色。这种水凝胶纤维膜贴于动物创面 30 min 后即可使用智能手机进行拍摄、校准成像确定颜色值对比 pH,也可以在换药前用智能手机远程分享底层组织的定量 pH 图,便于监测伤口的愈合进程。Kassal 等将包含 pH 指示染料的纤维素颗粒固定在水凝胶中,再利用丝网印刷技术将薄层的 pH 敏感水凝胶浇铸在纱布绷带上,通过微型光电探针连接到智能无线手机平台,并通过射频识别与外部读出装置进行信息交流,在 pH 为 5.9~10.4 的酸性到碱性的变化过程中,能显示出从黄色到紫色的可逆变色。Pakolpakçil 等以海藻酸钠和聚乙烯醇纳米纤维毡(包括从黑胡萝卜(BC)中提取的花青素)为基础,开发并表征了用于 pH 监测的伤口敷料。其首先采用静电纺丝法制备了 pH 敏感微纳米纤维毡,并用戊二醛对微纳米纤维毡进行交联;然后将干燥后的浅粉色纳米纤维毡浸入不同 pH 的缓冲溶液中,纳米纤维毡的颜色从红色(在酸性介质中)到蓝色(在中性介质中)再到黑绿色(在碱性介质中)。结合对纳米纤维毡的响应时间和温度稳定性的研究结果,表明了所研制的 pH 传感复合纳米纤维毡可成功用于伤口敷料的愈合监测。

(3)组织氧合监测。

慢性伤口由于血管化不充分,伤口氧合不足;测量氧含量时,传统的电极探针法在扎入伤口内测量时不仅会造成患者的疼痛,且只能获得大面积伤口内某个点的读数。因此,有研究将电子元件或对氧敏感的染料做成氧传感器,联合纳米技术和无线传输电子系统,制造出可以实时获得整个伤口内氧浓度和氧含量分布信息的智能绷带。Mostafalu 将氧传感器和微控制器安装在一种弹性绷带内部的空腔中,该绷带由拉伸强度、弹性和柔韧性较好的一种橡胶材料制成,使用 3D 打印技术制作成品,用于实时采集慢性创面的氧浓度数据。该绷带具有反应较为灵敏的特点,伤口环境中的测量数据反映到远程计算机系统仅需 20 s。智能绷带的三维模型示意图如图 8.9 所示。

Li 等用纳米技术将对氧敏感的荧光粉和香豆素嵌入透明的聚合物材料中,所制得的液体绷带在有氧的情况下会发光。显示蓝色表示组织的氧消耗较高,显示红色则表示组织耗氧量较低。这样,在外观上能够根据创面的氧含量水平

图 8.9　智能绷带的三维模型示意图

变化,类似信号灯那样从蓝色变成红色,并智能计算组织中氧分压为 $0\sim160$ mmHg 范围内的氧耗百分比。使用定制的照相机对绷带下方耗氧量进行捕获后,可以生成底层组织的二维氧图。这类智能绷带已在大鼠缺血性肢体模型上进行了实验,其可以感知动脉结扎时组织缺血期间氧分压降低的变化,随后被用于猪烧伤模型后皮肤、移植物的组织氧合监测,推断组织移植物的存活率。目前开发出的该类实验品还需在使用中不断完善,未来可致力于改善慢性缺血性伤口、烧伤、皮肤移植/皮瓣和其他组织损伤的临床护理,但人体临床实验还有待进一步研究。

（4）创面湿度监测。

对于伤口敷料吸收渗液后的湿度水平的判断,目前尚无科学依据。对某些高级伤口敷料的水分分布的模拟伤口模型研究中发现,一些敷料吸收了远离创面的液体,使模拟伤口保持干燥;而另一些敷料则会形成液体池,并不利于伤口愈合。因此,有研究将超高频无线电频率传感器融入木聚糖—聚乙烯醇水凝胶敷料中,利用水凝胶吸收渗液后的溶胀行为和导电特性,在体外无线读出器中通过观察水凝胶膜的电导率和溶胀程度来判断创面内的湿度水平。

随着柔性医疗相关的电子产品和生物医用材料的不断研发和日益广泛的应用,如何制造出具有可靠的机械柔性、良好的透气性和可自我控制焦耳热效应的多功能体创面检测电子设备成为该领域研究的挑战之一。Zhao 等将智能 2D— $Ti_3C_2T_x$ MXene 纳米片沉积到纤维素纤维非织造布上,制备了一种基于 MXene 的多功能智能织物。这种多功能织物在水引起 MXene 层间通道的膨胀/收缩时,表现出了灵敏的和可逆的湿度响应特征,实现了可穿戴的呼吸监测应用。此外,基于其快速和稳定的电热反应,它还可以作为一个低电压热疗平台。尤其值得一提的是,水分子萃取在加热时诱导电响应,即可起到温度警报的作用,这使其能够实时监测热疗平台的温度,而不会产生低温烧伤风险。此外,MXene 的类金属导电特性,使织物具有良好的焦耳热效应;在细菌感染伤口愈合治疗中,可适度杀灭伤口周围的细菌。图 8.10 所示为智能敷料检测过程示意图。

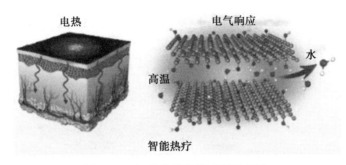

图 8.10　智能敷料检测过程示意图

(5)皮肤机电监测。

细胞损伤或死亡会导致细胞膜结构和完整性丧失,会使得离子和电流易通过细胞膜,因此受损的细胞膜电导率会更高。进一步研究发现,电阻抗会随着表皮细胞的增殖和肉芽组织的形成而增加;会随着感染和细胞的丢失而减少。机电传感器利用了细胞膜的上述电"特征"和生物电阻抗变化,通过监测皮肤细胞在创伤环境下完整性丧失或缺血/再灌注事件后引起的电阻抗变化,提供有关组织渐进性损伤的重要数据。

Swisher 研发的机电阻抗传感装置采用了喷墨印刷技术,在塑料基板上制成柔性绷带,类似测量脑电图(electroencephalogram,EEG)一样,通过测量皮下组织的特殊电流和复杂阻抗,实现了早期预测压力性损伤的发生或转归。另有研究将电子压力传感器融入柔性织物中,使用时该传感器可以绘制皮肤上施加的压力,以评估压疮发生或恶化的可能性。这种传感器还具有弹性应变功能,在被拉伸时测量已知区域的变化磁流,提供关于患者活动的信息,帮助护理人员判断翻身时机,以及发展为非愈合伤口的潜在风险。目前,加拿大已将机电传感器融入柔性织物中制成人体压力测试毯,用于测量卧床患者压力分布图,辅助护理人员直观分析受压部位压力分布的准确数值,使得压力大小可视化,以便采取个性化的护理方式为患者进行体位管理。相比当前常用的 Braden 评分表,该方式能更加精准有效地发现高风险压疮患者,高效预防压力性损伤的发生和改善预后。从临床需求看,机电监测可以降低临床上劳动密集的护理工作,并可能对压力性损伤的护理规范和标准产生影响。

2. 敷料的智能控释类型

现代医用敷料控制药物释放或渗透到组织的能力大多是被动的,即其是将不同的药物按照预定的剂量渐进输送。如含银伤口敷料一般可以持续缓释银离子,维持其抗菌活性在 7 d 左右,但这种被动的缓释技术不能根据伤口环境的动态变化,按需控制药物或生物因子的释放。

智能敷料是通过传感器感应伤口环境中 pH、温度和氧含量的变化信息并做出反应,在适当的时间点调整药物的释放速率。这种控制药物释放时间和空间曲线的技术,提供了比传统药物释放方法更有效的治疗选择,使得药物传递疗法更有效、更便宜和更安全。

(1)传感器智能触发给药方式。

传感器预先设定好相应的 pH 或温度值,当创面内环境高于或低于这个值时,传感器会自动触发药物储存系统释放药物,使创面内环境始终维持在传感器设定的 pH 或温度值范围内。如 Alphonsa 等将环丙沙星和氟康唑等抗菌药物包埋在水溶性纤维蛋白悬浮液中,通过凝血酶交联合成载药纤维蛋白纳米粒,在生理值的 pH 为 7.4 时,药物释放量较低,环丙沙星和氟康唑的释放率分别为 16% 和 8%。当暴露于 pH 为 8.5 的较高碱性环境时,环丙沙星的释放率增加了 3 倍,为 48%;氟康唑的释放率增加了 4 倍以上,为 37%。此外,对大肠杆菌、金黄色葡萄球菌和白色念珠菌均显示出良好的抗菌活性;动物实验表明,其有成为糖尿病足溃疡感染控制敷料的潜在用途。另一研究将热敏性药物载体聚 N—异丙基丙烯酰胺置入水凝胶敷料内,设定临界温度为 32 ℃,聚 N—异丙基丙烯酰胺在临界温度以下是亲水的;超过临界温度就会变成疏水的,此时含亲水药物的水溶液将被推出药物载体,用于创面抗感染和炎症的治疗。

(2)人工触发给药方式。

该方式是由医护人员来判断和决定是否通过智能手机或计算机触发传感器进行智能给药。如将含有药物和生长因子的 N—异丙基丙烯酰胺微粒包裹在海藻酸盐水凝胶中,覆盖伤口区域后,通过无线电子调节水凝胶层的温度来实现药物输送和控制释放速率。Tamayol 等将头孢唑啉、头孢曲松等多种抗生素包裹在纳米颗粒中,当创面温度在 38~40 ℃范围内时,智能手机提醒创面护理人员触发药物载体释放包膜内的抗生素。还有研究者用复合纤维制成了一种织物绷带,每一根纤维可以携带不同种类的药物。纤维内部是一个核心的螺纹加热器,加热器表面覆盖着一层含有热反应药物载体的海藻酸盐水凝胶,每根纤维都被连接到一个与智能手机相连的微控制器上,这些纤维可以被一个接一个地触发,也可以一起被触发,触发纤维的数量会导致特定数量药物的释放,这样允许对药物进行分类管理。当加入血管内皮生长因子时,还有助于引导大鼠创面血管网的重建,指引活细胞稳定而有目的地修复伤口;而且,新生细胞与绷带既定的组织路径类似,证明智能生物材料可控制血管网的生成并促进伤口愈合。

(3)全智能化给药方式。

全智能化的伤口敷料是将 pH 传感器、温度传感器、柔性微型加热器以及含有聚 N—异丙基丙烯酰胺热反应抗菌药物颗粒的海藻酸盐水凝胶集成于一体,由一个能感知、理解数据并决定治疗方法的微型无线控制器进行处理。Mostafalu 等研发了一款厚度不到 3 mm 的柔性绷带,该款全智能伤口敷料的控制器可以记录传感器信号并为加热器供电,还可以与计算机和智能手机进行无线通信。当创面温度升高到接近37 ℃或pH达到6.5时,加热器被激活,刺激水凝胶中的聚N-异丙基丙烯酰胺热反应颗粒,从而释放药物头孢唑林,并通过调节温度来动态控制头孢唑林的释放速率,温度高时释放速率较快,温度低时释放速率减慢。体外实验验证了该方法治疗感染的有效性。相比智能触发给药敷料的作用方式,微型控制器可以在整个伤口护理过程中保持医生、护理人员和患者之间的远程参与。

3. 智能微纳米纤维敷料

作为智能纤维,当其所处的环境发生变化时,纤维的长度、形状、温度、颜色或渗透速率等会随之发生敏锐的响应,即纤维性状发生突跃性的变化。纳米结构的天然或者合成纤维、中空纤维或核壳结构纳米纤维,其在生物医药领域具有广阔的应用前景,将刺激响应聚合物引入到静电纺丝纳米纤维中,既能够充分发挥纳米纤维膜较大的比表面积和多孔结构,又能够调控纳米纤维的结构和功能,使其发挥智能"开-关"作用。如果作为伤口敷料的纳米纤维膜具有刺激响应性等智能特性,还能满足一些特殊的使用要求。目前,智能微纳米纤维敷料的制备技术以及对应的敷料类型主要有如下几种。

(1)刺激响应性聚合物直接纺丝的智能敷料。

以聚N-异丙基丙烯酰胺为代表的温敏性高分子,其结构中含有一定比例的亲水基团和疏水基团,环境温度变化可影响这些基团的亲疏水程度及分子链间的氢键作用,从而导致聚合物分子构象发生变化。当外界温度高于其LCST时,PNIPAM分子由无规线团凝聚成球状,此时分子表现出强烈的疏水性,絮凝成胶束并从水溶液中析出;当温度低于其LCST时,PNIPAM分子中亲水基团占主导作用,分子发生可逆相转变,分子链伸展并溶解在水溶液中。将自由基聚合方式所制备的PNIPAM溶于适当的溶剂中,电纺得到温度敏感微纳米纤维;将生物活性物质负载于该微纳米纤维,进一步通过改变外界环境温度,就可以控制纤维中活性物质的释放,发挥敷料在创面部位的治疗效果。温敏微纳米纤维敷料负载活性物质释放的示意图如图8.11所示。

Yuan等利用伤口被感染或有炎症时会呈酸性,这一特点,在由可生物降解的PLLA配制的纺丝液中加入消炎药布洛芬和碳酸氢钠($NaHCO_3$),将通过静电纺丝制得的pH响应性载药纳米纤维膜用作伤口敷料。在伤口出现炎症时,pH约为5.0,纤维中的$NaHCO_3$遇酸产生CO_2气体,导致其中的布洛芬快速释放,发挥治疗伤口炎症的作用。药物释放后的纳米纤维膜,在后期又能起到培养细胞支架的作用,促进细胞生长和组织再生。如果在用作伤口敷料的pH响应性纳米纤维膜中植入生物传感器,并结合成像技术,不仅能发挥治疗作用,还能对

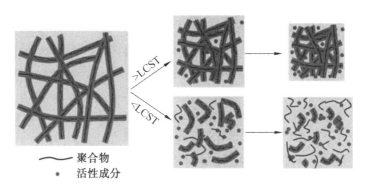

——　聚合物

●　　活性成分

图 8.11　温敏微纳米纤维敷料负载活性物质释放的示意图

伤口进行实时监测,了解感染情况,使得在伤口恶化前做出有效的预测。

（2）化学改性法制备智能敷料。

为改善单一聚合物的性能,可通过共聚的方法来增强纳米纤维的生物相容性和生物降解性,同时提高纺丝液的可纺性。其中,采用最多的是接枝共聚的方法制备智能敷料的载体材料。Gonzalez 等通过自由基溶液聚合制备 VCL 和NMA 共聚物,再由静电纺丝和加热处理的方法制备具有温敏性的纳米纤维。研究发现,共聚物 P(VCL－co－NMA)在水溶液中体积分数为 55% 时,在纺丝电压为 13 kV、纺丝液流速为 2.5 μL/min、接收距离为 23 cm 的条件下,可以制得无串珠、直径均匀的纳米纤维毡;经热处理交联后的纳米纤维既有温敏性又具有控制释放的性能。

（3）物理共混法制备智能敷料。

物理共混杂化的方法可以综合共混组分材料的优点,制备出性能优良的复合材料。该方法具有简单、高效、易规模化生产的特点。Tan 等首先通过静电纺制得由 CS、白明胶和具有形状记忆功能的 PU 组成的纳米纤维膜,然后用硝酸银（AgNO₃）进行后处理,得到的复合纳米纤维膜用作伤口敷料。该敷料具有良好的水汽透过率、表面润湿性、抗菌性、细胞相容性和止血性能,尤其是该敷料具有的形状记忆功能可促进裂开的伤口愈合。Georgiana 等开发了功能化的聚赖氨酸生物相容性电纺纳米纤维,用作伤口敷料。功能化的聚赖氨酸作为一种抗微生物多肽,通过静电作用附着到 PAA/PVA 纳米纤维表面;将水溶性的 PAA 与PVA 混合电纺,并将纤维膜在 140 ℃ 下交联处理,所负载的功能化赖氨酸赋予了纤维敷料良好的抗菌性。

（4）其他处理方法制备智能敷料。

壳聚糖/聚乙烯醇（CS/PVA）静电纺丝杂化纳米纤维已广泛应用于伤口敷料,然而,其加工程序和材料性质仍存在一些缺陷,包括使用酸溶液作为纺丝溶剂或使用有毒性的交联剂类型以及缺乏刺激响应功能等。在此背景下,Chen 等成功合成了水溶性 N—马来酰功能壳聚糖(MCS),以中性去离子水为纺丝溶剂,采用静电纺丝法制备了 MCS/PVA 纳米纤维。以烯丙基二硫为交联剂,取代传统的交联方法,采用紫外辐射法交联 MCS/PVA 纳米纤维,所制备的二硫键交联 MCS/PVA(ss—MCS/PVA)纳米纤维具有良好的水稳定性、较小的细胞毒性和还原反应功能。随着抗生素盐酸四环素(TCH)的成功负载,结合材料的上述特性,ss—MCS/PVA 纳米纤维能够作为一种潜在的伤口敷料来促进各种类型伤口的愈合。

此外,敷料与伤口的粘连是传统纱布敷料常遇到的问题,而刺激响应材料通过敷料的智能剥离也是解决该问题的有效手段。众所周知,传统的纱布敷料可以保护伤口、吸收伤口渗出物;但其在吸收伤口渗出物后,纱布易于黏附在伤口上,使得患者在更换纱布时有疼痛感,甚至会因更换纱布造成二次创伤。这主要是因为在伤口愈合的过程中,会有新生长的肉芽嵌入纱布的纤维内,撕开敷料时又会对伤口产生拉扯,使长进敷料内的肉芽组织与伤口剥离,从而造成疼痛和二次伤害。为解决敷料与伤口的粘连问题,可利用刺激响应材料实现敷料的智能剥离。这种敷料既能促进凝血,又不会造成撕取困难;可实现快速止血的同时,减少了不必要的血液流失和感染等。

8.5　微纳米纤维与皮肤再生

8.5.1　人工皮肤

皮肤是人体最大的器官,由表皮和真皮组成,具有一定的形态结构。皮肤表皮的主要细胞为角质形成细胞,细胞堆积紧密;细胞外基质少,主要为脂质膜状物。真皮位于表皮下方,其厚度一般为 $1\sim2$ mm。真皮的细胞主要为成纤维细胞,合成和分泌各种蛋白形成细胞外基质。真皮中还存在各种免疫细胞、脂肪细胞以及参与创伤修复的间充质干细胞。真皮的细胞外基质主要为胶原纤维、弹性纤维以及蛋白多糖和纤维粘连蛋白等。细胞外基质在保持皮肤弹性、耐冲击性,调节细胞分化、黏附和生长方面起重要作用。总之,皮肤含有丰富的血管和神经网络,能不断地进行新陈代谢,且具有自我修复功能。

每年有数百万人由于不同程度的皮肤损伤而需要接受治疗。对于普通创伤,正常机体一般可以自我修复,而对于一些损伤面积过大或一些由疾病引起的慢性伤口,单纯依靠皮肤自身的修复无法完全愈合,必须借助医疗手段辅助治疗。临床上,自体皮肤移植是目前治疗大面积皮肤损伤的首选策略,但是这种治疗方法需要多次手术,并且面临自体皮肤来源不足以及对患者造成二次伤害等问题。异体皮肤移植是次选的皮肤移植手段,但同样存在如免疫排斥、供体来源有限以及高感染风险等诸多问题。除此之外,这两种皮肤移植手段的手术过程复杂、成本较高,因此,在很大程度上限制了其临床应用。基于以上原因,人工合成的皮肤修复材料成为研究的热点。人工皮肤生物材料的研究从最早的天然材料开始,后来为天然与合成材料的复合,再到后来为合成材料与生物材料的杂化、交联、互穿网络等,直至近期的研究重点和研究热点转为了仿生材料的开发。

人工皮肤基本上可分为三大类型:表皮替代物、真皮替代物和全皮替代物。表皮替代物由生长在可降解基质或聚合物膜片上的表皮细胞组成;真皮替代物是含有活细菌或不含细胞成分的基质结构,用来诱导成纤维细胞的迁移、增殖和分泌细胞外基质;而全皮替代物包含以上两种成分,既有表皮结构,又有真皮结构。

人工皮肤作为一种皮肤创伤修复材料和损伤皮肤的替代品,可以使皮肤大面积损坏和深度烧伤的患者,在自体皮肤不够的情况下,进行修复治疗并使之恢复因皮肤创伤丧失的生理功能。随着组织工程学科的出现和发展,人工皮肤的研究已从原来单纯的创伤敷料和人工皮肤向活性人工皮肤的方向发展。

8.5.2　微纳米纤维与人工皮肤

纳米纤维支架在结构上的特点,使之相较于微米级支架更接近于天然细胞外基质,具有比表面积更大,更能提供大量的细胞接触点的性状;其可使单位体积内的细胞数量增加,为细胞的黏附、增殖、维持生理功能提供更好的微环境,并可改善蛋白质吸附,更有利于药物和生物大分子的释放。此外,纳米支架材料所特有的尺寸效应和表面效应,使其更能有效地为引导组织的再生与修复提供理想的细胞生长微环境。近年来所兴起的采用静电纺丝法快速而简便制备纳米纤维支架材料的原理,是利用外加电场力使聚合物溶液或熔体克服表面张力形成射流,短时间内被拉伸千万倍,并随溶剂挥发射流固化形成直接、连续的超细纤维。利用电纺技术制备的支架材料的孔隙率高、孔道连通性好,有利于维持皮肤创面血运和氧气交换,可有效防止创面水分和蛋白质的流失。此外,支架材料的性能还可通过调节纺丝加工参数等进行调控。

近年来,已有很多研究将电纺作为支架材料的制备手段应用于皮肤组织工程领域,如电纺胶原制成的纳米纤维皮肤替代物,其各方面的性能明显优于目前临床上经常使用的胶原海绵产品。将胶原蛋白/壳聚糖复合纳米纤维和丝素蛋白/壳聚糖复合纳米纤维分别植入大鼠背部皮肤缺损部位,发现两种复合纳米纤维的生物相容性都较好;与纱布相比,对 SD 大鼠创伤修复有明显的促进作用,伤口在 3 周内基本愈合。目前,随着电纺技术的日趋成熟,研究者们又开始向如何提高支架性能的方向延伸和扩展。如,在支架中引入一些细胞调控因子甚至活细胞,支持细胞在其内部生长、增殖和迁移,提高组织形成率;含有表皮生长因子的纳米纤维支架,使上皮角化细胞特异性基因的表达得到了显著的提高,表皮生长因子受体在表皮生长因子负载的纳米纤维上也得到了高表达,可以作为提高创伤修复材料性能的有效方法。魏等采用静电纺丝制备含有碱性成纤维细胞生长因子(bFGF)和丝素蛋白(SF)的纳米纤维膜(SF/bFGF)。SF/bFGF 纳米纤维膜比对照组细胞迁移的数量明显增多且迁移距离远,说明将 SF/bFGF 包被于培养皿底能有效促进细胞的迁移且表现出了 bFGF 的活性。小鼠皮肤缺损修复实验的大体结果显示,SF/bFGF 和 SF 均能促进小鼠皮肤缺损修复,SF/bFGF 尤为明显。研究的整体结果说明,通过静电纺丝获得的 SF/bFGF 纳米纤维膜表现出了 bFGF 的天然活性,也说明丝素蛋白可作为 bFGF 的承载材料;采用该材料进行的小鼠皮肤缺损修复的情况如图 8.12 所示。

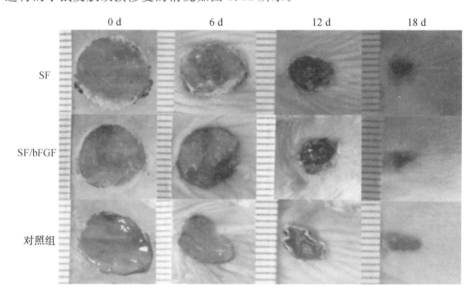

图 8.12　SF 及 SF/bFGF 纳米纤维膜与对照组对小鼠皮肤缺损修复过程的图片

通过表面改性提高材料的生物相容性,获得机体与涂层之间较强的结合力也是提高纤维支架性能的重要手段。经过低温等离子体表面处理的电纺纤维,较处理前能够有效地促进真皮成纤维细胞在材料表面的生长和增殖。这可能是由于处理后纤维表面形成极性活性中心,有效地降低了纤维的表面张力,使蛋白溶液能够在其表面均匀浸润。同时,活性中心还可以同胶原大分子链上均匀分布的极性基团在界面处形成很强的分子间作用力,从而尽可能多地结合分子键。一些水溶性高分子基材电纺纤维的机械强度,还可通过交联方法得以提高,并在使用过程保持三维网状的骨架结构。电纺胶原纳米纤维膜经碳二亚胺(EDC)交联之后,其机械强度得到明显提高,拉伸强度与医用组织再生膜和商用创伤敷料相当。

随着对该领域研究的进一步深入,采用电纺方式制备的纳米纤维支架必将在组织工程皮肤的构建中发挥更大的作用。而如何制备出孔隙结构与表皮、真皮组织相当、孔道贯通性良好的支架材料,使细胞在支架中的分布更加均匀,能最大限度地获取营养物质、生长因子或药物活性分子;如何根据特殊需要使特定应力方向上的材料力学强度得到显著提高,防止治疗过程中材料的脱落与崩解;如何在一些外科手术和需要防止粘连的场合抑制细胞的黏附和防止细胞的激活,等等,都成为该领域未来需要逐步解决的问题和发展的方向。

本章参考文献

[1] 付小兵. 生长因子与创伤修复[M]. 北京:人民军医出版社,1991.

[2] 付小兵,王德文. 创伤修复基础[M]. 北京:人民军医出版社,1997.

[3] 李福增,刘英民,李庆之,等. 现代创伤医学[M]. 长春:吉林科学技术出版社,2007.

[4] ZHANG X,LI Y,MA Z J,et al. Modulating degradation of sodium alginate/bioglass hydrogel for improving tissue infiltration and promoting wound healing[J]. Bioactive Materials,2021,6(11):3692-3704.

[5] 张坤. 湿性敷料治疗在各种创面治疗中的应用进展[J]. 中国医疗器械信息,2019,25(14):21,123.

[6] 耿志杰,陈军,刘群峰,等. 伤口护理应用医用湿性敷料研究进展[J]. 护理学报,2017,24(11):27-30.

[7] 张天蔚,刘方,田卫群. 促皮肤创面愈合新型敷料研究现状与进展[J]. 生物医学工程学杂志,2019,36(6):1055-1059,1068.

[8] 任翔翔. 丝素/壳聚糖/埃洛石纳米管复合医用敷料的制备及性能研究[D]. 苏州:苏州大学,2019.

[9] 丁彬,俞建勇. 静电纺丝与纳米纤维[M]. 北京:中国纺织出版社,2011.

[10] 戴家木,付译鋆,张广宇,等. 纳米纤维材料应用于医用敷料的研究进展[J]. 棉纺织技术,2020,48(6):8-11.

[11] MELE E. Electrospinning of natural polymers for advanced wound care:towards responsive and adaptive dressings[J]. Journal of Materials Chemistry B,2016,4(28):4801-4812.

[12] XU S C,QIN C C,YU M,et al. A battery-operated portable handheld electrospinning apparatus[J]. Nanoscale,2015,7(29):12351-12355.

[13] 赵颖涛. 便携式熔体静电纺丝装置及其在原位生物医学领域的应用研究[D]. 青岛:青岛大学,2020.

[14] 张敏,李明忠. 蚕丝丝素创面敷料的研究进展[J]. 现代丝绸科学与技术,

2018，33(6)：32-36.

[15] 高峰. 药用高分子材料学[M]. 上海：华东理工大学出版社，2014.

[16] 顾书英，邹存洋，张春燕，等. 聚乳酸复合纳米纤维创面敷料的制备及性能
[J]. 高分子材料科学与工程，2008，24(11)：187-190.

[17] CHANTRE C O, CAMPBELL P H, GOLECKI H M, et al. Production-scale fibronectin nanofibers promote wound closure and tissue repair in a dermal mouse model[J]. Biomaterials, 2018, 166：96-108.

[18] ZHOU L Z, CAI L, RUAN H J, et al. Electrospun chitosan oligosaccharide/polycaprolactone nanofibers loaded with wound-healing compounds of rutin and quercetin as antibacterial dressings［J］. International Journal of Biological Macromolecules, 2021, 183：1145-1154.

[19] AHMADIAN S, GHORBANI M, MAHMOODZADEH F. Silver sulfadiazine-loaded electrospun ethyl cellulose/polylactic acid/collagen nanofibrous mats with antibacterial properties for wound healing[J]. International Journal of Biological Macromolecules, 2020, 162：1555-1565.

[20] LIAO J L, ZHONG S, WANG S H, et al. Preparation and properties of a novel carbon nanotubes/poly (vinyl alcohol)/epidermal growth factor composite biological dressing ［J］. Experimental and Therapeutic Medicine, 2017, 14(3)：2341-2348.

[21] 杨小萍. 聚癸二酸甘油酯基核壳纤维的制备及应用[D]. 北京：北京化工大学，2020.

[22] 胡艳红，胡盼，罗梅. 智能敷料在慢性伤口治疗中的研究现状与前景[J]. 护理管理杂志，2020，20(2)：120-125.

[23] TAMAYOL A, AKBARI M, ZILBERMAN Y, et al. Flexible pH-sensing hydrogel fibers for epidermal applications ［J］. Advanced Healthcare Materials, 2016, 5(6)：711-719.

[24] KASSAL P, ZUBAK M, SCHEIPL G, et al. Smart bandage with wireless connectivity for optical monitoring of pH［J］. Sensors and Actuators B：Chemical, 2017, 246：455-460.

[25] PAKOLPAKÇIL A, OSMAN B, ÖZER E T. Halochromic composite nanofibrous mat for wound healing monitoring[J]. Materials Research Express, 2019, 6(12)：1250c3.

[26] MIGUEL S P, SEQUEIRA R S, MOREIRA A F, et al. An overview of electrospun membranes loaded with bioactive molecules for improving the

wound healing process[J]. European Journal of Pharmaceutics and Biopharmaceutics，2019，139：1-22.

[27] MOSTAFALU P，LENK W，DOKMECI M R，et al. Wireless flexible smart bandage for continuous monitoring of wound oxygenation[J]. IEEE Biomedical Circuits & Systems Conference，2014，9(5)：670-677.

[28] LI Z X，ROUSSAKIS E，KOOLEN P G L，et al. Non-invasive transdermal two-dimensional mapping of cutaneous oxygenation with a rapid-drying liquid bandage[J]. Biomedical Optics Express，2014，5(11)：3748-3764.

[29] ZHAO X，WANG L Y，ZHA X J，et al. Smart $Ti_3C_2T_x$ MXene fabric with fast humidity response and joule heating for healthcare and medical therapy applications[J]. ACS Nano，2020，14(7)：8793-8805.

[30] 穆齐锋，高鲁，储智勇，等. 电纺温敏纳米纤维及其生物医学应用研究进展[J]. 化工进展，2017，36(12)：4475-4485.

[31] TAN L，HU J L，HUANG H H，et al. Study of multi-functional electrospun composite nanofibrous mats for smart wound healing[J]. International Journal of Biological Macromolecules，2015，79：469-476.

[32] YUAN Z，ZHAO J，YANG Z，et al. Synergistic effect of regeneration and inflammation via ibuprofen-loaded electrospun fibrous scaffolds for repairing skeletal muscle[J]. European Journal of Inflammation，2014，12(1)：41-52.

[33] DARGAVILLE T R，FARRUGIA B L，BROADBENT J A，et al. Sensors and imaging for wound healing：a review[J]. Biosensors & Bioelectronics，2013，41：30-42.

[34] 郭中富. 纤维素基电纺纤维复合膜的制备及其促植物伤口愈合研究[D]. 南京：南京林业大学，2017.

[35] GONZÁLEZ E，FREY M W. Synthesis，characterization and electrospinning of poly(vinyl caprolactam-co-hydroxymethyl acrylamide) to create stimuli-responsive nanofibers[J]. Polymer，2017，108：154-162.

[36] CHEN C K，HUANG S C. Preparation of reductant-responsive N-maleoyl-functional chitosan/poly(vinyl alcohol) nanofibers for drug delivery[J]. Molecular Pharmaceutics，2016，13(12)：4152-4167.

[37] GEORGIANA A，VANJA K，VERA V，et al. Biocompatible antimicrobial electrospun nanofibers functionalized with ε-poly-L-lysine[J]. International Journal of Pharmaceutics，2018，553(1/2)：141-148.

第9章

微纳米纤维与骨组织修复及再生简介

9.1 引　言

  骨骼是维持机体运动功能、平衡功能、外形功能等的基础。世界各国因创伤、骨肿瘤、感染、先天性缺陷、骨质疏松等引发的人体骨折、骨缺损等问题严重危害了人们的身心健康,也因此骨修复与骨再生作为一大难题一直困扰着人们,也成为研究人员关注的焦点。虽然人体骨骼具备一定的再生和自我修复能力,即在骨组织受损后,可通过破骨细胞、成骨细胞的再吸收、分泌成骨基质和矿化作用等形成新的骨骼。但是当骨破坏超过特定的限度、人体骨自修复无法愈合时,则需要依靠骨移植手术,包括自体骨移植、异体骨移植和人工骨骼移植。虽然自体骨移植和异体骨移植对于治疗骨缺损有一定的效果,但在现有医疗条件下尚存在一些问题。如,自体骨移植存在来源受限、供给位置限制、存在二次创伤、不利于修复大面积骨破坏等缺点;异体骨移植的诱导能力较自体骨弱,存在被病毒感染的风险(如艾滋病和肝炎等病毒),而且易产生免疫排斥反应,对其临床应用有一定的限制;人工骨移植则是利用各种金属合金、高分子聚合物等骨替代材料,其在组织相容性、生物学或力学性能等方面的性能尚不能完全尽如人意,植入缺损区后可能会引发受体的一系列排异反应。因此,如何获得满足应用需求的仿生人工骨修复材料是解决这一问题的关键之一。

  组织工程的建立和发展为骨缺损移植提供了一条可选的解决方案。骨组织工程目前分为体外再生和体内再生两种策略。体外再生是利用细胞学、分子生物学和医学工程学的原理技术,在体外培养可以用来修复重建骨组织结构功能的具有生物活性的组织,然后再将其植入体内用以修复骨缺损组织并重建功能。而体内再生是构建的组织工程骨移植物(TEBG),种子细胞与可降解的支架材料相复合,随着材料降解,完全新生的骨组织占据骨缺损部位,达到完全修复的效果。采用骨组织工程技术,一方面可以减少移植物引发的疾病,另一方面可形成减压屏障,降低移植相关的骨减少症和随后发生再骨折的概率。骨组织工程支架材料的研发中,静电纺丝纳米纤维因具有纳米尺度结构、可调的孔隙率、高的比表面积以及可通过调节成分而获得预期的性能和功能等优势,且可以更接近地模拟天然细胞外基质(ECM)的结构和生物功能,故已广泛应用于骨组织工程。

9.2　骨组织工程

　　骨组织工程是指将分离的自体高浓度成骨细胞、骨髓基质干细胞或软骨细胞,经体外培养扩增后种植于具有良好生物相容性、可被人体逐步降解吸收的生物材料或称细胞外基质上,然后将这种细胞－载体材料复合物植入骨缺损部位。在生物材料逐步降解的同时,靶细胞在骨诱导因子的作用下不可逆地向软骨细胞、骨细胞的方向分化。骨生长因子刺激成骨细胞有丝分裂形成大量新骨,从而达到修复骨缺损的目的。一般来说,骨组织工程包括信号分子(骨生长因子和骨诱导因子)、基体材料、靶细胞三个关键要素。图9.1所示为以支架为基础的组织工程策略的示意图。

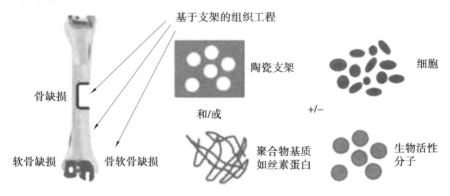

图9.1　以支架为基础的骨组织工程策略的示意图

　　骨组织工程支架作为骨细胞外基质的替代物,其结构和力学性能对实现其作用和功能具有重要意义。微米级支架上的细胞平铺伸展,且伸展方式与在平整表面上类似;纳米级支架仿生人体内细胞外基质的物理结构,其充分的表面积有利于吸附更多蛋白质,为细胞膜上受体提供更多黏附位点,同时被吸附的蛋白质可以进一步改变构象暴露出更多的黏附位点,从而有利于细胞黏附和生长。植入时,骨组织工程支架的力学性能须与周围宿主骨组织和载荷条件紧密匹配,以降低应力屏蔽效应。

9.2.1 骨组织结构

骨骼(skeleton)是人体重要的器官,由骨组织(bone tissue)、骨膜(periosteum)和关节软骨(articular cartilage)构成。骨骼的作用有两个:一是保护人体内脏器官,为肌体提供坚固的运动链和肌肉附着点;二是参与肌体的钙和磷的代谢过程。骨骼坚硬且具有生命力,其中的血管丰富且有神经分布,可以在体内不断代谢,因此骨骼是一种有一定再生和自修复能力的组织。

骨组织的成分包含有无机盐、水和有机物。其中有机物的质量分数约为22%,它的主要成分是胶原(collagen);无机盐的质量分数约为46%;水的质量分数约为32%。在完全矿化的骨中,围绕胶原纤维的是骨盐。骨矿化质的某些成分是胶体磷酸钙,称为羟基磷灰石(hydroxyapatite)$[Ca_{10}(PO_4)_6(OH)_2]$。羟基磷灰石有结晶状态,其结晶很小,只有 4 nm 长,长轴方向与胶原纤维方向平行。

软骨是形成关节负重面的组织,软骨组织位于每根骨的末端,主要由软骨及其周围的软骨膜构成,其分配负荷到下面的骨头,也提供了一个平滑的低摩擦表面关节。这些软骨组织可使骨骼之间避免摩擦及冲击。根据基质内所含纤维不同,软骨分为透明软骨、弹性软骨和纤维软骨。透明软骨最为常见,其新鲜时呈半透明的淡蓝色,分布于气管等处;弹性软骨基质中含大量弹性纤维,分布于耳郭等处;纤维软骨基质中含大量胶原纤维,分布于椎间盘等处,基质含量少。

软骨主要是由分布稀疏的软骨细胞包埋在致密的细胞外基质中组成。软骨细胞仅占组织质量的 1%～2%,但其对组织健康非常重要,因为软骨细胞始终在分泌并组装细胞外基质。成人软骨组织中没有血管、神经和淋巴,由于这种稀疏的细胞嵌在组织良好的大细胞外基质中而缺乏血管系统,因此软骨组织一旦受到物理损伤,其自行修补能力有限。

9.2.2 骨组织支架材料

天然骨组织主要由纳米羟基磷灰石无机矿物和有机质(Ⅰ型胶原及非胶原蛋白)按照规则的顺序周期性排列而形成有支持力和连续的无机－有机天然纳米复合材料。理想的骨支架材料应模仿天然 ECM 的结构,可为细胞黏附、增殖和分化提供三维环境。对于骨组织工程材料必须同时具备较好的生物相容性、一定的力学强度和较高的孔隙率,以便于细胞与细胞之间、细胞与支架之间的相互作用。具备三维结构的支架则能够为细胞黏附、增殖及分化提供必要的支持,因此作为骨移植物应用的可能性大。目前,大量的生物材料被制备并开始应用于骨组织工程领域,根据其成分可以将这些材料分为三类:具有生物活性的无机材料、金属材料、可降解的聚合物;研发的材料类型还包括以上三类成分间组合的混合物和杂化形式的材料等。

1. 无机材料

前已述及,作为一个动态的承重器官,骨组织在整个生命周期中表现出一定程度的自我修复能力。然而,病理性骨折、骨质疏松和骨肿瘤切除等导致的骨缺损都是很难自发愈合的。因此,有效的手术骨重建已成为临床医学中骨缺损治疗不可或缺的组成部分,而开发具有良好力学性能的支架材料是组织工程骨支架面临的主要挑战之一。无机材料固有的机械强度被着重考虑用于临床的骨缺损治疗;加之,基于人类的成骨细胞可进入多孔材料结构内部,经由多孔结构的内部通孔迁移到大孔中,然后在支架中进行细胞增殖的情况,故而构建多孔结构的无机支架材料对促进新骨生长具有十分重要的作用。但单纯的无机材料支架往往表现出较差的互连性,这可能会阻碍宿主和植入物的整合和新血管的形成,并导致炎症和感染的发生。通常,无机材料是以纳米粒子形式与聚合物结合使用,用于增强骨组织形成,还可以提供体系较佳的机械性能。

(1)羟基磷灰石(HA)。

羟基磷灰石是一种天然形成的磷酸钙,也是人体中最稳定的磷酸钙,是构成人体骨骼中最大量的无机成分。其在生理环境中具有低溶解度,表面可作为体液中骨矿物质的成核位点,因此羟基磷灰石在临床应用时不会引起炎症反应,广泛应用于骨科临床。此外,羟基磷灰石具有骨传导性(但其不具有骨诱导性),通常研究者们会在羟基磷灰石中掺入氟、氯、铜、镁、碳酸根离子等多种成分以达到不同的使用要求。

羟基磷灰石在骨再生中的临床应用研究,始于 20 世纪 80 年代中期,主要用于种植体涂层和移植材料。尽管已用于临床,但由于其独特的硬而脆的特性,尚未被直接用作填充物植入高负荷的骨组织。目前,其在骨再生的应用还主要是用作种植体涂层或牙科骨修复材料。例如,在金属植入物表面上的介孔羟基磷灰石涂层改善了成骨细胞活性和植入物的生物相容性和生物活性;还可以通过将其与诸多材料混合以制作出更多不同类型的介孔羟基磷灰石,由此控制材料的孔隙率、增强机械强度、改善生物活性和提高易用性等。

纳米羟基磷灰石作为骨组织中重要组成成分,加入纤维中能提高纤维支架的生物相容性、生物活性、骨传导性等,也有助于骨细胞的繁殖。已有研究报道,以聚己内酯(PCL)基形状记忆聚氨酯(SMPU)为基体,通过添加生物活性材料羟基磷灰石纳米颗粒,采用静电纺丝法制备了 SMPU/HA 复合纤维膜。改变 HA

的加入量,探讨了 HA 对 SMPU 电纺纤维性能的影响。由于 SMPU 微纳米纤维具有良好的可纺性,HA 的加入并未显著改变其均匀光滑的纤维形态。图 9.2 所示为不同 HA 质量分数的 SMPU/HA 复合电纺纤维的 SEM 照片。在不同 HA 质量分数下,对照组 SMPU 和 SMPU/HA 复合电纺纤维均表现出随机取向的多孔纤维结构。当加入 HA 的质量分数为 1% 时,复合纤维直径较纯 SMPU 纤维有所提升,这是由于 HA 纳米粒子与 SMPU 之间可产生作用力,进而影响 SMPU 的形态和结构。当 HA 的加入量较少时,增加的组分间作用力使得 SMPU 不容易被拉伸,致使纤维的直径增加。当 HA 的质量分数为 3% 时,纤维直径继续增加,这是由于 HA 添加量的继续增加,因此组分间作用力增加,纤维的直径增加。当 HA 的质量分数增加到 5% 时,纤维内部的 HA 含量已至饱和,纤维形态已受影响。

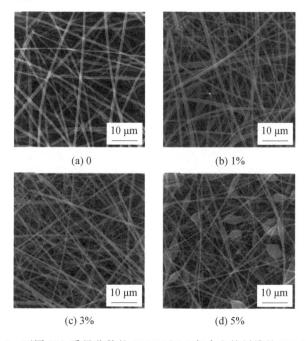

(a) 0 (b) 1%

(c) 3% (d) 5%

图 9.2　不同 HA 质量分数的 SMPU/HA 复合电纺纤维的 SEM 照片

　　形状记忆聚氨酯通过变形,形成一种在微创手术中实现设备传递的最小轮廓形状,从而植入手术修复部位,然后通过重新接受刺激信号的作用而回复到永久形状。已有研究表明,HA 的加入可对 SMPU 的力学性能和形状记忆性能有提升作用,形状回复率可从 SMPU 的 84% 提升到 SMPU/HA 的 97.3%。如图 9.3 所示,在 SMPU/HA 基体中,SMPU 中的非晶相具有较好的流动性(即组分 PCL 提供的性状),可以控制 SMPU/HA 电纺纤维膜的变形和固定;加入 HA 纳米颗粒,通过其与 SMPU 基体形成氢键来维持 SMPU 硬段(即异弗尔同二异氰酸酯(IPDI)结构的对应部分)的骨架;纳米粒子可作为约束 SMPU 硬链段随机运动的稳定相,形成更大应变能量储存,从而改善材料的形状记忆性能。由此可见,形状记忆性能通常要求交联剂和固定相两者之间有很强的关联,以更好地记忆其永久的形状。对 SMPU/HA 复合纤维的细胞毒性研究结果表明,海拉(Hela)细胞在复合纤维膜上的生长状况良好、死亡率低。分别培养 1 d 和 3 d 后,细胞可增殖为原来的 2 倍,说明 SMPU/HA 纳米纤维膜能够支持细胞生长。

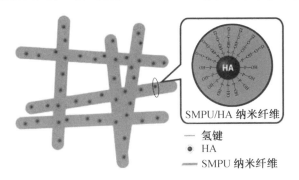

图 9.3　SMPU/HA 复合电纺纤维的形状记忆效应机理示意图

(2)二氧化硅(SiO_2)。

临床实践中,Si 元素大多是以多孔 SiO_2 和生物玻璃的形式引入到各种材料中形成复合生物材料。这些含硅的生物材料通常表现出较好的骨整合能力和骨诱导与骨传导能力。随着复合生物材料中 Si 元素的释放,成骨细胞活性不断提升并可进行增殖与分化,以及加速胶原蛋白的合成。此外,硅还是与结缔组织发育和骨代谢相关的代谢过程中必不可少的无机成分。

采用静电纺丝法制备 SiO_2 纳米纤维支架,因其优异的生物相容性和有利于细胞生长等优势而被广泛报道,但该方法所制备的 SiO_2 纳米纤维丝的脆性较大,往往不具备良好的膨胀性能,一定程度上影响了其有效应用。舒等采用静电纺丝技术制备 SiO_2 纳米纤维丝,并采用梯度冷冻干燥法及钙离子交联方式,最终得到一种海藻酸钠(ALG)包覆纳米 SiO_2 三维支架(图 9.4)。该材料用于止血海绵,所形成的新型止血海绵具有高度疏松的多孔结构,能快速吸水膨胀(浸水 10 s 后,体积膨胀到原来的 219%);细胞实验结果显示,该新型止血海绵具有非常好的细胞相容性;体内止血实验结果显示,采用 $ALG/SiO_2/Ca^{2+}$ 止血海绵可在 10 s 内完成止血,与医用纱布对照组的结果相比,出血量显著减少。因此,这种新型止血海绵在深部创口中具备快速吸水膨胀止血功能,且具有可提供伤口湿润环境等优异性能。

支架材料的高孔隙率及其互连的开放多孔结构,均对组织形成期间的营养物质运输和氧气扩散不可或缺。Liu 等通过在柔性短二氧化硅纳米纤维与

(a) SiO₂纳米纤维

(b) ALG/SiO₂/Ga²⁺/止血海绵

图 9.4　样品的 SEM 照片

PLA/gel 纳米纤维之间产生化学键合，制备了超弹性复合纳米纤维气凝胶支架。调整 SiO₂ 纳米纤维的质量分数，使其在 0～60％之间变化。所制备的 PLA/gel、PLA/gel/SiO₂−L、PLA/gel/SiO₂−M 和 PLA/gel/SiO₂−H 纳米纤维中，SiO₂ 的质量分数分别为 0、20％、40％和 60％。其中，PLA/gel/SiO₂−M 纤维支架体现出优异的弹性和良好的力学性能。对支架在磷酸盐缓冲液中的形态学分析结果表明，PLA/gel/SiO₂ 气凝胶支架保持了其结构稳定性和光滑的纤维表面；而相比之下，PLA/gel 纳米纤维发生了膨胀并融合成为固体基质片，导致其多孔结构发生变形，如图 9.5 所示。体外实验结果表明，PLA/gel/SiO₂−M 支架释放的硅离子促进了大鼠骨髓间充质干细胞向成骨细胞分化，增强了碱性磷酸酶活性和骨相关基因表达。所释放的硅离子还促进了人脐静脉内皮细胞的增殖和血管内皮生长因子的表达，从而促进血管生成。在大鼠颅骨缺损模型中评估这些支架显示，PLA/gel/SiO₂−M 具有诱导骨再生以及促进成骨和血管生成的良好潜力。综上，该类有机/无机复合支架具有良好的生物活性和其他优良的综合性能，可望在组织工程中具有广泛的应用。

（3）生物玻璃（BG）。

生物玻璃的主要成分是氧化钠（Na₂O）、氧化钙（CaO）、二氧化硅（SiO₂）、五氧化二磷（P₂O₅）。作为一类重要的无机生物活性材料，生物玻璃已被广泛用于骨修复研究及应用，尤以颗粒的形式应用在人工骨、牙周和复合于金属种植体涂

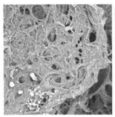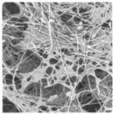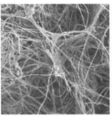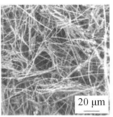

20 μm

(a) PLA/gel　　　(b) PLA/gel/SiO$_2$–L　　　(c) PLA/gel/SiO$_2$–M　　　(d) PLA/gel/SiO$_2$–H

图 9.5　不同 SiO$_2$ 含量的 PLA/gel/SiO$_2$ 支架在 PBS 中培育 6 周的 SEM 照片

层。近年来，因为具有可控的降解速率、矿化性能和血管生成的潜力，生物玻璃被认为是很有前途的骨组织工程支架材料。生物玻璃中含有钙、磷和硅等生物活性离子，在组织液中能够矿化形成骨组织的主要成分 HA，其安全性和有效性也已经得到临床的检验。但 BG 在热处理过程中易结晶，引起材料脆性增高，限制了其应用的场景，故研究人员将各种聚合物与 BG 粉末混合，产生的复合材料能够满足临床应用所需的生物相容性和机械性能等。

　　骨组织工程的重要目标之一是制造仿生三维支架，以促进骨的快速再生。Gao 等用生物活性玻璃涂覆电纺聚乙烯醇（PVA）纤维（直径为（286±14）nm）支架，纤维支架的扫描电镜照片及 EDS 谱如图 9.6 所示。对三维支架材料的体外细胞培养研究表明，与纯 PVA 支架相比，BG 涂层的 PVA 支架具有更大的支持成骨细胞增殖、碱性磷酸酶活性和矿化的能力；将 BG 涂层的 PVA 支架在模拟体液中浸泡 5 d 后，可导致拉伸强度和断裂伸长率的增加。因此，BG 涂层的 PVA 支架可认为是骨组织工程应用的较为理想的材料类型。

　　生物玻璃中掺杂具有治疗作用的离子类型，如掺杂锶（Sr）、钴（Co）等，可以提高生物材料的再生性。锶离子具有增加体内钙滞留和防止骨吸收的能力，因此可用于防止和减少骨质疏松；锶能够增加成骨细胞活性，同时能够抑制破骨细胞分化；钴可以导致血管生成与成骨的耦合，从而导致新生血管形成。De Souza 等使用 7% 质量分数的聚乳酸（PLA）溶液作为纺丝原液，分别添加 4% 质量分数的生物玻璃、4% 质量分数的锶掺杂生物玻璃和 4% 质量分数的钴掺杂生物玻璃，通过静电纺丝工艺生产复合纤维支架。利用 Image J 软件辅助，可对复合纤维支架的扫描电镜照片中纤维外观形貌和直径以及直径分布观测结果进行分析，并实现了方便可视化 PLA－BG 纤维内的生物玻璃纳米颗粒的效果，如图 9.7 所示（可观察到 PLA－BG 纤维内存在生物玻璃纳米颗粒）；所开发的掺杂有治疗离子的生物玻璃相关的聚乳酸支架不会产生细胞毒性，可以应用在骨组织工程中。

　　（4）碳纳米管。

　　具有管状结构的碳纳米管可在骨修复研究中发挥重要作用，也是未来骨修复临床应用的优良备选品。首先，碳纳米管具有良好的强度、弹性和抗疲劳性

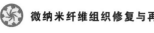

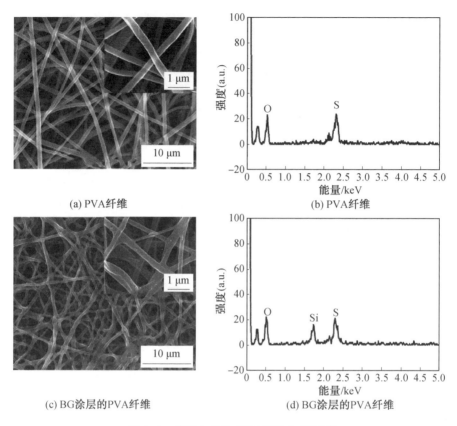

(a) PVA纤维

(b) PVA纤维

(c) BG涂层的PVA纤维

(d) BG涂层的PVA纤维

图 9.6　纤维支架的 SEM 照片和 EDS 谱

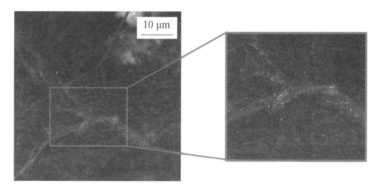

图 9.7　PLA 纤维及其内部的生物玻璃纳米颗粒照片

能。与传统的金属材料或陶瓷材料相比,碳纳米管不仅具有良好的柔韧性,而且具有更高的强度和更低的密度,可使其成为骨组织工程复合支架中优秀的增强材料。作为已知最坚固的材料之一,碳纳米管的强度约是骨的 3 倍。已有研究证明,当碳纳米管与少量聚合物混合时,可以显著提高体系的机械强度。其次,碳纳米管的三维多孔结构提供了高的比表面积,同样有利于更多的蛋白质吸附和细胞黏附生长。再者,碳纳米管相互连接的纳米网络结构和适宜的孔隙率有利于骨组织细胞外基质的物质交换。它们可调节的表面化学成分和状态以及对细胞结合蛋白的高亲和力,可用于调节细胞形态和促进干细胞分化为骨细胞,特别是成骨细胞和神经元谱系细胞。

碳纳米管通常分为两个亚型:①由类似于单层管状石墨烯形成的单壁碳纳米管;②由多层同心管状石墨烯层组成的多壁碳纳米管。单壁碳纳米管通常呈紧密排列的六边形束,直径约为 1 nm,长度可达 1 mm 或更长。多壁碳纳米管由39 根中空石墨纤维组成,其直径比单壁碳纳米管大,在 2～100 nm 的可控范围内,通过调节其介孔直径大小,可以使其适合用于递送肽、生物分子和各种药物等。

尽管生物聚合物已被用于设计组织工程支架,但其机械强度不能完全满足骨组织的长期再生要求,因此,纳米颗粒增强生物可降解聚合物的开发受到了越来越多的关注。由生物聚合物与碳纳米管组成的纳米纤维在骨组织工程中具有巨大的潜力。Asl 等以聚羟基丁酸酯(PHB)-淀粉多壁碳纳米管(MWCNTs)为基础,用不同质量分数的 MWCNTs(包括 0.5％、0.75％和 1％)制备了电纺纳米复合支架。结果表明:含有 1％MWCNTs 的支架呈现出最低的纤维直径((124±44)nm),其孔隙率超过 80％,拉伸强度最高((24.37±0.22)MPa)。PHB 纳米纤维和 PHB-1％MWCNTs 复合纳米纤维支架在模拟体液中浸泡第 7 天和第 28 天的 SEM 图如图 9.8 所示。由图可见,与 PHB 纤维支架相比,浸泡第 7 天,可在 PHB-1％MWCNTs 复合纤维支架中观察到部分沉积物;浸泡第 28 天,纤维表面已经完全被沉积物所覆盖。可见,在支架中添加 MWCNTs 纳米颗粒后,提高了支架的亲水性和表面粗糙度,导致纤维表面沉积物增加,生物矿化能力增加。MG63 细胞可在含有 MWCNT 的支架上实现良好的培养成效,与不含 MWCNTs 的支架相比,PHB-1％MWCNTs 复合纤维支架表现出更明显的细胞活力、碱性磷酸酶(ALP)分泌、钙沉积和基因表达。

2. 金属材料

金属材料有着优异的承重能力、弹性形变能力和物理稳定性等。在人工骨中大量使用的金属植入材料主要是铁基不锈钢、钴基合金和钛合金,其主要的化学成分是铁基合金、钴基合金和钛基合金。在这些金属材料中,合金元素均匀分布,形成具有良好耐腐蚀能力的固溶体。这些植入合金材料具有一层钝化氧化膜,因而使植入器件表面被这种钝化氧化膜所覆盖。值得注意的是,对于钴、镍和钒而言,一旦作为合金元素进入合金以后,其纯元素的特性(如毒性及变态反

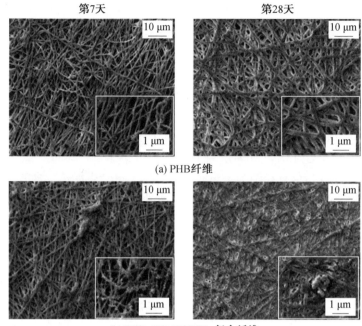

图 9.8　支架在浸入模拟体液中不同时间的 SEM 照片

应性)变得很弱。当考虑生物相容性时,须特别注意这个问题。

　　在金属材料中,钛及其合金由于具有良好的生物相容性、适中的力学性能和耐腐蚀性能,常被用作骨科种植材料,并在关节置换以及骨折修复中发挥着重要作用,也因此,钛合金材料在骨科应用中有着非常高的地位。尤其在关节骨缺损的治疗中,钛基材料常常被直接用作关节替代材料。钛基种植体的早期骨整合和初期稳定性是种植体成功的关键,具有显著的临床实用意义。在骨组织的修复中,细胞与生物材料的初始黏附是组织与植入物相互作用的第一步,随后是细胞增殖、分化、骨形成和最终骨整合。由于钛的生物惰性,阻碍了其与细胞-材料的相互作用和早期骨整合。近年来,人们常通过改变钛植入表面的形貌以获得早期成骨细胞黏附,如植入物表面通过阳极氧化形成二氧化钛(TiO_2)介孔表面结构。

3. 聚合物材料

　　与无机材料和金属材料相比,聚合物材料往往具有更好的柔韧性、更可控的降解速率以及良好的生物相容性。聚合物材料还可根据特定的需要进行设计和加工,且不易引发免疫反应或异物反应。目前,已有多种类型的聚合物可用于骨组织工程领域。比如,天然聚合物中的明胶、胶原蛋白、壳聚糖(CS)、透明质酸;合成聚合物中的聚乳酸(PLA)、聚乙醇酸(PGA)、乳酸-乙醇酸共聚物

(PLGA)、聚己内酯(PCL)和聚甲基丙烯酸甲酯(PMMA)等,都已成功用于重建骨缺损的应用中。早期的骨组织工程,更倾向于使用可生物降解的合成聚合物,如聚己内酯、聚乳酸等。虽然其对干细胞有促进成骨的潜能,但是仍与骨细胞外基质有较大差距。近几年的研究热点则集中在合成聚合物、天然聚合物以及矿物质的组合上。天然聚合物具有额外的矿物成核作用和细胞结合作用,尤其是胶原蛋白及其衍生物明胶在骨组织替代物中被广泛应用。这是因为天然骨组织中含有质量分数为 30% 的胶原纤维,且细胞外基质中胶原蛋白的质量分数占有机组分的 90%。

Yang 等研究了 I 型胶原细胞结合区 P−15 肽对人骨髓基质细胞的作用。结果表明,P−15 肽可为骨细胞创造合适的仿生微环境,帮助骨髓基质细胞沿着成骨谱系分化。但由于胶原的机械强度较低,且单一材料通过静电纺丝获得的高密度纤维容易产生渔网效应,限制细胞的生长,因此在加工纳米支架时,胶原常与聚酯类化合物联用。Ekaputra 等将成骨细胞包裹在由聚己内酯和胶原蛋白共混的电纺纤维网中,在成骨诱导条件下经过动态培养,进一步构建了可用于成骨组织替代物的管状细胞支架。其中的胶原蛋白在经过电纺后存在于纤维表面,有效调节了猪骨髓间充质细胞的黏附和增殖。

4. 混合物/杂化材料

与合成聚合物相比,天然聚合物往往表现出较差的加工性和机械性能。合成聚合物在制备和改性方面具有较大的灵活性,往往可体现良好的机械强度;但由于其亲水性低和缺乏细胞识别位点,因而缺乏细胞亲和力。基于上述,单独的天然聚合物或合成聚合物本身都难以满足组织工程的多方面要求。天然和合成聚合物的混合物(如壳聚糖/聚己内酯)可在组织工程中提供良好的机械性能以及可模拟 ECM 的结构。此外,两种天然聚合物的混合物,如丝素蛋白/胶原蛋白、丝素蛋白和壳聚糖;或合成聚合物的混合物,如 PCL/PLA,也可实现组分优良性能的良好组合。常用于共混的聚合物包括 PCL/PU、PCL/PLA、丝素蛋白/胶原蛋白、PCL/明胶、PCL/PEG 等。

陶瓷模量高但具有脆性因而易于断裂,而聚合物与天然骨组织相比则往往缺乏压缩模量,作为通常可用作骨支架组成部分的生物陶瓷和无机纳米粒子,通过在聚合物基质中加入此类高模量微/纳米尺度陶瓷形成复合或杂化材料,可以消除或减少聚合物与陶瓷各自的不足。通过在聚合物中加入微/纳米级羟基磷灰石或磷酸钙颗粒(更常见的是 $\beta-TCP$),以复合或混杂方式开发有利于骨组织支架使用的生物可降解和生物活性聚合物陶瓷复合材料,可形成具有仿生和成骨性能的骨组织工程材料。除陶瓷外,一些无机/有机成分,如碳纳米管、纳米颗粒、纳米球、纳米壳等也可用于分散到聚合物中,以提高所需支架的拉伸强度、模量和抗裂性能。

9.2.3 骨组织支架结构及纤维支架的改性

支架是组织工程中用作模板的三维基质。成功设计和制备合适的支架的一些先决条件,包括其提供的三维结构以及有利于物理支撑的机械性能、高的比表面积提供的细胞附着、引导新组织形成的仿生框架,以及顺应宿主对构建支架反应的生物相容性。模拟细胞外基质的组成和微观结构所设计的各种类型的支架,其分级结构范围从纳米级到毫米级。而在骨组织工程领域,为了更好地促进所有方向上的细胞连接,纤维支架应具有开放结构,其除了允许细胞生长和浸润外,还表现出仿生形态,促进骨 ECM 分泌和血管化。已经发现,允许细胞充分浸润和组织向内生长的骨组织工程支架的最佳孔径范围在 $100\sim300~\mu m$ 之间。然而,在许多情况下,通常是将纤维电纺成高密度的网,而由于网状物的密集纤维堆积,细胞生长和组织形成通常会局限于电纺纤维膜的表面,从而阻碍了电纺支架与细胞和 ECM 之间的整合。因此,扩大电纺纳米纤维的孔径,为开发有效的骨组织支架提供了策略。

尽管静电纺丝纳米纤维支架具有诸多的优点,但其化学、生物和机械性能方面往往仍需要对其表面和结构进行改性和完善,以进一步提高其功能性。由于静电纺纳米纤维的化学柔性和高比表面积,静电纺纳米纤维表面可以被多种生物活性分子修饰。表面改性方法可用于改变静电纺纳米纤维的表面化学性质,旨在改善支架的亲水性、增强其生物相容性或诱导附着细胞产生特定的生物反应等,为周围的组织和细胞生长提供更理想的微环境。

1. 等离子体改性

等离子体技术修饰纳米纤维的表面,目的是在其表面产生极性基团,如羟基、羧基或氨基等。这些官能团的存在,会导致纤维表面结构或化学性质(如润湿性、极性和生物黏附性)发生改变。如,在氧气和气相丙烯酸等离子体处理下,可以在静电纺 PLGA 纳米纤维表面引入羧基,从而增强静电纺丝纳米纤维的细胞黏附性和增殖能力。此外,通过等离子体技术将各种细胞外基质蛋白,如明胶、胶原蛋白、层粘连蛋白和纤维连接蛋白等,固定在纳米纤维表面,从而增强细胞的黏附性和增殖力。当 PCL 静电纺丝纳米纤维经氩气等离子体表面修饰后,其表面会产生大量的羧基;将表面修饰的纤维浸渍于 10 倍于人体体液浓度的模拟体液中,结果发现在纳米纤维表面会出现骨磷酸钙矿化现象。这种支架材料在骨移植中具有巨大的潜在应用价值。

等离子体修饰改性微纳米纤维的优势显著,几乎所有的聚合物纤维表面都可以通过等离子体进行表面修饰;等离子体技术可以在整个表面上对纳米纤维进行均匀修饰,其修饰的范围可限定在纳米纤维的表面(深度大约几十纳米)而基体材料整体性能不受影响;通过改变所使用等离子体的种类,可对纤维表面进行不同方式的修饰;此外,使用等离子体技术,还可以有效避免在纤维表面引入其他的杂质成分。

2. 表面接枝改性

接枝共聚主要是指在大分子链上通过化学键结合,引入适当的支链或功能性侧基,从而将两种性质不同的聚合物连接在一起,形成具有特殊性能的接枝共聚物。表面接枝改性仅发生在待修饰材料的表面,通过接枝大分子链于基体材料表面而获得一层新的具有特殊功能的接枝聚合物层,从而达到显著的表面修饰效果。

表面接枝修饰改性的主要优点是可通过选择不同的单体对同一聚合物进行改性,从而使聚合物表面获得更多性能,而基体材料的原有性能几乎可以保持不变;表面接枝修饰技术还能赋予纳米纤维表面多种活性官能团,可将生物活性分子和细胞识别配体等固定在纳米纤维表面,活性官能团进而与生物组织或细胞发生作用,达到细胞黏附、增殖和分化的目的。

3. 表面化学修饰

表面化学修饰技术是利用聚合物基底本身所带的一些官能团(如羧基、羟基、氨基、酯基等)与其他功能性化合物发生反应,以改变基底材料表面的化学和物理性能的方法。表面化学修饰方法包括表面化学固定反应法、湿化学处理法等。当聚合物分子中含有苯环、羟基、双键、卤素、酯基等官能团时,较易形成亲电子或者亲核环境,能够促使化学固定反应的发生。表面化学固定反应法可将生物大分子以共价键的方式牢固地固定在纳米纤维表面,其中氨基和羧基官能团被广泛应用于静电纺纳米纤维表面化学固定反应中。比如,通过化学固定修饰技术可以在含有羧基的静电纺聚丙烯酸纳米纤维表面共轭固定胶原蛋白分子,从而达到改变纤维表面功能的目的。此外,利用表面固化修饰技术可以使聚丙烯酸纳米纤维与氨基官能团共轭成对,制备出表面胺基化的静电纺纳米纤维。湿化学处理法可对较厚的纳米纤维膜进行表面修饰。该方法在进行聚合物表面修饰时,通常需要利用其表面的含氧官能团,如羰基、羟基、羧基等,来有效输送气相试剂或氧化剂溶液,以发生氧化或水解反应。含氧官能团数量的增加,能够使组分间形成氢键的能力增强,从而改善材料的湿润性和黏附性。比如,经氢氧化钠溶液水解处理的左旋聚乳酸纳米纤维可用于羟基磷灰石的矿化,这是由于经水解处理后的左旋聚乳酸纤维表面上的羧基可与钙离子发生螯合作用,从而加速左旋聚乳酸纳米纤维表面晶核的形成与生长,可促进羟基磷灰石矿化。

4. 无机混合/矿化

在电纺过程中,使可降解聚合物和生物活性无机材料混合是一种很有吸引力的制备骨再生纳米纤维的方法。纳米纤维可以与多种无机材料混合,以改善有机纤维材料的机械功能;无机粒子还能够提高聚合物纤维的生物活性,如细胞相容性、新骨形成、成骨分化以及骨基质钙化等,因为其中的一些无机材料还可以是骨诱导试剂。而且,将无机离子与聚合物结合可能使材料的弹性增强,在一定程度上使其更适合作为 ECM 应用。天然骨中的羟基磷灰石(HA)是骨骼中的主要矿物质,基于此,羟基磷灰石无论是用于制备假体植入物、支架还是人工骨水泥都备受关注,该组分有着与人体骨骼相似的化学和物理特性,可体现出良好的生物活性和骨传导性。但羟基磷灰石在单独使用时脆性较大且加工性能较差,因而应用受限,将其与其他物质复合,则有望获得高强度、高成骨活性的复合支架。研究表明,天然骨的细胞外基质是纳米羟基磷灰石晶体沉积在胶原纤维表面形成的一种复合材料,因此通过发展纳米复合材料可以在一定程度上模拟骨的微观结构。

无机物与有机聚合物组合和协同发挥作用已经在多孔支架和多孔膜中得到了很好的证实。然而,制备有机—无机复合电纺材料必须考虑溶液的制备环节。事实上,一些先进的方法已经陆续应用于制备有机—无机纳米复合材料,由此获得较多组合类型的有机—无机杂化体系。例如,电纺 PCL 与纳米羟基磷灰石得到的纳米纤维能够促进成骨细胞增殖分化;明胶和羟基磷灰石可以通过同时溶于一种有机溶剂,通过电纺形成了直径几百纳米的纤维,从而模拟了天然骨的细胞外基质,该体系中由于明胶的氨基酸链能够调节羟基磷灰石晶体的沉淀,因此羟基磷灰石纳米晶体能够均匀分布在明胶的纳米纤维中;有序排列的基质能够增加成骨分化,并能够作为一种组织再生引导膜在牙科领域得到应用。这种方法也可以用于制备胶原与羟基磷灰石复合的纳米纤维支架,从而更好地模拟天然骨的 ECM。这种复合电纺纤维在制作过程中无须进行预先的热处理,因此还可以实现药物的负载和控制释放,提供骨修复及骨再生中的抗菌效果或治疗作用。

除天然聚合物以外,合成的可降解材料也可以用于和无机材料的混合电纺。但合成聚合物一般表现为疏水性质,因此与无机材料的结合存在一定的困难。无机纳米粒子通常易结块且不易与聚合物混匀从而形成均一溶液,导致电纺过程中已形成串珠。为克服这一困难,有学者将羟基磷灰石的纳米晶体制备成溶胶并与 PLA 进行混纺制备复合纤维,加入的表面活性剂的两亲性质可使其成为羟基磷灰石晶体和 PLA 纤维之间的稳定媒介。采用该方法可以得到直径几个微米的无串珠 PLA 与 HA 混纺纤维,且 HA 能够很好地分布在 PLA 基质中。

与单纯 PLA 纤维相比,这种混纺纤维更能够促进成骨细胞的增殖和基因表达。目前,该类复合纤维的电纺主要集中在将生物活性的无机纳米粒子与聚合物基质进行混纺,并通过技术改进以达到不改变纤维形态的目的。

除了在聚合物溶液中通过混合的方式引入微粒形式的生物活性无机成分外,还可以通过"杂化(hybrid)"技术制备具有可降解性和生物活性的混杂纤维。如,将明胶的水溶液与聚硅烷以不同比例混合,再加入少量氯化钙($CaCl_2$),经水解和浓缩后最终可以电纺得到纳米纤维。在明胶中引入聚硅烷可以使明胶的氨基形成杂交网络,从而提高明胶的化学稳定性。实验证明,杂化的纳米纤维能够明显地提高成骨细胞的分化,体系具备成为骨再生基质材料的潜力。这种将可降解聚合物与生物活性无机物结合起来的方法正被用于骨以及骨与软骨交接区域的再生研究。更多的研究正致力于寻找新的复合成分和复合方法以获得具有适合的机械性能和良好的促进骨再生能力的支架材料,其难点主要在于纤维形态和成分的有效控制,以及体系如何保持良好的机械稳定性。

5. 化学交联改性

通常,用于硬组织工程的支架应能提供可控的机械性能以支持组织特性,而产生化学交联结构是改变生物材料力学性能的有效方法之一(图9.9)。在各种各样的交联剂中,栀子苷(GP)是一种源自栀子提取物的化合物,由于其良好的生物相容性而受到关注。通常,GP可以通过生物组织和天然聚合物之间的胺基进行化学交联。有研究表明,通过组分的筛选和组合,在GP的存在下可实现纤维与纤维之间产生新的化学键。例如,丝素蛋白-羟基丁酸壳聚糖杂化支架,是通过聚合物链外侧的游离胺基和GP结合形成的,而这些交联的化学键增加了支架的刚度。此外,GP可用作胶原纳米纤维的交联剂,与使用戊二醛交联剂相比,纤维支架具有更好的细胞相容性。除了GP交联剂,柠檬酸也被用作无毒的化学交联剂。柠檬酸用于交联聚乙烯醇,已证实其无细胞毒性。Chen等使用柠檬酸交联剂制备了PLA纤维,发现交联剂还增加了羟基磷灰石的成核能力,从而诱导骨生长中的生物矿化。

化学交联改性的未来发展趋势是在交联的电纺骨支架中采用更多的天然试剂。而在交联方法上的未来方向则将集中于:①开发更多基于化学交联的温和策略;②同时使用合成和天然交联剂实现化学交联;③开发其他交联方式(即物理法和酶法)并共同用于调节电纺纳米纤维骨支架;④探索不同的天然交联剂以寻找用于骨组织工程的最佳仿生支架。综上,基于化学交联剂或基于交联方法的研究将是增加骨组织工程微纳米纤维支架力学性能不可或缺的工具。

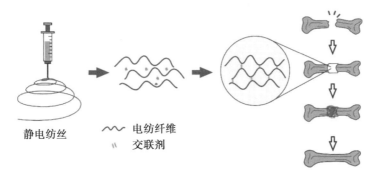

图 9.9　交联纤维支架修复骨缺损的示意图

9.3　微纳米纤维与骨组织修复及再生

考虑到人类骨骼的高度复杂性和层次化的结构特征,在骨组织工程中,纤维支架主要是用作复合材料或水凝胶生物材料的增强相,或用作骨的临时 ECM 模拟纤维支架。这些基于纤维的复合材料显示出单相材料无法比拟的优越性能,被广泛地应用于硬骨和软骨修复与再生领域。微纳米纤维用于骨组织修复的示意图如图 9.10 所示。

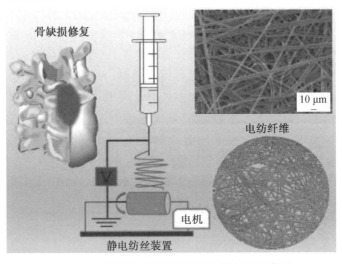

图 9.10　微纳米纤维用于骨组织修复的示意图

9.3.1　微纳米纤维与软骨组织修复及再生

由于软骨结构的特殊性,其内无血管及神经,获得营养的方式也不同于其他组织。幼年时关节软骨主要靠软骨下骨输送营养,成年后由于与关节液进行物质交换需要软骨自身结构的完整导致软骨下骨没有营养支持。健康的软骨是肢体活动的必需条件,各种关节创伤、骨关节病和骨关节肿瘤都会破坏关节软骨。而软骨的一系列修复反应需要通过血管系统中系统细胞的流动及其与局部细胞和环境的相互作用引发。因其内无血管及神经,所以关节软骨一旦受损很难恢复,常常导致更严重的关节病变,形成关节炎症甚至会致使关节功能丧失。随着人口老龄化和肥胖问题的日益严重,骨关节炎的病例预计在未来会有激增可能;加之,运动损伤所导致的软骨损伤也往往会导致软骨过早退化。开发关节软骨再生的治疗方法越来越重要。目前,临床治疗方法有微骨折法、镶嵌成形术、自体软骨移植、同种异体干软骨移植法等,尽管这些技术可以成功地缓解疼痛,改善关节功能,但仍存在供体来源不足、手术排异等缺点。例如,通过这些技术再生的软骨通常由Ⅰ型胶原(纤维软骨的特征)组成,其在生物化学和生物力学上低于透明软骨。此外,修复后的组织往往缺乏天然软骨的结构,阻碍了它们长期临床应用。随着组织工程和再生医学技术的出现和逐步完善,软骨修复技术出现了新的选择。软骨组织工程中的研究方法示意图如图 9.11 所示。

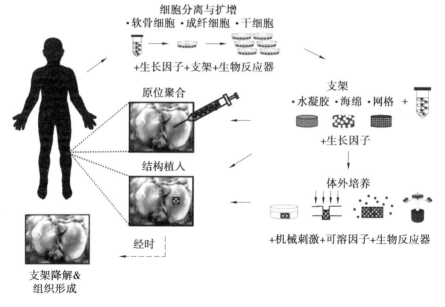

图 9.11 软骨组织工程中的研究方法示意图

软骨细胞外基质主要由高浓度蛋白多糖中的胶原纤维密集网络形成,软骨的弹性主要是由胶原纤维的综合作用产生的。蛋白多糖主要是聚集蛋白聚糖,可赋予组织抗压弹性。由于聚集蛋白聚糖的生物物理特性,其与透明质酸和连接蛋白形成超分子聚集体,因此在胶原纤维网络中基本不可移动;软骨约 75% 是水,其胶原纤维可被聚阴离子聚集蛋白聚糖水化和膨胀。其胶原蛋白主要是Ⅱ型,含少量的Ⅸ型和Ⅸ型,可提供拉伸强度。维持胶原网络的完整性和维持其周围组织中高含量的聚集蛋白聚糖对关节软骨的功能非常重要。在任何通过生物修复或临时或永久性合成替代物替换组织的策略中,重建或模仿这些特性将会非常重要。

采用组织工程技术修复软骨的过程一般是将体外分离扩增的软骨细胞和生长因子或生物活性物质复合,再导入某种支架,然后通过手术或微创注射的方法修复缺损的软骨。为关节软骨的细胞修复提供支架的重要性有三个方面:①为活细胞的存活和增殖提供合适的环境;②制造一种坚固、易于操作和可外科植入的植入物,其植入后具有承受关节活动的机械能力;③提供一个符合生物降解方案的支架,支架随着天然软骨组织的生成而逐步降解,完成生物修复。

关节软骨形成一个低摩擦支承面,将载荷分布到下面的软骨下骨上。因此,任何修复都需要模拟其中一些特性,以产生具有压缩弹性的光滑表面,并能与潜在钙化软骨或软骨下骨以及任何残余相邻软骨良好同化。因此,修复软骨的支架材料除具有良好的力学物理性能,更重要的是提供合适的微环境供软骨组织再生,即支架也需要便于接种软骨细胞,并为其提供一个生存和增殖的环境,以产生并组装功能齐全的软骨基质。而细胞外基质在天然组织中起着调节细胞行为、实现细胞功能等作用,故而通过支架技术在体外构建软骨细胞外基质替代物,形成与细胞外基质在结构上相似的支架材料,能为种子细胞提供与天然细胞外基质相似的微环境,同时也为受损组织提供适合其修复与再生的微环境。

目前,已有众多的制备技术用于将天然材料、合成材料、复合材料及改性材料组装为组织工程支架,各种具备成骨能力的纳米材料也已被开发应用在骨组织工程支架中。较常见的支架制备技术有粒子沥滤法、热压成型、纤维黏结、气体发泡法冷冻干燥法和三维打印技术等。虽然这些制备技术和方法可以制备出具有多孔结构的三维支架,但是大部分支架仍不能很好地仿生天然软骨细胞外基质的结构。从组织工程的角度来说,仿生细胞生长的微环境对组织再生非常重要,因为它可能影响细胞的生长形态和再生组织的拓扑结构。从结构的角度来说,具有纳米纤维或微米纤维结构的三维多孔支架可以较好地仿生天然软骨基质的结构。因此,具备密度低、孔隙率高、表面积比高、强度比高等优势的纳米多孔纤维支架,较为适合制作各种满足软骨修复需要的三维结构支架。但静电纺丝方法的主要优势在于制备二维结构的纳米纤维膜,在制备三维纳米纤维支架方面尚有一些不足。将二维结构纳米纤维构建为三维结构的仿生支架是该领域研究的热点之一。

Si 等将静电纺丝技术与冷冻干燥技术结合制备了一种超轻的多孔气凝胶,其由聚丙烯腈(PAN)纳米纤维构成,在油水分离、隔声等领域具有潜在的应用价值。将静电纺丝纤维膜通过机械搅拌作用在冻干溶剂中分散,再将分散液倒入模具中定形和冷冻干燥,最后利用交联技术使支架中的纤维在化学键作用下黏结在一起,形成具有稳定的力学性能和多孔贯通结构的纳米纤维三维多孔气凝胶。该技术在制备三维多孔结构纳米纤维支架方面显示出明显的优势:支架有较高的孔隙率($>99\%$)、可良好模拟天然 ECM 结构;其形状可控,可制备任意形状的支架;产品可大批量生产;支架具有压缩弹性等。不足的是,PAN 气凝胶虽然在工业应用中具有优异的性能,但其为不可降解材料、生物相容性差,不适宜应用于组织工程领域。基于此,Chen 等利用静电纺丝和冷冻干燥技术,将纳米短纤维分散后进行冷冻干燥,制备出明胶/PLA 纳米纤维三维多孔支架。其在湿态下具有回弹性,类似于海绵且具有大孔结构,有利于细胞三维长入,如图 9.12所示。将明胶/PLA 纳米纤维三维多孔支架以透明质酸涂层涂覆,有效提高了支架的压缩强度,明胶/PLA 纳米纤维三维支架制备流程示意图如图 9.13 所示。将透明质酸修饰和未修饰的明胶/PLA 纳米纤维三维多孔支架植入兔子髌骨软骨缺损处,于 12 周后可再生出完整的软骨组织;研究发现,前者植入部位的软骨组织再生更为完善。

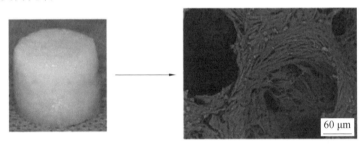

图 9.12　明胶/PLA 纳米纤维三维支架的光学和 SEM 照片

9.3.2　微纳米纤维与硬骨组织修复及再生

为与软骨区分,所谓的硬骨即是通常意义上的骨。已知骨组织工程支架材料应具有生物相容性、生物可降解性以及生物活性,并可对骨应用环境提供出足够的力学性能。为满足这些要求,基于复合材料的纳米纤维支架(如有机/无机混合纳米纤维),并加载功能因子(如骨形态发生蛋白(BMP)、转化生长因子-β3(TGF-β3)、血管内皮生长因子(VEGF)和银纳米颗粒等)的制备技术和组分组合方式等,均已成为当前研究的重点。静电纺丝技术相应成为制造此类支架的优势方法之一。近年来,研究工作者通过静电纺丝技术将多种具有良好生物降解性以及生物相容性的材料制备成具有不同结构的静电纺纳米纤维支架(包括天然材料和合成聚合物材料),并广泛应用于组织工程及再生医学等领域。

Ye 等开发了一种用于骨组织工程的具有多孔结构的 3D 纳米纤维支架。以

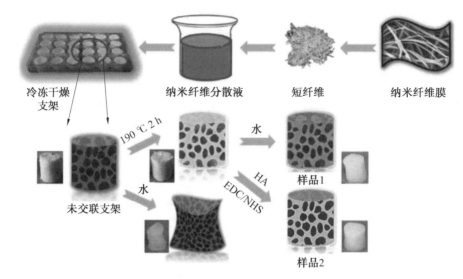

图 9.13 透明质酸修饰和未修饰的明胶/PLA 纳米纤维三维支架制备流程示意图

静电纺纳米纤维为原料,采用均质化、冷冻干燥和热处理相结合,制备了含有羟基磷灰石的三维纳米纤维复合支架。利用聚多巴胺辅助涂层方法将骨形态发生蛋白－2(BMP－2)衍生多肽固定在 3D 支架上,以获得能够持续释放 BMP－2多肽的支架。在大鼠颅骨缺损模型中进行体外和体内评估实验,电纺纳米纤维支架修复小鼠颅骨再生示意图如图 9.14 所示。该实验结果表明,纳米羟基磷灰石和 BMP－2 的存在增加了与干细胞成骨分化相关的基因表达,并且 BMP－2多肽的释放维持了 21 d。与对照组相比,支架具有更好的骨诱导活性,促进了 I型胶原和成骨标志物的表达,并增加了碱性磷酸酶活性,可导致缺损中心出现新的骨生长,而对照组的实验结果则表明无上述效果。

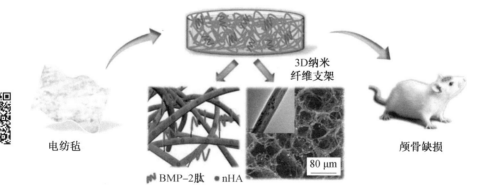

图 9.14 电纺纳米纤维支架修复小鼠颅骨再生示意图

开发具有成骨潜力的功能性支架对于骨组织工程中骨的形成和矿化至关重

要。为模拟骨骼的矿物组成,羟基磷灰石可通过两阶段被引入到电纺丝素支架中。首先,将羟基磷灰石混合在电纺丝溶液中,以将颗粒有效定位在纤维内;再用聚多巴胺对纤维表面进行改性,并沉积羟基磷灰石,形成第二层颗粒。采用该方法开发了一种功能性电纺丝素(SF)纳米纤维支架。羟基磷灰石颗粒功能化电纺丝素纳米纤维支架及促进充质干细胞成骨分化示意图如图 9.15 所示。检测结果表明,该支架的机械性能得到改善,并能够提供特定于骨骼的生理微环境。众所周知,转录共刺激因子(TAZ)是一种转录调节剂,其能激活充质干细胞(MSCs)的成骨分化。研究结果表明,两阶段羟基磷灰石功能化 SF 支架显著促进了 TAZ 转染的 hADMSCs 的体外成骨分化,并增强了临界大小颅骨缺损模型中的矿化骨形成。

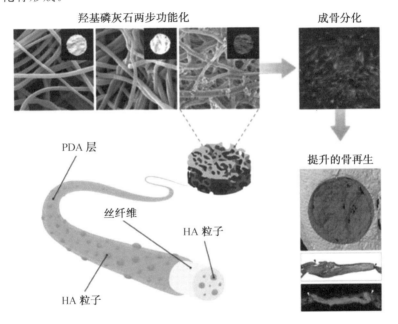

图 9.15　羟基磷灰石颗粒功能化电纺丝素纳米纤维支架及促进充质干细胞成骨分化示意图

在静电纺纳米纤维具有的纳米结构、可调的孔隙率和高比表面积,可产生与 ECM 尺寸相似的纤维状基质以更接近地模拟天然 ECM 的结构和生物功能等优势的基础上,研究又关注于进一步形成取向的纳米纤维支架,可通过接触引导和促进细胞黏附、迁移,可与细胞或生长因子结合并进一步促进细胞的增殖、分化,最终实现组织再生。相信随着静电纺丝技术以及静电纺丝装置的不断创新和优化,该技术和方法主导的纳米纤维三维支架在骨组织再生、软骨组织再生及伤口愈合等领域中会越来越展现出其巨大的应用潜能及广阔的应用前景。

本章参考文献

［1］牛小连，刘柯君，廖子明，等. 基于骨组织工程的静电纺纳米纤维［J］. 化学进展，2022，34(2)：342-355.

［2］臧俊亭. Ⅰ型胶原/聚乳酸/纳米羟基磷灰石共电纺构建三维组织工程支架［D］. 长春：吉林大学，2010.

［3］BARNES C P，SELL S A，BOLAND E D，et al. Nanofiber technology：designing the next generation of tissue engineering scaffolds［J］. Advanced Drug Delivery Reviews，2007，59(14)：1413-1433.

［4］吴桐. 静电纺纳米纤维支架的结构调控、生物功能化及其在软组织修复中的应用［D］. 上海：东华大学，2018.

［5］冯冬阳. 中等强度跑台运动结合改性羟基磷灰石/壳聚糖复合水凝胶对大鼠髌股关节软骨缺损修复的影响［D］. 广州：南方医科大学，2016.

［6］胡小红，王淮庆，郝凌云，等. 用于软骨修复的纳米纤维研究进展［J］. 材料导报，2010，24(S2)：80-88.

［7］CHEN W M，MA J，ZHU L，et al. Superelastic，superabsorbent and 3D nanofiber-assembled scaffold for tissue engineering［J］. Colloids and Surfaces B：Biointerfaces，2016，142：165-172.

［8］CHEN W M，SUN B B，ZHU T H，et al. Groove fibers based porous scaffold for cartilage tissue engineering application［J］. Materials Letters，2017，192：44-47.

［9］CHEN W M，CHEN S，MORSI Y，et al. Superabsorbent 3D scaffold based on electrospun nanofibers for cartilage tissue engineering［J］. ACS Applied Materials & Interfaces，2016，8(37)：24415-24425.

［10］CHEN J，ZHANG T H，HUA W K，et al. 3D Porous poly(lactic acid)/regenerated cellulose composite scaffolds based on electrospun nanofibers for biomineralization［J］. Colloids and Surfaces A：Physicochemical and Engineering Aspects，2020，585：124048.

［11］YE K Q，LIU D H，KUANG H Z，et al. Three-dimensional electrospun nanofibrous scaffolds displaying bone morphogenetic protein-2-derived peptides for the promotion of osteogenic differentiation of stem cells and bone regeneration［J］. Journal of Colloid and Interface Science，2019，534：625-636.

［12］LIM D J. Cross-linking agents for electrospinning-based bone tissue engineering［J］. International Journal of Molecular Sciences，2022，23

(10)：5444.

[13] 程翠林，马佳沛，王玮琛，等. 天然产物静电纺纳米纤维在生物医药方面的应用[J]. 应用化学，2021，38(6)：605-614.

[14] 吕海涛. 形状记忆聚氨酯基复合电纺纤维的制备及性能研究[D]. 哈尔滨：哈尔滨工业大学，2021.

[15] 舒华金，吴春萱，杨康，等. 快速膨胀海藻酸钠/二氧化硅纤维复合支架的制备及其快速止血功能的应用[J]. 材料工程，2019，47(12)：124-129.

[16] LIU M Y，SHAFID M，SUN B B，et al. Composite superelastic aerogel scaffolds containing flexible SiO₂ nanofibers promote bone regeneration [J]. Advanced Healthcare Materials，2022，11(15)：2200499.

[17] 张恒. 静电纺丝法制备胶原/HA复合骨植入材料及其性能研究[D]. 西安：西安理工大学，2016.

[18] GAO C X，GAO Q，LI Y D，et al. Preparation and in vitro characterization of electrospun PVA scaffolds coated with bioactive glass for bone regeneration[J]. Journal of Biomedical Materials Research Part A，2012，100A(5)：1324-1334.

[19] DE SOUZA J R，KUKULKA E C，ARAÚJO J C R，et al. Electrospun polylactic acid scaffolds with strontium- and cobalt-doped bioglass for potential use in bone tissue engineering applications[J]. Journal of Biomedical Materials Research Part B-Applied Biomaterials，2023，111(1)：151-160.

[20] ASL M A，KARBASI S，BEIGI-BOROUJENI S，et al. Polyhydroxybutyrate-starch/carbon nanotube electrospun nanocomposite：a highly potential scaffold for bone tissue engineering applications[J]. International Journal of Biological Macromolecules，2022，223：524-542.

[21] BHATTARAI D P，AGUILAR L E，PARK C H，et al. A review on properties of natural and synthetic based electrospun fibrous materials for bone tissue engineering[J]. Membranes，2018，8(3)：62.

[22] ZHANG Y G，ZHANG M M，CHENG D R，et al. Applications of electrospun scaffolds with enlarged pores in tissue engineering [J]. Biomaterials Science，2022，10(6)：1423-1447.

[23] KO E，LEE J S，KIM H，et al. Electrospun silk fibroin nanofibrous scaffolds with two-stage hydroxyapatite functionalization for enhancing the osteogenic differentiation of human adipose-derived mesenchymal stem cells[J]. ACS Applied Materials and Interfaces，2018，10(9)：7614-7625.

[24] WILLIAMS D. "An introduction to medical and dental materials" Concise encyclopedia of medical & dental materials[M]. Oxford：Pergamon Press，1990.

[25] GRUMEZESCU A. Nanobiomaterials in soft tissue engineering：applications of nanobiomaterials[M]. Oxford：Elsevier Science & Technology，2016

[26] DE ISLA N，HUSELTEIN C，JESSEL N，et al. Introduction to tissue engineering and application for cartilage engineering[J]. Bio-Medical Materials and Engineering，2010，20(3/4)：127-133.

[27] 汪振星. 骨组织工程应用价值优化研究[D]. 上海：上海交通大学，2016.

[28] LEE H G，KIM Y D. Volumetric stability of autogenous bone graft with mandibular body bone：cone-beam computed tomography and three-dimensional reconstruction analysis[J]. Journal of the Korean Association of Oral and Maxillofacial Surgeons，2015，41(5)：232-239.

[29] 张静. 3D打印组织工程复合支架修复恒河猴牙槽骨缺损的实验研究[D]. 武汉：武汉大学，2018.

[30] VENKATESAN J，KIM S K. Chitosan composites for bone tissue engineering—an overview[J]. Marine Drugs，2010，8(8)：2252-2266.

[31] 周洪利. 可降解纤维增强骨组织工程支架的制备及医学应用研究[D]. 长春：吉林大学，2018.

第 10 章

微纳米纤维与其他组织工程修复及再生简介

10.1　引　言

　　组织工程属于较为热门的跨学科和多学科研究领域,涉及使用细胞以及通过细胞外环境或基因控制,以开发植入体内的生物替代物或以某种积极的方式促进组织重塑。组织工程的核心技术包括三个领域的内容,即细胞技术、支架构建技术和体内集成技术。其中,支架构建技术专注于设计、制造、表征用于细胞接种和体外或体内培养的三维支架。组织工程中的支架材料应具有高孔隙率和适当的孔径分布,体现高的表面积;其通常需要生物降解性,且降解速率应与新组织形成速率相匹配;支架还须具有所需结构完整性,以防止支架孔隙在新组织形成过程中坍塌,并体现适当的机械性能。人体具有各种组织,如肌肉、骨骼肌、血管、韧带、神经等,它们具有微观结构有序、细胞排列规整的特点。针对各种组织器官的修复与再生问题,研究人员的关注点之一是微纳米纤维在这些组织工程中的应用。

10.2　微纳米纤维与血管组织修复

　　心血管疾病是心脏和血管疾患所引起并已经严重威胁中老年人健康的疾病类型,包括冠心病、脑血管疾病、周围末梢动脉血管疾病、风湿性心脏病、先天性心脏病和静脉血栓、肺血栓等,已知有多种不利因素(如糖尿病、高血脂、高血压、吸烟、酗酒等)均可诱发心血管疾病。虽然心血管疾病的防治工作已经取得初步成效,但是其患病率和死亡率仍然处于上升阶段。目前,心血管疾病的常规治疗方法是支架介入手术或血管移植手术。血管移植即采用自体或人工血管,建立新的血管旁路,从而改善供血,提高病人的生活质量及延长其寿命。自体血管是最为理想的血管移植体,其生物相容性好、通畅率高、不易引起炎症反应,但自体血管来源有限。因此,人造血管成为一种很好的选择,可以减少手术过程中从自体提取动静脉对身体造成的伤害。可以说,无论是支架介入还是血管移植都需要生物相容良好的材料,而理想的血管移植体应具备符合血管力学要求,具有生物相容性好、抗血栓及移植后通畅率较好、安全无毒和无免疫排斥反应的特征,且应制备方法简单易操作、制备成本低廉等。

10.2.1　血管的结构

人体的血管壁由内膜、中膜和外膜组成,如图 10.1 所示。其中,内膜由基底膜及附着于其上的单层内皮细胞构成;中膜由弹性蛋白包围的多层平滑肌细胞构成,其在三层膜中厚度最大;外膜由以成纤维细胞为主的 I 型胶原蛋白组成。人体血管之所以具有一定的弹性、抗张强度等力学性能,主要归功于血管壁上的弹性蛋白及胶原蛋白。

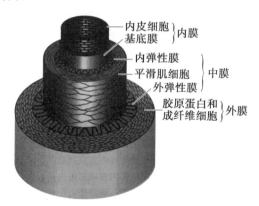

图 10.1　人体血管结构示意图

10.2.2　人工血管

人工血管的研究大致经历了生物组织型、合成型、生物混合型和组织工程型人工血管 4 个发展阶段。生物组织型人工血管分为自体移植、同种异体移植和异种移植。生物组织型人工血管中的异体移植血管要经过处理后才可植入到患者体内,目的是去除异体血管的内皮细胞来解决排斥反应问题,这种人工血管类型虽然能够保持血管的通畅性,但其来源非常局限。合成型人工血管是高分子材料类型,是通过化学合成的方法制作而成的,其具有较好的机械性,在大口径人工血管研究方面取得一定成果,部分产品也已经应用到临床;但由于高分子材料人工血管的生物相容性尚不够理想,在小口径人工血管的应用上效果较差,一定程度上使应用受限。生物混合型人工血管是通过在高分子材料表面加上一层生物活性物质来提高其生物相容性,或使用生物活性聚合物来构建人工血管支架,使其有利于细胞黏附生长;常用的生物活性物质包括白蛋白、胶原蛋白、明胶等。组织工程型人工血管包括种子细胞、支架材料和组织构建,首先是种子细胞获得和培养,制备人工血管支架,然后将种子细胞移植到生物材料上,体外构建组织工程人工血管,最后植入到患者体内。

10.2.3　微纳米纤维与人工血管

目前,构建人工血管支架的主要方法包括自组装法、水凝胶法、滤沥法、热致相分离法以及静电纺丝法等。其中,静电纺丝技术可结合合成材料和天然材料的优点,使其对组织工程血管移植物(TEVG)特别有吸引力。在 TEVG 中,要求其具有较高的机械耐久性、较高的爆裂强度和韧性。而静电纺丝法在制备过程中可通过控制参数调节材料的机械性能,同时还可以精确控制纤维的成分、尺寸和排列,以及多孔性、孔径分布等,因此可根据具体应用需要,设计出各种可调的结构和机械性能,为组织工程移植物必需的生物相容性和所需结构构建提供了可能。此外,电纺技术所制成的微纳纤维与机体细胞外基质的结构极其相似,机体细胞外基质由蛋白纤维和黏多糖纤维组成,直径介于 $50\sim500$ nm,呈网状结构,而静电纺丝技术所制备的纤维也呈网状结构,且可通过参数控制使直径达到天然细胞外基质的直径范围;同时,控制参数可调节纤维的力学性能和生物学性能,而其他制作支架的技术难以达到这一点,这也是组织工程血管在体内构建并能够取得理想的通畅效果的关键所在。

将静电纺丝技术、组织工程等多种手段相结合,结合天然聚合物和人工聚合物中丰富的可纺材料类型,进而可构建从形态到功能均与活体血管接近的组织工程化血管。例如,为了模拟天然血管的结构,多种材料通过电纺技术可以制成管状结构。如图 10.2 所示,图 10.2(a)和图 10.2(b)为数码相机拍摄的胶原-聚乳酸小口径人工血管的外观及其横截面图像,图 10.2(c)和图 10.2(d)为人工血管横截面及其纤维的 SEM 图像。

Augustine 等利用静电纺丝技术制备了具有增强细胞黏附性的聚偏氟乙烯-三氟乙烯/氧化锌纳米复合材料人工血管组织工程支架,并对其进行了血液相容性和细胞毒性实验。检测结果均显示,其具有优异的生物相容性,细胞活力良好。将这种组织工程人工血管植入大鼠体内 21 d 后,切片结果显示材料无炎性和排

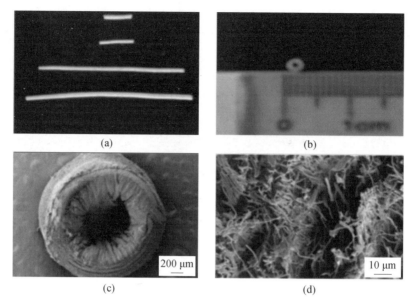

图 10.2　纳米纤维人工血管图片

异反应。人工血管组织工程支架的实验过程示意图如图 10.3 所示。Ahn 等用静电纺丝与组织工程技术制备小口径血管,通过适当的培养,将自体细胞与天然/合成的支架结合起来制备功能性血管并植入体内。实验结果表明,与传统的细胞接种方法相比,平滑肌细胞薄片能与静电纺丝血管支架结合产生更成熟的平滑肌层,有利于血管支架与血管细胞相结合。

张等为提高 PCL 血管支架的力学性能和亲水性,通过研究 PCL 溶液浓度对其性能的影响,得到了纤维直径分布均匀、表面粗糙度较低的 PCL 血管支架;采用冷等离子体处理技术,在血管支架表面刻蚀活性基团形成亲水基团,从而提高了其亲水性能。Yazdanpanah 等利用静电纺丝技术制备了聚 L—丙交酯/凝胶化管状支架,研究了所制备的四种纤维支架(梯度聚 L—丙交酯/明胶、层状聚 L—丙交酯/明胶、聚 L—丙交酯和明胶支架)的可降解性、孔隙率、微孔尺寸和机械性能等。研究结果表明,梯度聚 L—丙交酯/明胶的机械强度和爆破压力得到显著增加。

尽管静电纺丝技术拥有许多其他材料制备方法所不具备的独特优势,但是要实现血管组织工程支架的临床应用,还需要克服许多的难题。如支架材料较厚、孔隙尺寸过小,使得细胞穿透效果差;材料表面性能较差,会对细胞活性、增殖及生长产生负面影响;细胞源供应不足等。

目前,研究人员已经提出了数种方法用于解决上述问题,如通过调整静电纺丝技术相关物理参数,以及对材料进行后处理(如,盐浸),进一步提高材料的孔隙率与孔隙尺寸;将细胞接种与静电纺丝过程相融合,采取共纺方法在一定程度

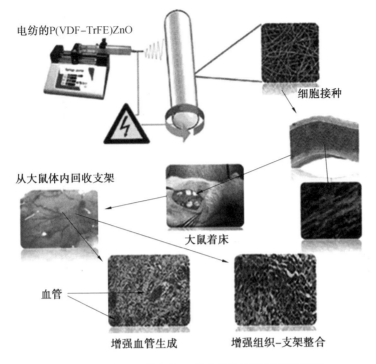

电纺的P(VDF–TrFE)ZnO

细胞接种

从大鼠体内回收支架

大鼠着床

血管

增强血管生成　　　增强组织–支架整合

图 10.3　人工血管组织工程支架的实验过程示意图

上削弱材料对细胞的负面影响,提高细胞活性;通过表面蛋白涂覆、化学接枝或与细胞亲和力强的材料混纺等方式,可以增强细胞黏附;人脂肪组织源性等干细胞的分化研究也为血管组织工程细胞源的获取开辟了新的有效途径。不过,要真正实现血管组织工程支架的安全性、有效性和普适性还有赖于学者们进一步的拓展研究。

10.3　微纳米纤维与神经组织修复及再生

10.3.1　神经组织结构

神经系统是机体内对生理功能活动的调节起主导作用的系统,按其分布的位置可分为中枢神经系统和周围神经系统两部分。中枢神经系统主要包括分布于大脑的脑神经和分布于脊髓的脊神经;周围神经系统则主要包括分布于体表和骨骼肌部分的躯干神经以及分布于内脏、心血管以及各种腺体的内脏神经。周围神经系统直接影响人体的运动和感觉功能,其将中枢神经系统与各系统的器官、组织连接在一起，使中枢神经系统完成对各系统器官和组织的控制与调节。

神经组织主要由神经细胞与神经胶质细胞组成。神经细胞又称神经元，是神经组织的主要成分，具有感受刺激与传导神经冲动的能力，是神经系统结构与功能的基本单位。神经胶质细胞对神经元起着支持、营养与保护的作用。神经纤维被结缔组织连接、包裹，从而组成粗细不等的神经束，再由结缔组织进一步包裹形成神经束的集合体。周围神经结构示意图如图 10.4 所示。

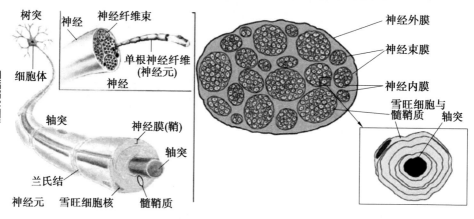

图 10.4　周围神经结构示意图

10.3.2　神经组织修复与再生

由于神经组织结构复杂，分布广泛，故一旦神经组织受到损伤，其所控制的器官的正常功能也会发生障碍，影响身体健康。而周围神经损伤在生活中较为常见，约占创伤患者的 2.8%。周围神经损伤若不能及时救治，可导致慢性疼痛、感觉或运动功能异常及肌肉萎缩等并发症，致残率及危害程度远高于其他组织损伤。因此，周围神经损伤的治疗对于维持身体功能和生活质量至关重要。如何促进受损周围神经的再生、恢复神经功能一直是医学界关注的热点。周围神经损伤后，在特定的微环境下能够再生，而其再生过程会受到接触引导、神经趋化性以及神经营养性等因素的影响。神经趋化性再生理论认为，神经损伤之后再生的轴突可以识别远端神经，并能够选择性地向相应的靶器官延伸。由于神经趋化性的作用才能引导再生轴突向断裂神经的远端生长，而不向其他组织再生。再生过程中，断裂的远端能够促进近端轴突的生长，一方面为近端再生轴突的长入提供一个机械通道而发挥接触引导的作用；另一方面可以合成并分泌某些化学物质从而诱导、促进近端轴突的定向生长。神经趋化性和神经营养性因素通常会同时存在，例如神经生长因子（NGF）对神经突起既有趋化性的作用，也有神经营养性的作用。中枢神经和周围神经系统损伤后神经再生示意图如图 10.5 所示。当然，断裂神经的远端提供的神经趋化性和神经营养性的作用有距离限制。当损伤神经的两个断端相距 5～10 mm 时,神经的选择性再生较为明显;而当神经缺损的距离过长(>10 mm)时,远端所能提供的神经营养及趋化性作用均会减弱,周围神经自我修复的能力则非常有限,神经轴突的生长很难跨越受损神经两端的间隙,此类缺损往往术后功能恢复较差。

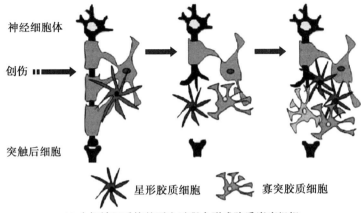

星形胶质细胞　　寡突胶质细胞

(a) 中枢神经系统的再生过程会形成胶质瘢痕组织

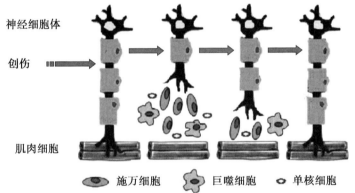

施万细胞　　巨噬细胞　　单核细胞

(b) 周围神经系统的再生过程涉及多种类细胞的共同作用

图 10.5　中枢神经和周围神经系统损伤后神经再生示意图

　　理想的神经损伤的修复应该最大限度地发挥接触引导、神经趋化性和神经营养性三者的作用。神经损伤的传统修复和治疗方法主要有手术治疗、组织器官移植、人工替代物等,各自存在着一定的风险且可能会有炎症反应。已知周围神经断裂后能以约 1 mm/d 的速度从近端向远端再生,但遇到障碍则神经再生就会中止。而只有相同种类的神经束之间进行吻合修复之后,神经功能才能得到有效的恢复。因此,自体神经移植一直是治疗大段神经缺损的"金"标准。但自体神经来源有限、易造成供区损伤,而且存在管径不匹配等缺陷,需要两次或者多次手术,还可能造成供区功能障碍等手术并发症,难以满足临床的需要。此外,神经再生过程中,如果没有正常的延伸通道,再生的神经纤维受阻于增生的结缔组织,将会失去正常的生长方向,而长入到周围的结缔组织,再加上成纤维细胞的浸润从而形成神经瘤。选择合适的再生管道对两端的神经进行桥接对神经再生过程将起到重要作用。20 世纪 90 年代,Lundborg 利用神经再生室模型证实神经趋化特异性,神经导管修复神经缺损的优势逐渐被认识和接受。然而单纯的神经导管(如硅胶管、脱细胞支架等)虽然具备一定的促神经再生效果,但修复效果一般。

随着组织工程学的发展,在原有单纯导管的基础上,结合种子细胞、生长因子、细胞外基质等构建的组织工程化神经导管,能最大限度地促进神经再生,为修复外周神经提供新的解决思路。其在修复神经损伤方面的诸多优势包括:可以为神经细胞的增殖、分化、迁移等提供合适的微环境;可以为神经纤维的生长提供引导,提高神经对合的准确度;还可以减轻缝合口的张力,防止瘢痕组织的侵入。因此,利用组织工程技术构建组织工程化神经导管,引导神经细胞轴突的定向生长,提高神经纤维对合的精确度,从而取代自体或异体神经移植,修复周围神经损伤,已成为组织工程领域的研究热点之一。而理想的组织工程化神经导管的构建,通过将不同的物理和生物信号组合到一个具有不同构型的神经支架来实现,如图 10.6 所示。在导管内壁模拟 ECM 构建支架,增强雪旺细胞的迁移和引导再生轴突生长。导电材料可以在再生过程中传递电信号,孔结构能提高营养物质和氧气的交换,可降解材料在再生过程中支撑神经细胞的生长,多通道的设计可以模拟天然的神经束状结构来控制轴突的分散,在神经导管中负载神经生长因子可以加速神经再生。神经组织工程中所用的支架为具有特定三维结构的可降解的神经导管,该导管不仅能够为再生轴突提供通道,对轴突起到接触引导作用,并可使雪旺细胞在支架内有序地分布,分泌神经生长因子及细胞外基质,为轴突的再生提供引导和支持。

10.3.3 微纳米纤维与神经组织修复及再生

理想的神经支架应具有良好的生物相容性、组织安全性,能为机体所接受、无排异性;应具有优良的机械力学性能,可防止外部组织压迫管壁引起内部坍塌;管壁应具有选择通透性,可在保持对外部营养物质的渗透作用的同时防止外部瘢痕侵入;应有利于轴突再生的三维空间结构,对再生轴突具有一定的导向作用;具有生物可降解性,无须二次手术取出,同时不妨碍远期的神经再生。随着纳米材料的发展,纳米纤维的研究逐渐增多。已有研究表明,纳米纤维支架能够改善组织工程支架在血管、神经、软骨及骨组织再生中的应用,且能够减少瘢痕组织的形成。静电纺丝形成的纤维结构类似于神经 ECM,其纳米级尺寸与天然ECM 相一致,能够引导神经穿过病变部位再生,纳米纤维可以作为一种临时的ECM,为直接接触的细胞提供诱导信号。纤维结构的孔隙进一步允许细胞迁移、营养和氧扩散以及轴突融合。此外,静电纺纳米纤维还可以作为药物及活性因

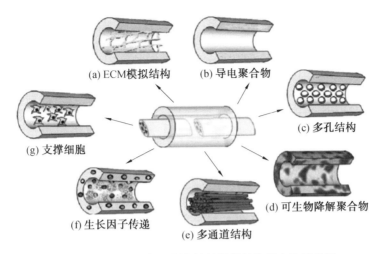

(a) ECM模拟结构　　(b) 导电聚合物

(g) 支撑细胞

(c) 多孔结构

(d) 可生物降解聚合物

(f) 生长因子传递

(e) 多通道结构

图 10.6　理想的组织工程化神经导管的构建方法示意图

子的有效载体,合理地控制其在损伤部位的释放,从而刺激靶细胞,促进神经组织再生。

组织工程支架不仅仅是在组织形成阶段为细胞提供支持的惰性材料,而且是能够引导细胞识别支架,为细胞生长提供支撑,引导组织再生、负载和释放活性因子的复杂的活性动态生物材料。以往用于桥接神经缺损的导管材料主要有硅胶管、聚乙烯、聚氯乙烯以及聚四氟乙烯等不可降解的惰性材料。以这些材料制备的神经导管植入人体后,往往会引起慢性的异物反应,易出现长期的并发症,包括炎症反应、神经纤维化以及慢性神经压迫等,需要二次手术将导管取出。因此,选择制备组织工程神经导管的材料趋向于生物可降解材料,包括天然以及人工合成的材料。随着组织工程技术的不断发展,人们不断地调整制备工艺,改善材料的理化性质及生物相容性,获得了更适应临床需求的生物材料。人工合成材料取材方便、价格便宜且无潜在的病毒传染。目前常用的主要有聚乳酸(PLA)、聚羟基乙酸(PGA)及其共聚物(PLGA)等,这些材料均已经得到了美国食品药品监督管理局(FDA)的许可。

科研人员通过静电纺丝技术制备了各类不同的纳米纤维支架材料,并在外周神经修复方面取得了诸多成果。Wang 等将丝素蛋白和 L－乳酸与己内酯共聚物以 25/75 的质量比复合,得到的丝素蛋白/P(LLA－CL)复合纳米纤维的力学强度高,将其制成直径为 1.5 mm 的神经导管并植入大鼠坐骨神经上的缺损部位。研究结果发现,在一个月时,两根神经断裂端已经成功对接。而再生神经功能恢复能力与所用神经导管的材料类型有关,由丝素蛋白/P(LLA－CL)复合纳米纤维制作的神经导管的再生神经功能恢复能力,优于由 P(LLA－CL)纳米纤维制作的神经导管,说明丝素的加入加快了神经组织的修复。

传统的静电纺丝技术得到的纤维通常为无序排列状态,而人体组织中神经细胞突起的走行和施万细胞的分布都具有一定的方向性,因此诱导种子细胞(神经细胞的突起或施万细胞)沿一定方向生长,对其功能分化具有非常重要的意义。有序的载药纳米纤维既能为组织细胞提供黏附支点和接触导向,又能作为药物或生长因子的载体,在合适的时间以可预测方式控制生长因子的释放从而刺激靶细胞、促进受损组织修复重建。Zhu 等的研究显示,平行排列的纳米纤维支架能够诱导神经细胞沿着纤维的长轴方向取向生长,并能引导神经细胞轴突伸长和靶向延伸以连接目标受损周围神经。

Soongee Hong 制备了 PCL/SIS 微纳米纤维导管,如图 10.7 所示。其采用改进的静电纺丝工艺,得到纵向排列的微纳米纤维,纤维取向度随着初始聚合物溶液电导率的增加而增加。与纯 PCL 相比,PCL/SIS 静电纺丝膜具有多种协同效应,包括更强的力学性能和更优的亲水性。此外,扫描电镜照片显示,PCL/

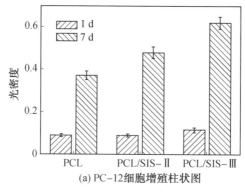

(a) PC−12细胞增殖柱状图

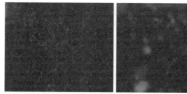

(b) PCL纤维膜表面的
细胞排列　(c) PCL/SIS−Ⅱ纤维膜
表面的细胞排列　(d) PCL/SIS−Ⅲ纤维膜
表面的细胞排列

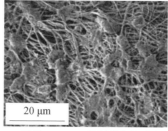
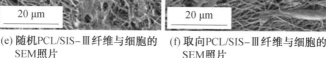

(e) 随机PCL/SIS−Ⅲ纤维与细胞的
SEM照片　(f) 取向PCL/SIS−Ⅲ纤维与细胞的
SEM照片

图 10.7　细胞在 PCL 和 PCL/SIS 微纳米纤维导管上生长情况

SIS 导管更有利于 PC－12 细胞的附着和生长。细胞培养 7 d 后,在取向 PCL/ SIS 纤维导管上的生长更均匀。这种制造方法对于制造多种管状支架,包括神经系统和血管的外周管道价值较为明显。

　　E. Kijeńska 等人采用同轴静电纺丝和共混法分别制备了直径为(316±110)nm 和(350±112)nm 的含层粘连蛋白(Laminin)的聚(L－乳酸)－共聚(ε－己内酯) (PLCL)核壳及共混纳米纤维,开发适合周围神经组织再生的生物支架材料,并对其形貌、表面亲水性、化学性能和力学性能进行了研究。采用扫描电镜观察雪旺细胞在电纺纳米纤维支架上的黏附和增殖能力,如图 10.8 所示。用特异性 S100 抗体免疫细胞化学染色法检测细胞增殖及表型。雪旺细胞体外培养 7 d 的结果显示,与 PLCL－层粘连蛋白复合支架相比,核壳结构纳米纤维上的细胞增殖增加了 78%,这证实了这些结构作为周围神经再生基质的潜在应用。

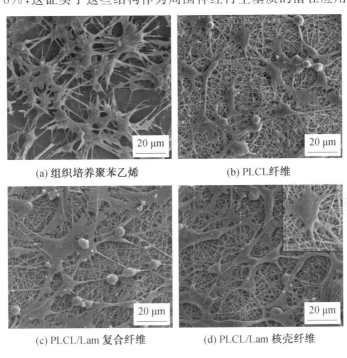

图 10.8　体外培养 7 d 后不同支架上雪旺细胞形态的 SEM 照片
((d)中插图为高倍放大的单个细胞形态)

10.4 微纳米纤维与肌肉再生

10.4.1 肌肉损伤与功能缺失

人体骨骼肌由直径 10～80 mm 的多种纤维组成,骨骼肌细胞可分为成肌细胞、肌管和肌纤维细胞。肌肉纤维的单向取向允许在收缩过程中产生很大的力。肌肉纤维含有成百上千的肌纤维,它们由两种收缩蛋白组成:肌动蛋白和肌球蛋白。当一个动作指令沿着运动神经元到达神经肌肉接头－运动神经元－骨骼肌界面时,肌肉开始收缩。运动神经元去极化后,乙酰胆碱从突触前膜释放并扩散到突触后肌肉终板。一旦达到阈值水平,肌肉的去极化会导致钙离子释放,从而导致肌动蛋白和肌球蛋白相互滑动收缩,这一过程可被周围神经和/或骨骼肌的创伤性损伤打断。这种损伤会导致肌肉明显丧失,需通过手术重建,严重时则需要截肢。一旦肌肉受伤,坏死的肌肉纤维会被巨噬细胞清除,肌卫星细胞被激活以帮助骨骼肌再生。然而,组织中的卫星细胞发生率极低,仅为 1%～5%,且取决于年龄和肌肉纤维的组成。卫星细胞在损伤部位迁移和增殖,但这一过程会导致瘢痕组织的形成和肌肉功能的丧失。自体肌肉移植和外源性肌细胞、卫星细胞和成肌细胞的研究鲜有成功的报道。这种移植会导致疾病引发、功能丧失和供体部位体积减小。肌肉内注射骨骼肌成肌细胞的研究也有开展,但由于分布不充分和细胞存活率低,效果甚微。目前,对肌肉组织丢失或损伤的治疗存在着上述局限性,肌肉修复的效果尚不能够令人满意,因此需要进行肌肉替代治疗,亟须能够提供功能和再生缺失肌肉的治疗方法。

10.4.2 电纺支架材料与肌肉再生

组织工程可以用来制造功能性植入物来替代受损的骨骼肌,但收效甚微。电纺支架可以提供细胞外基质的支撑,细胞在分泌细胞外基质之前可以附着在支架上。细胞外基质有助于成肌细胞的附着、排列和分化。骨骼肌细胞已经在许多支架材料上进行了体外培养,包括胶原、脱细胞基质、聚 L－乳酸(PLLA)、聚 D－乳酸－聚苯胺(PDLA－PANI)和聚己内酯(PCL)。比如,在电纺 PLLA 纤维上培养鼠成肌细胞,产生的肌管高度组织化,可沿着纳米纤维板生长;在 PCL 胶原电纺纤维上生长的人类骨骼肌细胞中也显示出类似的结果。由此可见,取向的电纺纤维相比未取向的纤维,更有利于肌管的形成。培养第 7 天的取向和未取向电纺 PCL 支架负载人骨骼肌细胞的免疫荧光研究结果如图 10.9 所示。此外,尽管多壁碳纳米管的毒性值得关注,Fraczek 等的研究发现,直接植入臀肌的多壁碳纳米管可以促进肌肉再生,且炎症反应较低;也有研究发现,酸官能化的 MWCNTs 在 PCL 纳米纤维中嵌入和定向时分散得更好,并可使用质量分数为 0.5%～7% 的多壁碳纳米管电纺 PCL 形成复合电纺支架。

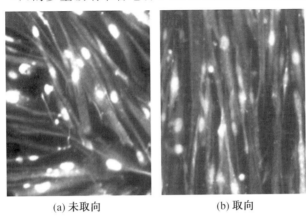

(a) 未取向　　　　　　　　(b) 取向

图 10.9　电纺 PCL 支架人骨骼肌细胞的免疫荧光照片

10.5　微纳米纤维与肌腱和韧带的修复及再生

10.5.1　肌腱和韧带的功能及其损伤修复

肌腱由致密的结缔组织构成,在肌肉和骨骼之间起连接作用。肌腱色白较硬,没有收缩能力。通过肌腱的牵引作用可使肌肉发生收缩,带动骨的运动。肌腱细胞是肌腱的基本功能单位,占肌腱组织质量的 5%,其合成和分泌胶原等细胞外基质,参与肌腱组织的新陈代谢,维持组织内的稳态。韧带是体内连接骨与骨之间的白色带状结缔组织。韧带质地坚韧有弹性,具有较强的收缩能力,可弯曲。韧带附着于骨骼的可活动部分,起到加强关节或固定某些脏器的作用,同时可限制骨关节的活动范围,对保持关节的稳定起到一定的作用,避免骨关节受损伤。肌腱和韧带的成分基本相似,都由非常致密和坚韧的结缔组织构成;但二者的位置和作用有所区别。

当肌腱受损伤时,会导致相应的肌肉、骨骼无法正常运动。目前,肌腱类疾病尚属于医学难题,它与肌腱的过度使用有关,占到所有运动损伤的 30%～50%,以及职业病类型的近一半。临床上肌腱病的治疗方法多采用保守理疗、康复锻炼、肌腱缝合或肌腱移植等。自体肌腱移植能够达到较好的治疗效果,但是自体肌腱组织的供应来源有限,采集的同时可能会导致新的损伤;而肌腱同种异体移植具有引发免疫排斥或疾病传播的风险。此外,在肌腱修复过程中,损伤后的肌腱组织再生能力弱,修复过程慢,还有可能会出现肌腱组织异常增生,并产生瘢痕和不同程度的肌腱粘连,使肌腱难以恢复到正常的机械力学状态,因此传统的治疗方法并不是最佳的解决方案。近年来,利用自体肌腱细胞体外构建再生肌腱,逐渐成为新的研究热点,但肌腱细胞增殖慢、衰老快,在体外传代数次后就可能逐渐失去增殖能力。在此背景下的肌腱再生工程中,就需要寻找新的种子细胞;而如何构建促进肌腱细胞增殖分化的微环境、如何培养体外表型稳定的肌细胞,成为研究肌腱损伤修复的关键点。

当韧带受损伤时,一般会出现局部肿痛、压痛或者关节不稳等症状。超负荷运动、各类事故等均可能造成各类关节韧带损伤,韧带损伤会严重影响患者的生活质量。据统计,在运动医学科的手术类型中,与韧带损伤相关的重建手术量约占 60%。如,对于肩关节损伤而言,肩袖全层撕裂伤是 65 岁以上人群肩关节疼痛的最常见原因之一,其手术修复后复发率高、功能预后差;而在 60 岁以上人群中,则有近 40% 的人存在旋转轴的部分撕裂,完全损伤的数量则可能会更大,因为不排除部分患者会因觉得可以忍受并不就医而未计入统计中。还有,单纯前交叉韧带(ACL)损伤、单纯内侧副韧带(MCL)损伤,以及两者合并损伤等都是临床中常见类型。其中的膝关节内侧副韧带以及其他一部分韧带可以自行恢复,研究已经证实,即使是完全撕裂的膝关节内侧副韧带损伤仍可以自行愈合,因此,目前的内侧副韧带损伤的处理规程正逐渐从外科干预转为功能锻炼。然而,前交叉韧带的损伤并不引发明显的修复反应,即前交叉韧带断裂的自我修复能力十分有限。因而,临床中往往会用组织移植物进行重建,通常是自体髌腱或者腘绳肌腱移植;也有研究者采用同种异体移植物,重建完成后患者可以部分或完全回归日常运动。国际上,有关韧带与肌腱的研讨结论中所提出的该领域三个前沿问题分别是前交叉韧带损伤与重建、功能性韧带肌腱组织工程修复和腱病治疗。而未来的发展方向可能集中在全肌腱置换上,可考虑的是围绕骨和肌肉界面构建以及如何将替换装置移植至所需位置。

10.5.2　肌腱和韧带修复的组织工程支架

目前,作为肌腱修复的可用细胞外基质支架补片对促进新肌腱形成的能力有限;针对肌腱和韧带的修复研究结果表明,韧带来源的细胞外基质可以促进人脂肪干细胞向肌腱或韧带表型的分化。而针对如肩袖撕裂伤等韧带损伤的修复和改善,组织工程支架可以提供有效的手段。肌腱组织工程支架须达到或追求的目标包括:①应尽可能接近肌腱组织的超微结构,即高度的多孔性、有目的的定向化;尤其,较为理想的情况是支架应旨在能够模仿肌腱的层次结构。②应能刺激迁移的肌腱细胞产生适当的肌腱组织反应,即产生与瘢痕组织形成相反的

Ⅰ型胶原纤维。③应具有足够的承载能力。支架必须能够承受施加在其上的力（特别是拉力），否则移植物和组织将受到损害，并可能破裂。④应由可降解材料制成。随着新肌腱组织的形成，支架应在无毒性和不损害新组织的情况下降解。

静电纺丝技术为制备具有可控结构的纳米纤维支架提供了多样的方法，可以作为一种适用于制造肌腱超微结构支架的技术，特别是模拟肌腱胶原纤维束和层次结构的三维支架。通过对合成材料（如 PCL）的表面处理，电纺纤维很容易支持细胞的附着和增殖，甚至诱导细胞接触，引导细胞系的方向。但静电纺丝纤维支架在组织工程中的应用仍存在一些挑战。如细胞在支架中的浸润以及细胞生长和分化的控制。

通过调控电纺纤维膜架构对增强细胞反应以及形成用于替换的组织工程肌腱或韧带是必要的。其中，小直径的电纺纤维可以支撑成纤维细胞样细胞的最初发育，与纤维的取向无关；但是大直径的纤维更能促进展开培养中细胞外间质基因的表达。采用旋涂制膜及与随机取向和规整取向的电纺纤维毡上细胞培养情况对照，以及细胞数量随电纺纤维大小而变化的情况如图 10.10 所示。其他可能的影响还包括细胞在内的组织工程、机械刺激下培养特定的生长和分化因子等。此外，材料和溶剂的选择也会显著影响支架的拉伸性能，尤其在体内肌腱和韧带这种特殊的组织应用中该性能是尤为重要的。

为了构建组织工程化的肌腱植入支架，还应采用动态生物培养装置，对细胞种子支架施加更适合和恰当的承载模式。其与静态细胞培养相比，在基因/蛋白质表达方面，可以使细胞反应更为适当。

10.5.3　组织工程电纺支架与肌腱和韧带的修复

通过建立的可重复的啮齿类动物模型中，使用电纺聚己内酯移植物（含或不含成纤维细胞生长因子（bFGF）和/或人包皮成纤维细胞（HFFs））重建前交叉韧带的相关研究，结果显示出胶原基质排列整齐，炎症反应轻微，植入后的机械强度获得提高。虽然添加 bFGF 或 HFFs 没有发现统计上的显著差异，但观察到的趋势表明了添加 HFFs 有可能对排列的胶原生成和机械性能有不利影响，而 bFGF 可能对机械性能有着有利作用。

Chainani 等研究了肌腱衍生细胞外基质（TDM）涂层的电纺多层支架与纤维连接蛋白（FN）或磷酸盐缓冲液（PBS）涂层在肩袖肌腱组织工程中的应用。利用静电纺丝在盐水浴表面收集多层纤维膜，形成聚己内酯支架。然后，用 TDM、FN 或 PBS 涂覆支架并接种人脂肪干细胞（hASCs）。支架在没有外源性生长因子的情况下培养 28 d，并评估 DNA、硫化糖胺聚糖（s−GAG）和胶原含量。结果显示，所有支架的 dsDNA 含量在细胞接种后和培养至第 14 天时显著增加，此后 dsDNA 含量没有进一步增加；支架涂层在任何时间点对 dsDNA 含量都没有影

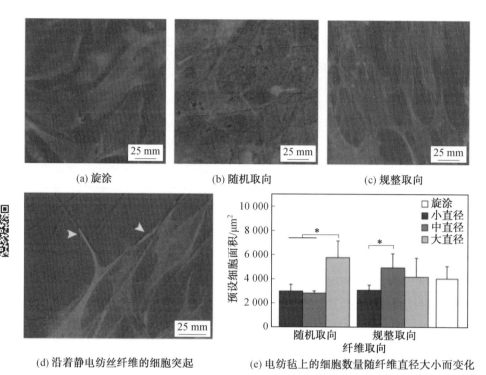

(a) 旋涂　　　　　　　(b) 随机取向　　　　　　　(c) 规整取向

(d) 沿着静电纺丝纤维的细胞突起　　(e) 电纺毡上的细胞数量随纤维直径大小而变化

图 10.10　电纺聚氨酯脲纤维上细胞培养情况

响(图 10.11(a))。细胞接种后,s—GAG 含量在所有时间点都显著增加,但支架涂层没有影响(图 10.11(b))。在第 0 天,与其他组相比,TDM 支架的胶原含量显著增加,但到第 1 天,涂层对各组之间的胶原含量没有影响。在第 14 天和第 28 天,TDM 涂层组的胶原含量恢复到第 0 天的水平,在所有其他时间点,TDM 支架的胶原含量大于 FN—和 PBS 涂层的支架上胶原含量(图 10.11(c))。

聚 3—羟基丁酸酯(PHB)是一种微生物细胞内源热塑性聚合物,可被多种细菌合成与降解。PHB 无毒性、生物相容性好、可生物降解、机械性能优良,适用于生物医学应用。但由于 PHB 疏水,缺乏与生物分子共价键合的官能团,细胞亲和力较差等,制约了其在生物医学领域的应用。将其开发作为肌腱和韧带修复电纺支架的研究方面,Chen 等制备了功能化电纺 PHB 膜,并评价了其修复肌腱—骨连接的效果。在 50 ℃下将 PHB 聚合物(质量分数为 5%)溶解于氯仿/DMF(质量比为 9∶1)混合溶剂中,保持 1 d。获得的 PHB 溶液,先注入一个玻璃注射器,注射器由注射泵控制体积流量。其后,聚合物溶液流经内径为 0.76 mm 的聚四氟乙烯管,最终流入内径为 0.41 mm 的不锈钢喷丝头。静电纺丝的外加电压设定为 18 kV,PHB 溶液流速设定为 1 mL/h,喷丝板与收集器的距离调整为 20 cm,整个系统在室内温度下进行,在收集筒转速为 200 r/min 的条件下进行电

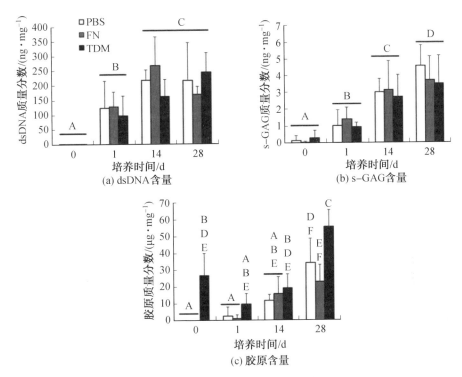

图 10.11　支架上各种成分增长情况

纺。活化电纺纤维 PHB 膜以创建反应点,并进行功能化。利用氧化的方法进行
其表面活化的程序如图 10.12 所示。所制备的电纺 PHB 膜在过氧化氢溶液中
处理 1 h 后用去离子水冲洗,纤维状 PHB 膜的表面出现羟基。随后,将膜浸入
3 mg/mL 多巴胺/0.1 mol/L Tris 缓冲溶液,在 pH 为 8.5 和温度为60 ℃下浸泡
24 h,随后用去离子水冲洗 PHB−g−DA 膜数次,则可将多巴胺(DA)锚定在
PHB 静电纺丝膜表面。经体外研究表明,在 PHB−g− DA−g− CS−g−PRP
膜上培养肌腱细胞,由于其具有更大的细胞亲和力和易于运输营养物质和代谢
物的微环境,肌腱细胞的增殖、Ⅰ 型胶原的基因表达、Ⅰ 型胶原 ECM 蛋白含量都
得到了显著的提高。经家兔模型实验结果证实,使用功能化 PHB 套管作为肌腱
与骨的连接,其间出现有新形成的纤维软骨结构。

　　Zhao 等将含有 PHB 和聚羟基丁酸酯−共羟基己酸酯(PHBHHx)的聚羟基
链烷酸酯混合,以六氟异丙醇(HFIP)为溶剂(质量浓度为 10%),通过静电纺丝
制成薄膜和支架。当共混物中的 PHBHHx 质量分数由 40% 提升至 60% 时,由
共混聚酯制成的薄膜,其断裂伸长率从 15% 增加到 106%;而由 60% 质量分数的
PHBHHx 组成的共混支架,肌腱细胞培养 24 h 后,在扫描电子显微镜下观察,
可显示出软骨细胞在材料上的显著生长和增殖效果,如图 10.13 所示。

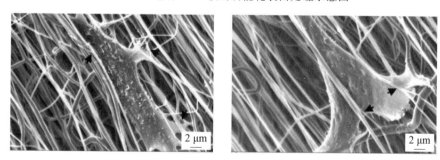

图 10.12 电纺 PHB 膜的功能化表面处理示意图

图 10.13 聚己内酯纳米纤维的 SEM 照片

（箭头表示为细胞排列和渗入支架结构）

10.6　微纳米纤维与心脏瓣膜的修复

10.6.1　心脏瓣膜修复

人体心脏包含四个心脏瓣膜,引导血液在体循环和肺循环中流向正确的方向。房室瓣(三尖瓣和二尖瓣)防止血液从心室回流到心房,而半月瓣(肺和主动脉瓣)防止血液在舒张期间从动脉回流到心室。一般认为,所有瓣膜以被动压力驱动方式工作,当压力梯度迫使血液向前时打开,而当压力梯度向后推动血液向后时关闭。

心脏瓣膜类疾病导致瓣膜的开启(狭窄)或关闭(反流)动力不足,抑或两者并发,最终导致心力衰竭。该类疾病被认为是一个世界性的重大公共卫生问题,导致了显著的发病率和死亡率。先天性心脏病作为影响 1‰新生儿的疾病类型,其病因通常是其中一个瓣膜或其功能异常;而获得性心脏瓣膜病的一个常见病因是风湿热,该病因目前仍持续存在,从而影响儿童和年轻人;部分后天性心脏瓣膜病主要被认为是一种退行性病变,该类型主要影响的是中老年人。而左侧瓣膜(主动脉瓣和二尖瓣)在成人患者中最容易发生退行性功能障碍,因为它们位于体循环中,暴露于恶劣的血流动力学条件下。当诊断出心脏瓣膜疾病时,受影响的瓣膜需要被修复或更换。尽管存在广泛的瓣膜修复工具箱和出色的外科技术,但 70%的病变瓣膜不适合修复,必须更换。

随着世界人口的不断增长和老龄化,心脏瓣膜病对社会和经济的影响将越来越大。需要心脏瓣膜替换术的患者人数预计将增加到 2050 年的 85 万多。目前瓣膜置换类型主要分为机械瓣膜或生物瓣膜。机械瓣膜提供了极好的结构耐久性,但容易发生血栓栓塞事件,患者需要每天进行抗凝治疗。生物瓣膜不易发生血栓栓塞,但会发生结构性瓣膜退行性变,需要再次手术。虽然瓣膜置换术显著提高了患者的预期寿命,但由于缺乏生长、重塑和适应能力,目前所有的人工瓣膜都不能完全恢复原有的瓣膜功能。

心脏瓣膜组织工程有可能突破以上限制,通过创造一个自体活瓣膜替代物,适应不断变化的功能需求。组织工程作为一个将工程学的原理和方法应用于开发能够恢复、维持或改善组织功能的生物替代物的新兴跨学科领域,在传统的组织工程范例中,细胞被从病人身上分离出来,然后被扩展并随后被植入适当的支架材料上,之后细胞被刺激在生物反应器系统中形成组织。这些组织可以植入病人体内,从病人体内取出细胞作为自体活体植入物。利用这一范式制作活体半月形心脏瓣膜替代物已被广泛研究,使用各种细胞源和支架材料。心脏瓣膜支架材料最优的选择是去除细胞的同种或异种移植物，以形成脱细胞基质。虽然脱细胞基质可以为瓣膜重塑和生长提供天然的模板，但同种移植物的可用性有限，而异种移植物存在人畜共患病的风险。此外，成功的细胞内生以及组织生长和重塑的重现还没有在人类身上得到证实。合成支架材料是一种较有前景的替代方法，在组织发展的同时，支架发生降解，而不受供应限制和人畜共患病的风险。1995 年利用合成支架在绵羊身上进行了心脏瓣膜组织工程，用基于快速降解合成支架的组织工程等效物替换单个肺动脉瓣叶。随后在快速降解的合成支架的基础上制成了全三尖瓣，证明了将其改造为模仿绵羊结构的天然瓣膜的可能性。但这种重塑最初是通过工程组织的增厚来实现的。增厚可能是植入时非生理瓣膜特性的结果，可能得益于支架发育的改善，以更接近于天然瓣膜。最近组织工程越来越倾向于所谓的原位方法，将身体作为组织形成阶段的生物反应器系统。这种原位组织工程方法经济上比较有吸引力，省略了广泛的体外培养，更便宜而且生产过程更短。

从体外组织工程到原位组织工程的转变强调了支架的作用，它不仅是细胞形成组织的模板，而且在组织发育过程中也能使细胞入侵并维持瓣膜功能。这可能需要使用降解较慢的支架材料，如聚己内酯等。并在支架中加入生物活性化合物以指导组织发育。瓣膜支架应为细胞侵袭和组织形成提供天然模板；应该模仿天然瓣膜功能，并允许通过微创方法插入。这种瓣膜支架的开发是心脏瓣膜组织工程领域的挑战，而静电纺丝可以促进应对这一挑战。

10.6.2　心脏瓣膜修复材料

天然衍生聚合物和合成聚合物可用于静电纺丝以获得瓣膜支架。天然聚合物，如多糖、明胶、胶原蛋白、弹性蛋白、丝和纤维蛋白原都被电纺成支架。为细胞附着和增殖提供了许多天然依托。它们是可生物降解的，但在使用前应确保其生物安全性。另一方面，不同批次的天然聚合物之间有较大区别，静电纺丝工艺的通用性较差。受制于聚合物的完整性，溶剂的选择范围有限。这种受限的溶剂选择也限制了对机械性能的控制以及由此产生的支架的设计和生物降解性。与天然聚合物相比，许多合成聚合物可以溶解在更广泛的溶剂中进行静电纺丝，甚至直接由熔融状态纺丝，这为获得所需的支架提供了更大的设计自由。心脏瓣膜组织工程常用的合成支架材料有聚羟基乙酸（PGA）、聚乳酸（PLA）、聚4-羟基丁酸酯（P4HB）、聚羟基烷酸酯（PHA）和聚羟基辛酸酯（PHO）。此外，还有人造聚合物系统，如聚氨酯、聚磷腈或超分子聚合物，特别针对所需的机械性能、细胞反应和整合功能而设计。

组织工程中最常见和使用的合成聚合物是聚 α-羟基酸，例如乳酸和乙醇酸以及 PCL 及其共聚物。目前研究最多的聚合物是聚 α-羟基酸和聚乳酸-羟基乙酸共聚物(PLGA),其可降解性能可调,而 PCL 是可生物降解聚合物的代表。根据分子结构、分子量、纤维形态等,它们主要通过水解,在数周到数月内降解,降解产物无毒且不会引起任何异物反应。

10.6.3　电纺支架与心脏瓣膜修复

　　静电纺丝技术可用于心血管组织工程和心脏瓣膜组织工程,它可以控制三维支架的结构。大多数组织工程的研究均要求纤维支架具备几何结构的再现性和可控性。基于此,静电纺丝致力于阐明加工参数对纤维直径和形态的影响。聚合物溶液的性质对静电纺丝过程以及纤维的直径和形态有很大影响。溶液的黏度及其电性质决定射流的延伸率,从而影响产生的电纺纤维的直径。在充分了解人类心脏瓣膜的组织要求的基础上,可应用不同的静电纺丝条件和模型,从宏观到微观层面上满足这些要求,包括瓣膜几何形状、降解能力、重新排列能力、直径和形态以及生物活性等。静电纺丝可以直接用于制造复杂的三维结构,如心脏瓣膜支架。通过选择和制造用于静电纺丝模具的适当形状和尺寸,由各种材料中制得形状契合天然瓣膜的支架。由聚氨酯制成的三维电纺心脏瓣膜支架照片如图 10.14 所示。

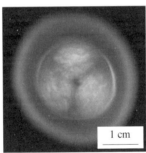
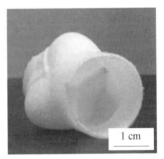

(a) 主动脉侧视图　　　　　　(b) 心室侧视图　　　　　　(c) 完整瓣膜视图

图 10.14　由聚氨酯制成的三维电纺心脏瓣膜支架照片

　　依据 ECM 中纤维主动脉瓣叶中的胶原结构的特性,要求对它进行模拟的支架内的纤维具有取向性,取向纤维可以引导细胞生长和定向。此外,支架中的纤维取向性直接影响其力学性能和功能。已有研究显示,可实现纤维高度定向的较为简单的方法之一是朝着两个平行排列的纤维电极旋转。当使用更多平行排列的电极时,可以实现纤维的定向交叉或星形沉积。另外的较为常用的方法是使用旋转靶改变纤维收集速度,可以更为精确地控制纤维的方向,从而创建与心脏瓣膜的机械各向异性非常相似的支架。

本章参考文献

［1］ 王宪朋，刘阳，王传栋，等. 静电纺丝法制备小口径胶原－聚乳酸人工血管［J］. 复合材料学报，2017，34(11)：2550-2555.

［2］ 严拓，刘雅文，吴灿，等. 人工血管研究现状与应用优势［J］. 中国组织工程研究，2018，22(30)：4849-4854.

［3］ 郭欣. 血管组织工程支架微结构对细胞迁移行为的影响研究［D］. 郑州：郑州大学，2020.

［4］ AUGUSTINE R，DAN P，SOSNIK A，et al. Electrospun poly(vinylidene fluoride-trifluoroethylene)/zinc oxide nanocomposite tissue engineering scaffolds with enhanced cell adhesion and blood vessel formation［J］. Nano Research，2017，10(10)：3358-3376.

［5］ AHN H，JU Y M，TAKAHASHI H，et al. Engineered small diameter vascular grafts by combining cell sheet engineering and electrospinning technology［J］. Acta Biomaterialia，2015，16：14-22.

［6］ YAZDANPANAH A，TAHMASBI M，AMOABEDINY G，et al. Fabrication and characterization of electrospun poly-L-lactide/gelatin graded tubular scaffolds：toward a new design for performance enhancement in vascular tissue engineering ［J］. Progress in Natural Science：Materials International，2015，25(5)：405-413.

［7］ 王静. 功能化纳米纤维对神经细胞行为的影响及用于神经组织工程的应用研究［D］. 上海：东华大学，2018.

［8］ 魏琪，陈品澔，杨滢，等. 电纺 SF/bFGF 纳米纤维膜用于皮肤缺损修复［J］. 生物化工，2019，5(2)：88-90.

［9］ YU P J，GUO J，LI J J，et al. Repair of skin defects with electrospun collagen/chitosan and fibroin/chitosan compound nanofiber scaffolds compared with gauze dressing［J］. Journal of Biomaterials and Tissue Engineering，2017，7(5)：386-392.

［10］ WANG C Y，ZHANG K H，FAN C Y，et al. Aligned natural-synthetic polyblend nanofibers for peripheral nerve regeneration ［J］. Acta Biomaterialia，2011，7(2)：634-643.

［11］ BARNES C P，SELL S A，BOLAND E D，et al. Nanofiber technology：designing the next generation of tissue engineering scaffolds［J］. Advanced Drug Delivery Reviews，2007，59(14)：1413-1433.

［12］ CHEN W M，MA J，ZHU L，et al. Superelastic, superabsorbent and 3D nanofiber-assembled scaffold for tissue engineering［J］. Colloids and Surfaces B：Biointerfaces，2016，142：165-172.

［13］CHEN W M，SUN B B，ZHU T H，et al. Groove fibers based porous scaffold for cartilage tissue engineering application［J］. Materials Letters，2017，192：44-47.

［14］CHEN W M，CHEN S，MORSI Y，et al. Superabsorbent 3D scaffold based on electrospun nanofibers for cartilage tissue engineering［J］. ACS Applied Materials & Interfaces，2016，8(37)：24415-24425.

［15］CICOTTE K N，REED J A，NGUYEN P A H，et al. Optimization of electrospun poly（N-isopropyl acrylamide）mats for the rapid reversible adhesion of mammalian cells［J］. Biointerphases，2017，12(2)：02C417.

［16］ALLEN A C B，BARONE E，CROSBY C O，et al. Electrospun poly(N-isopropyl acrylamide)/poly（caprolactone）fibers for the generation of anisotropic cell sheets［J］. Biomaterials Science，2017，5(8)：1661-1669.

［17］LAI K L，JIANG W，TANG J Z，et al. Superparamagnetic nanocomposite scaffolds for promoting bone cell proliferation and defect reparation without a magnetic field［J］. Rsc Advances，2012，2（33）：13007-13017.

［18］MENG J，XIAO B，ZHANG Y，et al. Super-paramagnetic responsive nanofibrous scaffolds under static magnetic field enhance osteogenesis for bone repair in vivo［J］. Scientific Reports，2013，3：2655.

［19］MA X J，GE J，LI Y，et al. Nanofibrous electroactive scaffolds from a chitosan-grafted-aniline tetramer by electrospinning for tissue engineering［J］. RSC Advances，2014，4(26)：13652-13661.

［20］李勐，郭保林. 导电高分子生物材料在组织工程中的应用［J］. 科学通报，2019，64(23)：2410-2424.

［21］CHAINANI A，HIPPENSTEEL K J，KISHAN A，et al. Multilayered electrospun scaffolds for tendon tissue engineering［J］. Tissue Engineering Part A，2013，19(23/24)：2594-2604.

［22］LEONG N L，KABIR N，ARSHI A，et al. Evaluation of polycaprolactone scaffold with basic fibroblast growth factor and fibroblasts in an athymic rat model for anterior cruciate ligament reconstruction［J］. Tissue Engineering Part A，2015，21（11/12）：1859-1868.

［23］CHEN W C，CHEN C H，TSENG H W，et al. Surface functionalized electrospun fibrous poly (3-hydroxybutyrate) membranes and sleeves: a novel approach for fixation in anterior cruciate ligament reconstruction [J]. Journal of Materials Chemistry B, 2017, 5(3): 553-564.

[24] CHUNG C, BURDICK J A. Engineering cartilage tissue[J]. Advanced Drug Delivery Reviews, 2008, 60(2): 243-262.

[25] ELISSEEFF J. Injectable cartilage tissue engineering[J]. Expert Opinion on Biological Therapy, 2004, 4(12): 1849-1859.

[26] MARLOVITS S, ZELLER P, SINGER P, et al. Cartilage repair: generations of autologous chondrocyte transplantation [J]. European Journal of Radiology, 2006, 57(1): 24-31.

[27] 全琦, 苌彪, 刘若西, 等. 周围神经损伤与再生:新型修补材料的应用研究与进展[J]. 中国组织工程研究, 2017, 21(6): 962-968.

[28] 叶晓生, 张世民. 周围神经趋化性再生及临床应用研究进展[J]. 国际骨科学杂志, 2009, 30(5): 278-280.

[29] 徐海星. 用于神经修复的自组装材料及导电材料的研究[D]. 武汉:武汉理工大学, 2007.

[30] COLEMAN M. Axon degeneration mechanisms: commonality amid diversity[J]. Nature Reviews Neuroscience, 2005, 6: 889-898.

[31] ZHANG L J, WEBSTER T J. Nanotechnology and nanomaterials: Promises for improved tissue regeneration[J]. Nano Today, 2009, 4(1): 66-80.

[32] KHUONG H T, MIDHA R. Advances in nerve repair[J]. Current Neurology and Neuroscience Reports, 2012, 13(1): 322.

[33] 聂俊辉, 曾园山, 郭家松. 促进外周神经再生研究的概况[J]. 中华解剖与临床杂志, 2003, 8(3): 182-184.

[34] DE RUITER G C W, MALESSY M J A, YASZEMSKI M J, et al. Designing ideal conduits for peripheral nerve repair[J]. Neurosurgical Focus, 2009, 26(2): E5-19.

[35] SEDAGHATI T, JELL G, SEIFALIAN A M. Nerve regeneration and bi-oengineering [J]. Regenerative Medicine Applications in Organ Transplantation, 2014(57): 799-810.

[36] HU J, KAI D, YE H Y, et al. Electrospinning of poly (glycerol sebacate)-based nanofibers for nerve tissue engineering [J]. Materials Science and Engineering: C, 2017, 70: 1089-1094.

[37] HONG S, KIM G. Electrospun micro/nanofibrous conduits composed of

poly（ε-caprolactone）and small intestine submucosa powder for nerve tissue regeneration[J]. Journal of Biomedical Materials Research Part B: Applied Biomaterials，2010，94（2）：421-428.

[38] KIJEŃSKA E，PRABHAKARAN M P，SWIESZKOWSKI W，et al. Interaction of Schwann cells with laminin encapsulated PLCL core-shell nanofibers for nerve tissue engineering[J]. European Polymer Journal，2014，50：30-38.

[39] 王淑贤，宋振峰，武林威，等. 肌腱再生工程中肌腱细胞增殖分化研究进展[J]. 新乡医学院学报，2021，38（2）：197-200.

[40] RINOLDI C，COSTANTINI M，KIJEŃSKA-GAWROŃSKA E，et al. Tendon tissue engineering：effects of mechanical and biochemical stimulation on stem cell alignment on cell-laden hydrogel yarns[J]. Advanced Healthcare Materials，2019，8（7）：1801218.

[41] ZHANG W Y，YANG Y D，ZHANG K J，et al. Weft-knitted silk-poly（lactide-co-glycolide）mesh scaffold combined with collagen matrix and seeded with mesenchymal stem cells for rabbit Achilles tendon repair[J]. Connective Tissue Research，2015，56（1）：25-34.

[42] 宋杰. 新材料可诱导组织器官再生-可吸收人工韧带前景广阔[J]. 中国经济周刊，2017（27）：71-72.

[43] WOOSAVIO L-Y. 生物医学工程与肌腱、韧带的修复和再生[J]. 生命科学，2009，21（2）：198-200.

[44] HU J Z，ZHOU Y C，HUANG L H，et al. Development of biodegradable polycaprolactone film as an internal fixation material to enhance tendon repair：an in vitro study[J]. BMC Musculoskelet Disord，2013，14（1）：246.

[45] CARDWELL R D，DAHLGREN L A，GOLDSTEIN A S. Electrospun fibre diameter，not alignment，affects mesenchymal stem cell differentiation into the tendon/ligament lineage[J]. Journal of Tissue Engineering and Regenerative Medicine，2014，8（12）：937-945.

名词索引

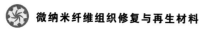